永磁直线同步电动机特性及控制

焦留成　程志平　著

科学出版社
北　京

内 容 简 介

本书分上下两篇。上篇提出了用于研究永磁直线同步电动机的“四层线性分析模型”，系统地推导了应用于垂直运输系统的永磁直线同步电动机电磁参数及运行特性的解析表达式，并进行了深入分析。下篇对永磁直线同步电动机控制策略进行了初步研究。

本书适合电气工程专业高年级本科生、研究生的选修课程，也可作为相关研究及工程技术人员的参考资料。

图书在版编目(CIP)数据

永磁直线同步电动机特性及控制/焦留成，程志平著. —北京：科学出版社，2014. 2

ISBN 978-7-03-039705-8

Ⅰ. ①永… Ⅱ. ①焦… ②程… Ⅲ. ①永磁式电机-同步电动机-基本知识 Ⅳ. ①TM351

中国版本图书馆 CIP 数据核字(2014)第 020427 号

责任编辑：余 江 张丽花 / 责任校对：张怡君
责任印制：张 伟 / 封面设计：迷底书装

科学出版社 出版
北京东黄城根北街 16 号
邮政编码：100717
http://www.sciencep.com
北京凌奇印刷有限责任公司 印刷
科学出版社发行 各地新华书店经销

*

2014 年 2 月第 一 版 开本：720×1000 B5
2022 年 1 月第五次印刷 印张：12
字数：235 000

定价：88.00 元

(如有印装质量问题，我社负责调换)

前　言

直线驱动在工业、民用以及其他各种直线运动的场合具有广泛的应用，将永磁直线同步电机(PMLSM)应用于直线驱动场合是传统直线驱动方式的重大发展。由于永磁直线同步电机的优越性能和广泛的应用前景，受到国内外研究者和工业运动控制厂家的青睐。

20 世纪 90 年代初，国外首次提出“直线同步电机驱动的垂直运输系统”的构想。这一构思完全不同于传统的垂直提升方式，而是一种全新的提升系统模式。新模式提升系统，面临许多重大理论和技术问题的挑战，这种“挑战”使得该课题成为直线电机研究领域的前沿课题。如果理论上和技术上许多问题得到解决，则传统的提升系统将发生巨大的变革，其理论价值和带来的经济与社会效益是不可估量的。

永磁直线同步电动机是新模式提升系统的核心。永磁电机是新型节能电机，永磁式旋转电机已经有了一定的发展，但永磁式直线电机的研究还处于初级阶段。特别是关于永磁式直线同步电动机的电磁场分析研究、电磁参数设计计算研究以及永磁直线同步电动机应用在垂直运输系统的各种运行特性研究，在世界范围内都还是较新的研究课题。尤其是永磁式直线同步电动机磁场和电磁参数分析，结构参数对电磁参数影响的研究，基本上还是空白。多数文献在分析永磁直线同步电动机时基本上照搬旋转电机的分析方法和采用几乎相同的计算公式计算电磁参数，并没有严格的理论分析和可靠的试验结果支持这种方式得出的结论。

本书分上下两篇，上篇在合理假定的基础上，建立了永磁直线同步电动机的物理模型，并首次提出了用于研究永磁直线同步电动机的“四层线性分析模型”。在此基础上，运用麦克斯韦方程等基本电磁场理论，深入分析永磁直线同步电动机的电磁现象。经过严格的推导，得出了各种电磁参数的解析表达式，建立了数学模型及电路模型(等值电路)。继而导出了各种运行特性的解析表达式并进行深入的分析研究，提出了若干新见解和研究结论。

本书还仔细分析了电机结构参数对电磁参数、电气性能及运行特性的影响。书中对试验样机进行了计算分析。理论计算与试验结果比较吻合，证明本书提出的理论分析和计算方法是正确有效的。

书中对直线同步电动机驱动垂直运输系统出入端效应进行了分析，得出通过合理设计在达到一定机械设计精度后，定子切换理论上不产生扰动力时，机械上应遵循的基本原则。

本书的研究成果初步建立了比较完整的新模式提升系统用永磁直线同步电动机的基础理论体系。

下篇在数学建模的基础上，给出了永磁直线同步电动机恒负载条件下基于能量的哈密尔顿无源控制；永磁直线同步电动机线性化控制方法；永磁直线同步电动机逆系统控制方法。

本书的初稿完成于十几年前，其内容也在作者的研究生教学和相关科研工作及工程中应用。实践证明，本书提出的线性分析及计算方法，具有物理概念明确、计算方法简明实用的优点。

为了本书的出版，作者的研究生做了许多工作，包括部分图表的重制、部分内容的修订、公式校核、参考文献查证以及附录编写等。

实际上，当年形成初稿的时候，作者的研究团队及研究生就付出了很多努力。现代科学研究任何一项成果都是集体智慧的结晶！

十几年过去了，永磁直线同步电动机的理论、应用及控制研究有更多人的参与并取得许多成果。为了方便读者，作者在绪论部分作了简要综述并增加了下篇控制部分内容。

本书研究课题多次得到国家自然科学基金的资助，在此表示感谢。

限于作者水平，书中舛错在所难免，权作抛砖引玉吧。

作　者

2013 年 10 月

目　　录

前言

上篇　线性理论

第1章　绪论…………………………………………………………………… 3
1.1　直线电机的发展 ………………………………………………………… 3
1.2　直线同步电动机的研究现状 …………………………………………… 8
1.3　低速直线电机的研究现状……………………………………………… 12
1.4　低速永磁直线电机的发展……………………………………………… 14
1.5　本书研究重点及目标…………………………………………………… 17
第2章　永磁直线同步电动机概念 ……………………………………………… 18
2.1　永磁直线同步电动机垂直运输系统的基本原理构想………………… 18
2.2　稀土永磁材料及稀土永磁直线电动机的特点………………………… 19
2.2.1　稀土永磁材料的发展 …………………………………………… 19
2.2.2　钕铁硼永磁材料的性能 ………………………………………… 19
2.2.3　稀土永磁直线电机的特点……………………………………… 20
2.3　永磁直线同步电动机结构特点………………………………………… 21
第3章　永磁直线同步电动机磁场特性分析 …………………………………… 23
3.1　永磁直线同步电动机物理模型及磁场分析模型……………………… 23
3.1.1　假设条件…………………………………………………………… 23
3.1.2　初级电流层 ……………………………………………………… 23
3.1.3　动子永磁体的等效代换 ………………………………………… 24
3.1.4　齿槽区等效磁导率 ……………………………………………… 27
3.1.5　磁场分析模型 …………………………………………………… 27
3.2　永磁直线同步电动机磁场分析………………………………………… 28
3.2.1　统一磁场方程及其解 …………………………………………… 28
3.2.2　各区磁场强度及电场强度表达式 ……………………………… 30
3.2.3　磁密及磁位表达式 ……………………………………………… 35
3.2.4　电枢、励磁磁场及其合成 ……………………………………… 37
3.3　线性分析法与有限元分析法比较……………………………………… 39
3.3.1　永磁直线同步电动机磁场有限元法简介 ……………………… 39

3.3.2 两种方法的比较 …… 40
第4章 永磁直线同步电动机电磁参数及性能计算 …… 41
4.1 等效电路及电磁参数的计算式 …… 41
4.1.1 励磁电势 …… 41
4.1.2 电枢反应电抗 X_s 的物理意义及其计算 …… 42
4.1.3 槽漏电抗 X_{l1} 计算式 …… 43
4.1.4 端部漏抗分析及计算 …… 44
4.1.5 电枢绕组每相电阻 …… 48
4.2 向量图及性能计算 …… 48
第5章 永磁直线同步电动机结构参数对电磁参数及性能的影响 …… 52
5.1 结构参数对电磁参数的影响 …… 52
5.1.1 槽高对无载平均磁密的影响 …… 52
5.1.2 永磁体高对无载磁密的影响 …… 53
5.1.3 永磁体高及槽高对电枢反应磁场(平均磁密)的影响 …… 54
5.1.4 电枢槽高、永磁体高度及气隙对电机电枢电抗及槽漏电抗的影响 …… 55
5.1.5 电枢槽高、永磁体高对端漏电抗 Z 分量的影响 …… 57
5.1.6 电枢槽高、永磁体宽对端漏电抗 X 分量的影响 …… 58
5.2 结构参数对性能的影响 …… 59
5.2.1 永磁体高对励磁电势的影响 …… 59
5.2.2 槽高及槽宽、槽距比对励磁电势的影响 …… 60
5.2.3 永磁体高、槽高、槽宽槽距比及气隙对电负荷及电磁推力的影响 …… 61
第6章 永磁直线凸极同步电动机分析 …… 63
6.1 磁极区等效磁导率 …… 63
6.2 电枢、励磁磁势作用下各区磁密表达式 …… 64
6.2.1 电枢磁势单独作用时各区磁密表达式 …… 64
6.2.2 励磁磁势单独作用时各区磁密表达式 …… 64
6.3 永磁直线凸极同步电动机等效电路参数 …… 65
6.3.1 励磁电势 E_{0p} …… 65
6.3.2 电枢反应电抗 X_{sp} …… 66
6.3.3 槽漏电抗 x_{L1p} …… 66
6.3.4 端部电抗 …… 67
6.4 磁路饱和的影响 …… 68
第7章 垂直运动永磁直线同步电动机运行特性分析 …… 70
7.1 力角特性 …… 70
7.2 电源电压和频率变化对最大电磁功率和推力的影响 …… 70

7.3　动力制动特性…………………………………………………………… 72
7.4　发电制动特性…………………………………………………………… 73
7.5　发电反馈制动特性……………………………………………………… 75
7.6　加速度特性……………………………………………………………… 76
7.7　恒流供电对电动机运行特性的影响…………………………………… 77
第 8 章　试验研究 ………………………………………………………… 80
8.1　试验装置介绍…………………………………………………………… 80
8.2　试验测试系统…………………………………………………………… 81
8.3　试验测试的原理………………………………………………………… 83
8.4　试验用永磁直线同步电动机…………………………………………… 85
8.4.1　电机等值电路参数计算值…………………………………………… 85
8.4.2　电机的性能数据 ……………………………………………………… 88
8.4.3　试验电机参数评价 …………………………………………………… 88
8.4.4　试验电机工作在 50Hz 电压源时性能分析………………………… 89
8.4.5　试验电机的恒流源运行特性………………………………………… 90
8.4.6　试验电机发电制动特性 ……………………………………………… 91
8.5　试验分析………………………………………………………………… 92
8.5.1　空载与荷载行走试验 ………………………………………………… 92
8.5.2　等效电路参数试验验证 ……………………………………………… 92
8.5.3　最大推力试验 ………………………………………………………… 94
第 9 章　直线同步电动机驱动垂直运输系统出入端效应分析 ………… 95
9.1　引言……………………………………………………………………… 95
9.2　垂直提升系统机械设计的要求………………………………………… 95
9.3　出入端效应分析………………………………………………………… 96
第 10 章　上篇结语 ……………………………………………………… 101
10.1　垂直运动永磁直线同步电动机基础理论体系要点………………… 101
10.2　进一步的研究工作…………………………………………………… 104
上篇参考文献……………………………………………………………… 105

下篇　控 制 策 略

第 11 章　基于能量的永磁直线同步电机控制 …………………………… 115
11.1　概述…………………………………………………………………… 115
11.2　端口受控哈密顿系统数学基础……………………………………… 116
11.3　端口受控耗散哈密顿系统…………………………………………… 117
11.4　端口受控哈密顿(PCH)系统基本形式 ……………………………… 118

11.5　永磁直线同步电动机的数学建模型…… 119
11.5.1　电机的基本方程 …… 119
11.5.2　模型参数的确定 …… 120
11.6　永磁直线同步电机矢量坐标变换及变换矩阵…… 121
11.6.1　永磁直线同步电机坐标系与空间矢量 …… 121
11.6.2　空间矢量…… 121
11.6.3　变换矩阵确定原则 …… 121
11.6.4　永磁直线同步电机矢量变换…… 122
11.7　永磁直线同步电动机的数学(d-q 轴控制)模型 …… 125
11.8　系统控制器设计与稳定性分析…… 129
11.9　系统仿真…… 131
第 12 章　其他控制方式 …… 134
12.1　永磁直线同步电动机伺服系统的非线性控制…… 134
12.1.1　引言 …… 134
12.1.2　直接反馈线性化原理 …… 134
12.1.3　永磁直线同步电动机的数学建模型 …… 135
12.1.4　坐标变化…… 137
12.1.5　系统仿真…… 138
12.2　永磁直线同步电动机逆系统控制——模型参考逆方法控制…… 139
12.2.1　引言 …… 139
12.2.2　永磁直线同步电动机的数学模型 …… 139
12.2.3　模型参考逆方法基本原理…… 140
12.2.4　永磁直线同步电动机参考模型逆方法 …… 141
12.2.5　仿真结果…… 141
12.2.6　小结 …… 142
下篇参考文献…… 143

附录　永磁直线同步电机电磁场求解的有限元方法…… 147
A.1　麦克斯韦方程组 …… 147
A.2　位函数的微分方程 …… 148
A.3　位函数的边界条件 …… 149
A.4　边值问题 …… 150
A.5　有限元方程 …… 150
A.5.1　变分原理 …… 150
A.5.2　单元剖分 …… 153

A.5.3　有限元方程组的形成 …………………………………… 172
A.6　用波阵法求解有限元方程组 …………………………… 177
A.7　磁场计算结果及应用 ……………………………………… 179
A.7.1　画磁力线 …………………………………………………… 179
A.7.2　求电机产生的拉力和压力 ……………………………… 180
A.7.3　求气隙磁密 ………………………………………………… 182

上篇　线性理论

第1章　绪　　论

1.1　直线电机的发展

世界上出现旋转电机后不久，就出现了直线电动机的雏形。1840年惠斯登(Wheatstone)提出了直线电机设想，虽然由于当时材料和一些基本理论不能解决直线电机效率问题，未能获得成功，但开辟了直线电机研究的先河。

1845年英国人查尔斯·惠斯登(Charle Wheatstone)提出并制作了略具雏形的直线电动机，为以后的研究开发奠定了基础。

1890年美国匹兹堡市长在他所著的一篇文章中，发表了关于直线感应电机的专利，首次明确提出直线电机的概念。

1895年，Weaver Jacquard电梭子公司发表了一篇将直线电机用作织布梭子推动装置的专利，这种不需要中间装置就能把电能转化成直线运动的电机引起了人们的极大兴趣，主要原因之一是对于把直线电机用于织布机的梭子推进器抱很大的希望。

但是，由于当时的制造技术、工程材料以及控制技术的水平，在经过断断续续20多年的顽强努力后，直线电机一直未获得成功。

1905年Zehdem提出的用直线感应电动机作为火车推进机构的建议，无疑是给当时直线电机研究领域科研人员的一剂兴奋剂，也可以看做是当时某些国家正在进行试验的先驱，以致许多国家的科研人员都投入到了这些研究工作之中。

1917年出现了第一台试图把直线电机作为导弹发射装置的圆筒形直线电动机的试验模型，它实际上可以看做是一种初级线圈可换接的直流磁阻电动机。

直到1930年及随后的十几年，直线电机才进入实验研究阶段，结构上也出现了当时较为新颖的拓扑形式，如双边型直线电动机、片状动子直线电动机以及圆筒形直线电动机等。在这个阶段，科研人员获取了大量的实验数据，从而对已有理论有了更深一层的认识，奠定了直线电机在今后的应用基础。

1945年美国的西屋电器公司采用直线感应电机作为动力为美国海军进行两次大规模的飞机弹射起飞试验，仅用4.2s时间，将重达4.546t的喷气式飞机由静止加速到135km/h。虽然由于此项试验成本太高而未获得实际采用，但它震动了世界科技界，使直线电机结构简单、起动快、可靠性高等优点受到了应有的重视。

50年代，随着原子能工业的发展，直线电机在液态金属泵领域得到了普遍的应用。

1952年，美国最先研制成功钾钠电磁感应泵以满足核动力中的需要。

1954年，苏联发表了熔融电磁感应泵理论。英国皇家飞机制造公司利用双边扁平型直流直线电机制成了发射导弹装置，其速度可达1600km/h。

尤需值得一提的是，在1940～1955年这个阶段中，由于交通运输的飞速发展，一些发达国家大力研究用直线电机作为驱动火车的动力，并与悬浮技术相结合，发展磁悬浮高速列车。直线电机作为高速列车的驱动装置得到了各国的高度重视并计划予以实施。如日本新干线技术的成功，给日益萧条的日本铁路事业带来了新的生机，并导致重新评价铁路事业，重视直线感应电动机具有的无接触特性，使直线感应电动机在低噪声高速铁路上得到广泛利用。

1955年以后，由于科技的发展，特别是以英国Laithwaite E教授为首的一些科研工作者致力于直线电动机的基础理论研究，并取得了许多重要的研究成果，从而使直线感应电动机进一步受到各国的重视。每年几乎都有数以百计的研究论文发表，一些大学和研究机构也把直线电机的许多研究内容作为硕士、博士论文的重要研究课题。

1969年，Usami Y，Ishihara M，Kojima N，Mitomi T在国际铁路协会举办的例会上，系统地论述了将直线电机应用到运输机车的可行性。

Kalman G P，Irani D，Simpson A U在他们的论文中也系统的讨论了直线电机用于运输系统较为完善的方案。而Wang T C则采用场-路理论给出了直线感应电机用于高速运输系统情况下的能量关系，系统研究了直线感应电机用于地面高速运输系统的材料选择、结构设计等内容。

法国的Spitz A在他的文章中也披露了在Societe De Dietrich建立的重8400kg，可载3600kg，容纳44名乘客，时速可达180km/h直线电机机车模型。

从70年代开始，直线感应电机基础理论研究有了很大发展。1970年，White D C从电磁场理论出发，研究了单边和双边型长定子直线感应电机，应用麦克斯韦磁应力张量法，首次给出力与气隙比速度曲线，White D C的研究在非接触无摩擦大推力系统、磁悬浮等系统具有工程意义。

德国Kockisch K H从直线电机制造的角度在Elektrie期刊上发表了论文，讨论了直线电机系统高效解决方法，并提出了直线电机系列化的标准概念。

1971年，德国Huehns T，Kratz G考虑了直线感应电机用于变载驱动系统并对速度控制进行了研究，同时与旋转电机驱动系统进行了比较。

法国的Machefert-Tassin，Ancel J，Faure A也研究了用于陆地运输的直线感应电机。

俄罗斯Sokolov M M，Sorokin L K研究了直线电机驱动的高速梭子机，对直线电机在高速梭子机械中的驱动系统的起动特性和发电制动情况进行了仿真和实验研究。

Matsumiya T,Takagi K首次对直线感应电机的边端效应进行了研究。Yamamura S,Ito H,Ishikawa Y对如何降低边端效应的影响给出了具体措施。Herbert W,Andreas L通过在主磁矩旁增加小线圈的方法设计了一种降低漏磁的直线电机线圈绕线方式。Paul R J A,Reid G G开发了直线螺旋磁阻步进电机,对电机变载条件和频率进行了试验研究,并对不同的实验样机进行了静态性能对比分析。

Nonaka S,Yoshida Y对短初级直线感应电机的磁通密度空间谐波分布进行了研究。作者假定原边无限宽,纵向绕组间距很大,彼此线圈相互影响可不计。采用傅里叶变换对原边电流产生的磁通分布进行了研究,并给出等效面电流。分析了短初级原边绕组运行特性,并给出了纵向边端效应补偿绕组的影响。

1974年,Brough J J给出直线直流电机的概念,较为全面地讨论了直线直流电机的特点并对速度进行了冗余控制研究。

Laforie P,Calmesnil W,Maloigne P设计了一款可用于打印机的小功率变磁阻直线步进电机,每秒可行20步,2.54mm,精度可达0.1mm。

德国Hoffer O研究了直线感应电机驱动的牵引系统中温度场的分布。

Boldea I,Nasar S A研究了分段次级直线磁阻电机,给出了电抗方程,应用凸极机理论,分析了分段次级直线磁阻电机性能,初步设计、分析了该种电机的相关特性。在考虑边端效应及集肤效应等条件下,给出了直线感应电机的优化设计,并进行了样机试验。

Bhattacharyya M,Mehendra S N开发了单相直线震荡电机,在该电机类型的电机中,作者采用将电枢分成三个相互独立的电抗,但内部相互也有联系的区域。第一和第三区包括分布电枢绕组和由于空间上依次错位而造成的辅助绕组,电枢绕组本身倾斜对称处理以便产生指向电枢中心的行波磁场,中间区域包括了单相分布绕组。

Eastham J F和Balchin M J设计了一种变极结构的直线电机并对控制进行了研究。

Raposa F L对用于驱动系统直线感应电机的能量管理进行了研究。

Elliott D G首次将矩阵方法应用于单边/双边直线电机的分析中。

从能查到的资料来看,这一时期,德国、法国理论研究较为深入,直线感应电机基础理论研究得到了强有力促进,研究内容从基本的磁场分析、特性研究到温度场分布,从机械结构到优化设计,几乎涉及所有研究内容,几经失败和成功的实践,直线电机终于进入了独立应用的时代。直线电机的理论体系已逐步建立,应用也更有效,更广泛。

但直到20世纪90年代初期的20多年里,发表的若干专著和上千篇论文的研究,主要是针对直线感应电动机,其重点是直线感应电动机在运输系统方面的应用,取得的成果也大都是这些方面的。例如日本的东海新干线(250km/h)和大阪市的一条地铁已经进入营运阶段。英国铁道局制造出了由直线电机驱动的机车；德国鲁尔煤炭公司研制的井下磁悬浮轨道运输系统已运行了数万公里；乌克兰也把直线感应电机驱动的矿车用于露天煤矿的运输。俄罗斯还成功地研制出了用于具有爆炸性、危险环境中的隔爆型直线感应电动机。加拿大、法国、苏丹、阿曼、波兰等国家对直线电机也有若干研究成果。图 1.1～图 1.4 是截至 2012 年 6 月在 Ei Village 中，Search For 为“linear motor”，Search In 为“Subject/Title/Abstract”的检索到的世界各国有关直线电机研究成果分布图。

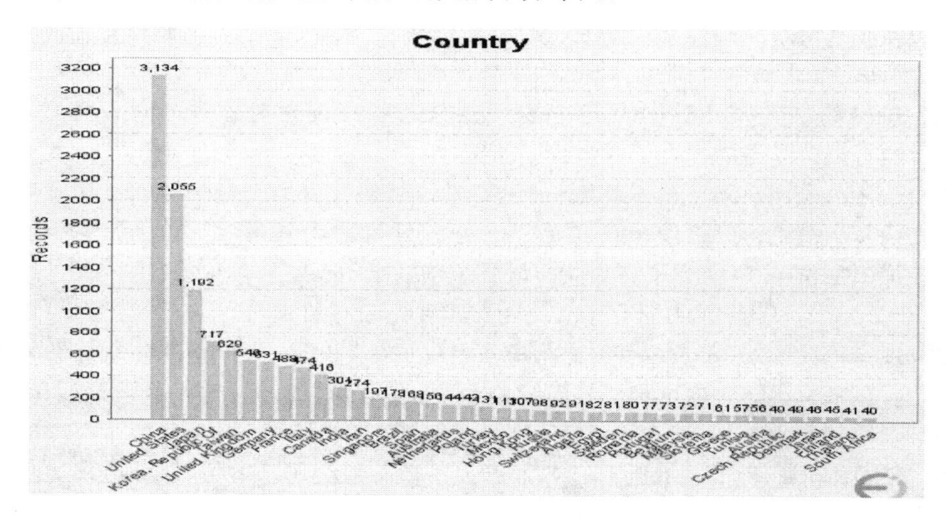

图 1.1　1969～2012 年各国论文数量

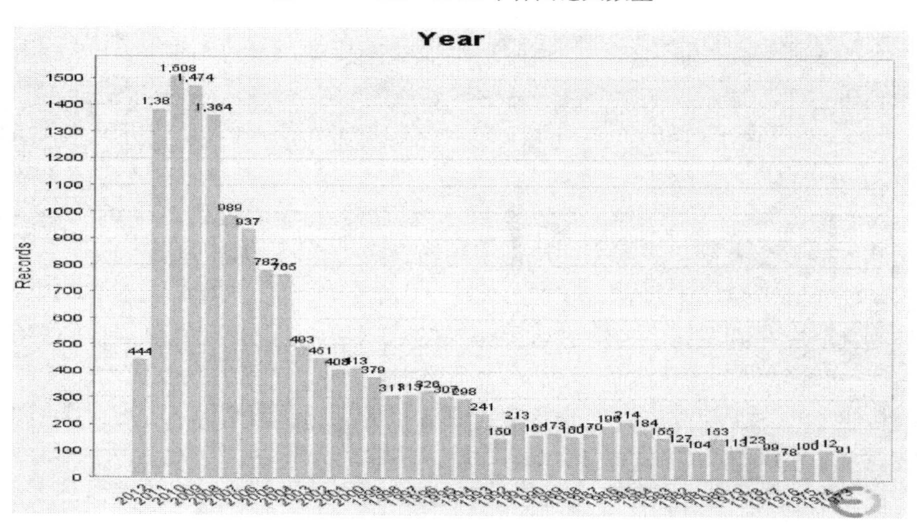

图 1.2　1969～2012 年每年论文数量

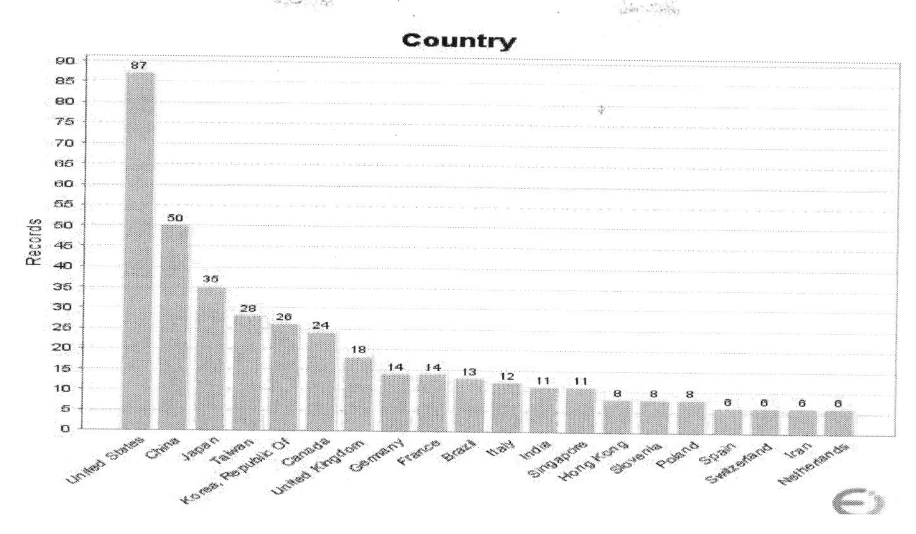

图 1.3 2003 年各国成果数量

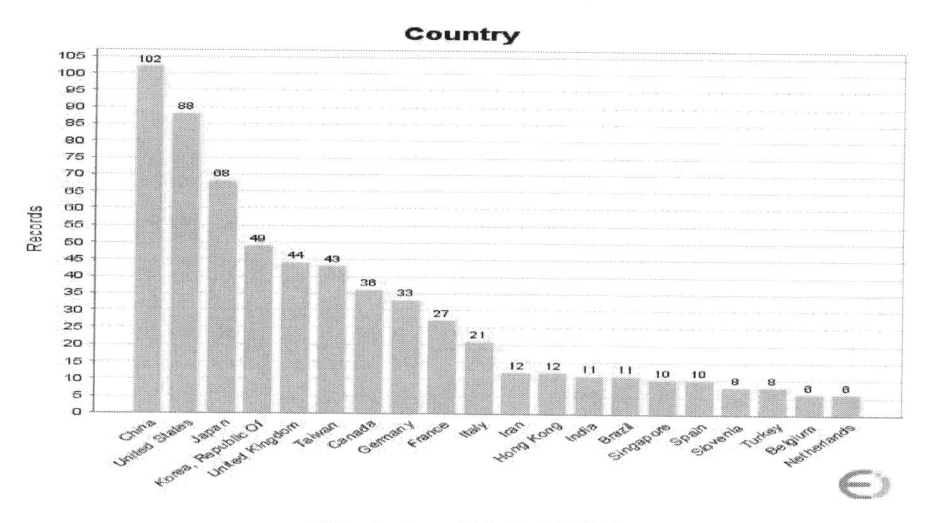

图 1.4 2004 年各国成果数量

综上可看出,直线电机发展有如下特点:

(1) 从直线电机诞生之日起,经过相当长的一段时期,由于受技术和材料的影响,发展速度十分缓慢。

(2) 从每年的研究成果来看,2004 年以前,世界范围内,成果数量都在 500 篇(个)以内,从 2004 年出现了量的飞跃,达到了 765 篇(个),以后每年增加,2008 年出现了由 2007 年 989 篇(个)骤然上升到 1364 篇(个),直到 2010 年的 1508 篇(个)达到最高。分析原因,主要是中国这个时期研究成果的繁荣促进了世界直线电机的发展。

(3) 各国成果数量分布十分不均，从所引用的成果库的研究成果来看，中国成果数量占绝对优势，是从事直线电机国家研究中南非成果的 78 倍还多，是排名第二的美国的 1.5 倍。

(4) 2003 年以前，美国在直线电机研究成果方面一直处于优势地位，对中国来说，2004 年是直线电机研究成果数量转折点，2004 年以后中国在直线电机方面的研究成果数量居世界第一位，并且 2007 年、2008 年、2009 年连续三年都有较大的跨越。说明中国直线电机的理论研究和应用试验，虽然起步较晚，但发展较快。主要原因是一方面直线电机应用范围的不断扩大特别是直线电机在国外应用的逐步成熟，给国内的研究创造了外部条件，如日本、美国等国家直线电机实际应用中的优越性刺激了国内。另一方面，国内对直线电机旺盛的需求是促使国内研究的根本动力，由于直线电机在某些场合的优越表现，国内在如高精机床，精密焊接等一些领域也开始采用直线电机。还有国家从政策方面给予的支持为直线电机的研究提供了保障，“八五”发展规划中就将磁悬浮高速列车列为国家发展规划。原煤炭工业部也把直线电机技术作为八五期间重点推广的 100 项重大科技项目之一，“十一五”发展规划提出将直线电机用于驱动数控产品作为重点项目之一、“十二五”发展规划中，将专用直线电机作为重点任务之一。所有这些，都为国内直线电机的研究及应用提供了契机。因此，一些院校、科研单位，把直线电机基础理论和应用列为重要研究方向，以及作为博士、硕士论文的选题。应用方面，也有许多成果，如已研制出了电磁锤、电磁螺旋压力机、减速器、加速器、自动运料机、炒茶机、割蔗机、压铸机、空气压缩机、自动窗帘机、电梯自动门、抽油机等。尤其近十几年来，直线电机在我国国民生产中发挥了重要作用。以直线电机驱动的安全门、摇台、推车机、翻车机、阻车器、单轨吊、自动风门、斜井防跑车装置以及相应的操车电控设备都已形成了系列化产品。截至 2012 年 6 月，在国家专利网站上，以“直线电机”为关键词的发明专利已有 853 条，实用新型专利 892 条，外观设计专利 1 条。

1.2　直线同步电动机的研究现状

由于直线感应电动机不可避免的功率因数及效率低的特点，极大地限制了其发展，人们在致力于直线感应电动机的研究及开发许多年后，也开始对直线同步电动机产生兴趣。原理上每一种旋转电机都有一直线电机与之对应，但实际上，70 年代以前，人们并没有发现直线同步电机的实用价值。

直到 1970 年 Andrei R 在 Electrotehnica 期刊上第一次发表有关直线同步电机的概念，才引起研究人员的注意，在这篇论文中，作者详细研究了直线同步电机在机车牵引系统中最佳结构形式、磁场分布、牵引特性等有关内容。

1971 年，Atherton D L 等在加拿大物理学报(Canadian Journal of Physics)上发表了高速磁悬浮气隙可达 30cm 的大气隙直线同步电机，推导了效率公式，做出了实验样机。

1973 年，德国 Kiene V 对磁悬浮的电磁线圈进行了详细的讨论。Iwasa Y 对磁悬浮用直线同步电动机推力绕组产生的交流磁场的屏蔽问题进行了研究，通过补偿偶极子产生抵消磁场的方法达到磁辐射降到人体可以接受的程度。

Slemon G R，Turton R A，Burke P E 在 IEEE Transactions on Magnetics 上发表了设计时速可达 500km/h 的磁悬浮列车，该列车用直线电机驱动，并用变频对其进行控制研究。

1974 年日本首次试验了由直线同步电机推进、超导悬浮试验车，由此掀开了直线同步电机理论研究的新篇章。这个于 1974 年开建、1979 年建成的 7.5km 长的宫崎磁悬浮铁道试验线，运行时速可达 530km。为进行实用化，90 年代初，日本开始在山梨县建造 48.2km 实用超导磁悬浮铁道试验线。采用直线同步电机作为车辆推进的动力，它安装在车上的超导线圈作励磁线圈，轨道内侧安装推进线圈起电枢的作用。这种直线同步电机是一种长初级、短次级、超导励磁直线同步电机。

法国 Lancien D，Moulin R 在稳定条件下，基于假设，通过选择合适的参数，采用数据驱动方法研究了直线超导同步感应电机力、效率、功率因数、能耗等参数。

德国 Holtz J 研究了无铁心、磁悬浮用直线同步电动机，在考虑机电磁悬浮系统运行特性的基础上，计算了直线同步电动机稳态运行性能。

针对当时发展迅速的超导磁悬浮技术，加拿大 Atherton D L，Eastham A R 在 1975 年综合超导磁悬浮当时在日本和德国的发展以及部分加拿大科学家和工程师进行的研究，较为系统的提出当时加拿大发展超导磁悬浮技术的优势和问题，是当时较早结合本国情况客观评价发展超导磁悬浮轨道交通的文章。

从可查的资料来看，20 世纪 70～90 年代，许多研究直线同步电机的文献主要是针对高速悬浮列车超导励磁同步电动机的。从 2000 年以后，同步直线超导磁悬浮的研究依然在进行，但较之发展迅速的直线感应同步电动机、永磁直线同步电机，研究成果相对较少。

另一方面，几乎与日本同时，德国于 1974 年开始超导悬浮列车的研究，但经过四年的试验和比较，最终于 1979 年暂停了超导系统的研究，转而把资金集中用于常导悬浮系统的研究与开发。

目前，在高速磁悬浮铁道运输中，基本是超导、电动、排浮系统与常导、电磁、吸浮系统两大系统的深入研究、发展和不断改进。

90 年代初，国外首次提出“直线同步电机驱动垂直运输系统”的构想，并开始理论和试验研究。这一全新构想的提出，虽然基本思想是水平运行的电机车“竖立”起来运行，但面临许多重大理论和技术问题的挑战，该“挑战”使得该课题成为直线电机研究领域的前沿课题。如果理论上和技术上的许多问题得到解决，则传统的提升系统将会发生巨大的变革，其理论价值和带来的经济和社会效益是不可估量的。

上述想法的提出建立在两个基本事实上：现代高层建筑越建越高，地下开采越采越深，世界上已经有了一百层以上的大楼，而且千米高建筑也已在人们考虑之中(迪拜塔160层，高828m，正在设计中的迪拜大酒店高1050m、沙特的“王国大厦”预计会超过1000m)；南非的金矿，开采深度已超过4000m。传统有绳提升系统的缺陷越来越明显，主要表现在两个方面，一是技术方面，二是经济方面。为了提升的安全性，随着提升高度的增加，提升钢丝绳必须增加直径以保证其强度，但直径增加却导致自身重量增加，当达到某个高度后，提升钢丝绳将达到其机械强度的极限，目前这个极限是2800m。现代高层建筑，为了方便运送人和物，需要大量的电梯，从而占有的建筑面积比例可达30%，长期以来，为了提高乘坐的舒适度和实现高效节能，想尽了办法，例如发展高速电梯，采用各种先进的控制技术(包括人工智能控制等)，但仍然无法从根本上弥补传统提升模式本身的缺陷。

直线同步电机驱动垂直运输系统提出初期，世界上只有少数国家进行这个方面的研究，如日本、俄罗斯、南非、美国、法国等。其中，日本的研究重点放在高层建筑的电梯方面。有试验方面的论文发表。1994年在北京召开的直线电机专业委员会学术讨论会上，日本著名直线电机研究专家山田一教授出示了直线永磁同步电机驱动的电梯的试验模型录像。但此时日本的试验模型录像基本上是原理型的，不能模拟实际情况，当时发表的几篇性能研究的论文都是基于这种类型试验装置的试验性结论，缺乏严格的理论依据，也很难代表真实的垂直提升系统的特性。

俄罗斯研究重点是直线电机驱动的矿井提升系统。这可能是一个非常诱人的研究方向。俄罗斯似乎是在把它作为一种专利产品在研究，公开发表的研究论文几乎没有见到，专利检索也仅发现有几个机械部件申请了专利。1992年，西安的乔忠寿先生赴俄考察直线电机的研究，获得俄正在进行这方面研究的信息，但并不能得知具体的情况。

南非对直线电机垂直运输系统的研究始于1989年，Kroninger H教授尝试将单边直线感应电机应用于电梯驱动系统并建立了实验模型，随后Cruise R J等教授将直线同步电机用于深度达4000m的矿井，并对制动进行了研究。美国在管型直线磁阻电机驱动的电梯方面也有一些成果。

2000年以后，由于材料及相关技术的发展，直线电机驱动垂直运输系统的研究如雨后春笋，研究单位和人员激增，研究广度和深度都有质的变化，研究方法和手段也更先进，直线电机的拓扑结构也得到扩展，研究也更接近实际。除较早研究的国家外，美国对直线开关磁阻电机驱动的电梯的研究进一步深化，在2006年对电梯用直线同步电动机进行了相关内容的研究，但也是停留在实验模型阶段。韩国对无槽永磁直线同步电机进行了较为深入的研究,并对电机的优化设计进行了探讨。瑞士、土耳其、日本等国家对直线电机驱动的多轿厢系统进行了研究,成果较多。此外,中国的台湾在管型直线垂直运输系统、伊朗在无绳电梯控制、巴西在直线电机驱动无绳电梯拓扑结构等方面都有相应的成果。

就理论和技术的难度以及世界各国直线电机研究和应用水平而言,目前已取得了丰硕的成果。国内也较早注意到这种研究动向,1995年焦作工学院直线电机研究所正式立题研究,建造了当时国内运行距离最长(10m)、提升能力最大(1.5t)的"分段式永磁直线同步电机驱动的垂直提升系统"工业试验模型。并申请到多项国家自然科学基金、河南省多类项目资助。研究范围上,从基本的结构研究到工艺设计,从磁场分析到优化设计,从单轿厢到多轿厢运行,从电机本体研究到系统的控制,研究内容比较系统。浙江大学、太原理工大学、沈阳工业大学、山东大学、哈尔滨理工大学等单位对直线电机驱动运输系统也有较多研究。浙江大学在直线电机研究及应用方面具有很好的基础。太原理工大学近年来在分段式永磁直线垂直运输系统也有较多的研究成果,中国科学院电工研究所对钢次级分段直线磁阻电动机进行了研究,哈尔滨工业大学在集中绕组分段式永磁同步直线电机及控制方面申请了专利。

根据目前已知的研究情况,无论是电梯或矿井提升系统,其动力源大都采用永磁式同步电动机。对于垂直提升系统来说,采用永磁直线电机驱动可能是目前唯一的最好方案,从其近10年的发展及取得的研究成果看,的确如此。但永磁式直线同步电动机本身还有许多理论和技术问题需要解决,用在提升领域又带来了许多要研究的新问题。从已知的资料看,日本目前的研究重点还是电机本身,例如电机的各种特性等。俄罗斯的研究可能更偏重于机械结构方面。作为一个系统,它是一个多学科问题,需要研究的问题包括其他各方面,例如控制、监测、保护等。

直线电机矿井提升系统有如下的特点:

(1) 井筒的深度不受设备的限制,可以不要暗井。

在矿山深部开采时,由于提升绞车缠绕钢丝绳受到限制,一般需要设置暗井,构成所谓的多水平提升。这不仅施工量大,设备增多,成本提高,而且运输环节繁多效率降低。在这种情况下,直线电机提升系统因不受矿井深度的影响,显示出了独特的优越性,井筒越深,水平越多,这种优越性越突出。

(2) 设备数量减少,提升系统简化。

由于装有初级的支撑构件和次级是提升系统的基本构件,随着井筒深度的延伸,只要增加支撑构件即可实现,不需要增加其他的提升设备。因此,大大减少了提升设备,简化了提升系统。

(3) 减少了占用空间。

直线电机提升系统是无绳提升系统,作为动力源的直线电动机的初级和罐道组成一体，安装在井筒中，次级在罐道中运动。因此，地面上除了配电站和控制系统，不再需要庞大的提升机房和井架。

(4) 缩短整个施工工期和基建费用。

可以设想，设计合理的直线电机矿井提升系统是一系列标准组件的组合系统，需要时可以快速的组合和拆卸，所以可以明显缩短施工工期。

(5) 节约电能。

设电耗与提升重量成正比，并设提升容器自重为 W_1，重锤重为 W_3，荷载为 W_2。传统方式提升时需要提升的重量为

$$(W_1+W_2)-W_3$$

下降时需要提升的重量为

$$W_3-W_1$$

对于一个提升周期，有效提升重量为

$$(W_1+W_2)-W_3+W_3-W_1=W_2$$

对于新型提升方式，提升时需要提升的重量为

$$W_1+W_2$$

下降时需要提升的重量为：$-W_1$，即把 W_1 储存的位能转化为电能反馈回电网(电机发电运行方式)，所以一个提升周期有效提升重量为

$$(W_1+W_2)-W_1=W_2$$

可见两种提升方式一个提升周期所提升的有效重量是相同的，这意味着两种提升方式在同一有效载荷时，基本耗能是相同的。但传统方式由于存在机械传动机构，传动机械效率一般为 0.85～0.9，所以新型提升机大约可节能 10%左右。

(6) 直线电机提升系统较之传统钢丝绳提升系统还有一个重大优点，即前者可达到的高速为：$v=2\tau f$(其中，τ 为电机的极距，f 为供电频率)，这对后者而言是不可能。高速提升可缩短提升周期，提高工作效率。

以上描述基本上是建立在模型试验和理论推论基础上，从技术角度看，这种新型提升系统尚存在一些问题。例如，电机安装精度的保障、可靠监控等。和传统提升系统的经济效益对比，也还需作大量的研究工作。高层电梯原理上类似。

下面 1.3 节和 1.4 节内容为扩展阅读内容。

1.3 低速直线电机的研究现状

对直线电机的研究，除在高速运行场合外，对于恒低速运行的直线场合，研究人员也在积极探索低速直线电机。

1976 年，Watson D B 设计了一种在电压 24V，电流 5A 直流分段供电方式下，可获得 600N 拉力的低速直线电机，是最早通过电机设计的方法将直线电机直接

获得低速，为开辟直线电机直接低速运行提供了示例。

1977年，Umezu N等对双边低速直线感应电机次级电流扰动和磁场进行研究，给出了推力和法向力及速度特性及相关参数设计。

Adamiak K L和Barlow D L等应用有限元对低速直线驱动用开关磁阻电机电势进行研究，对推力和法向力特性进行了分析，给出了该种电机的纵向磁链动子模型和横向磁链定子模型。

1988年美国Pai R M等对非磁性短次级双边多极扁平直线感应低速电机建立了二维数学模型，通过对横向边端效应的补偿，对性能控制进行了研究。

1997年，韩国Yoon Sang-Baeck对动次级可调气隙直线感应电机进行了研究，并采用以体积为目标函数进行了优化设计。

1999年德国Kleemann D在频率一定条件下，采用在槽中插入软磁片以形成齿使极距最小的方法，对低速直线同步电动机进行了研究。

在国内，丁志刚、钱张耀教授针对钢次级扁平型直线异步电动机的结构特点，从直线异步电动机实际物理结构，设计了该电机接近实际的计算程序，使设计值和试验值在合理的误差范围内。

太原工学院刘星达教授于1983年在初次级电磁关系不变得条件下，提出对直线异步电动机的机械特性用静态试验模拟动态机械特性的方法，解决了推力与滑差S关系曲线实验难测定的困难；并讨论了极距≤0.03m的直线异步电动机纵向边端效应对推力的影响，得出了增加直线异步电动机的品质因数可以增加起动推力、改变次级结构形式可以提高起动推力等有意义的结果；利用次级试验和短路试验数据，通过绘制简化圆图，求得工作特性和机械特性，简化了低速直线异步电动机计算工作量。

顾积栋、张旭红等针对平面型钢次级直线异步电动机的特点，从确定主要尺寸、定子绕组匝数和钢次级的电磁性能相联系的角度出发，选取经验数据，获得电机主要尺寸及有关参数，从而避免多次反复计算，减少该种电机计算工作量。

陈东军、郝荣泰在考虑直线电机边缘效应条件下，利用低速直线感应电机系统的瞬态对称分量法模型，对直线电机调速系统的起动和反接制动过程进行了计算机仿真。

西安交通大学梁得亮教授对单台永磁式减速直线同步电机进行了系统研究并得出了有意义的结果，提出通过求解不同次级位置时的静态场得到反应式减速直线同步电机力角特性的新方法；基于有限元法，考虑静态纵向边端效应的影响，计算出反应式减速直线同步电机的非线性电感参数，提出用电流电感系数来表征电流对电感的影响，由电压平衡方程式，得到分析该类电机的非线性数学模型，基于该模型仿真计算研究样机的起动特性，并进行了实验验证。

赵德林、王友义教授针对低速直线感应电机极距小、气隙大，导致无功电流大，电机的温升很高的特点，研究了每极每相槽数略大于1的分数槽对谐波导致的无功电流的影响，指出在电机结构和工艺能接受的前提下，采用分数槽绕组可显著降低电机的无功电流，达到降低温升的目的。

汪玉凤、乔和、初宪武通过对钢次级直线电机的优化设计，确定钢次级直线电机优化变量、优化目标及约束条件，通过对Hook-Jeeves法进行改进，采用序贯无约束极小化方法(SVMT法)对钢次级低速直线电机进行了优化。

天津大学利用定子铁心的内径圆周均匀的分成m个扇区组，在每一扇区组A、B、C三相各占相同面积的1个扇区，1个扇区属于一相，每个扇区的定子铁心上均匀的设置有n个齿，在所述的相邻两个齿之间开有1个槽的方法，设计出了分段式模块化定子结构直驱型低速直流无刷电动机，并申请了专利。

从上可以看出，以上研究大都集中在低速直线感应电机方面。河南理工大学从2000年开始永磁低速直线电机的研究，并于2011年发表了相关论文。郑州大学从2003年将低速永磁直线电机研究作为博士、硕士研究生论文选题，并先后得到国家自然科学基金及河南省自然科学基金等项目资助。

1.4　低速永磁直线电机的发展

随着永磁材料的出现，低速直线感应电机逐渐被低速永磁直线电机代替，近年来，对于低速直线电机的研究主要集中在低速永磁直线电机的研究上。

从2001年上官璇峰、柳春生、焦留成发表低速永磁直线同步电动机方面的论文以来，标志着低速永磁直线电机步入人们的视野，在这篇文章中，作者分析了设计低速永磁直线同步电机宽度时应考虑的问题，给出该种电机部分参数，为电机的后续研究打下了基础。

随后召开的2004年全国直线电机学术年会上，杨少东、叶云岳教授提出低速圆筒形直线永磁同步电机及其控制系统的设计，采用基于能量法和傅里叶解析分析方法，推导出了圆筒直线电机与结构参数有关的齿槽力表达式。在此基础上，研究了定子极距所作的微小改变和极弧系数的优化选择对齿槽力的影响，提出了减少电机齿槽力的优化方案，并进行了样机的初步试验。

河南理工大学康润生教授从低速永磁直线同步电动机的基本结构、基本原理和特点，对电动机非线性磁网络计算中的关键参数，非线性齿层比磁导进行了有限元计算，得到了齿层比磁导曲线族，给出了电磁推力的计算公式，并推导了最大电磁推力的表达式。根据最大电磁推力的要求，确定了次级永磁体的高度。应用Ansys有限元分析软件，分析了低速永磁直线同步电机的磁场分布，计算了初级三相绕组的电感参数，提出了低速永磁直线同步电机的数学模型，并针对三维有限元法存在计算复杂、求解时间长，不适合工程设计应用等问题，在合理假设的基础上，根据磁路等效原理，对低速永磁直线同步电动机的三维电磁场进行等效处理，建立了低速永磁直线同步电动机的拟二维电磁场模型。

王福忠教授在对低速永磁直线同步电动机力角特性进行分析的基础上，确定了该电机的稳定工作区，得到了永磁直线同步电动机的稳定控制方法，即可通过改变电压和频率来实现低速永磁直线电动机的失步预防控制，可以有效地提高永磁直线同步电动机的稳定性，避免电机失步的发生。

河南师范大学的杨新伟应用 Magnet 软件对长初级短次级和长次级短初级两种不同结构电机的电磁场进行了数值计算，通过计算结果进一步分析和计算得到了低速永磁直线同步电机的二维磁场分布和气隙磁密的变化波形。

王全宾成功研制了低速大推力直线电机样机 LNMT300-5，并通过变频控制，直接将电能转换为载物台的直线往复运动，实现了运行速度的无级调整；同时，利用初、次级之间的电磁吸附力达到了悬浮承载的目的。

郑州大学根据低速永磁直线同步电机的基本结构和工作原理，分析了低速永磁直线同步电机的附加磁势问题及等效原理，进而对低速永磁直线同步电机建立了分层分析模型，根据叠加原理推导出含有电机性能参数的各区域的磁密分布表达式，通过合理假设，将低速永磁直线同步电机的三维电磁场转化为二维电磁场，建立低速永磁直线同步电机的二维电磁场分析模型，应用 Ansys 软件对电机模型进行了磁场分析；对低速永磁直线同步电机的异步稳态运行状态进行了分析，从理论上推导了异步稳态的电磁力公式以及对电机起动特性的影响，定性分析了电磁力的暂态特性，得到低速永磁直线同步电机自起动的条件，并用绕组函数法计算了低速永磁直线同步电机的电感，得出低速永磁直线同步电机的气隙磁场除了其工作磁导波外，还含有大量的谐波磁场影响电机的性能，对分析低速永磁直线同步电机动定子齿槽数的配合问题与运行特性提供理论依据。

邵波、曹志彤、徐月同等采用每极每相槽数小于 1($q<1$)分数槽结构，解决了运行的平稳性，并建立基于二维磁场方程的 PMLSM 有限元分析模型。采用开放边界条件，将边端漏磁对 PMLSM 的影响加入有限元模型中去，提高了分析精度。从时空相量图出发，设定 $q<1$ 分数槽绕组的三相电流分布，采用松弛因子法调节 α 角，对 PMLSM 额定负载推力进行迭代计算，得到采用瞬时电流法计算的 PMLSM 负载特性及其参数。

郑光远、肖曙红、陈署泉利用有限元法，对永磁同步直线电机谐波分量和齿槽力进行分析和仿真，运用傅里叶级数，求出各次谐波分量，分析结果表明，采用分数槽短距绕组方法可明显降低齿槽效应的影响。

由于永磁低速直线电机采用单段，成本较高，近年来，人们开始对分段式低速永磁直线电机进行研究。分段式低速永磁直线电机是在单段型低速永磁直线电机基础上发展而来的一种低速直线电机新型结构形式，本质上还是低速永磁直线电机，只是定子采用分段（不连续）形式，相对单段式结构，节约材料，降低成本，并为优化设计留下了空间。

从上可以看出，低速直线电机的研究具有如下特点：

（1）2000年以前，低速直线电机的研究主要是对低速直线感应电机为研究对象，2000年以后由于低速永磁直线电机相对低速直线感应电机显而易见的优点，低速直线感应电机逐渐淡出研究人员的视野，转而对低速永磁直线电机进行研究。2000～2005年可以说是个酝酿期，在此期间，可查的成果有限，2005年以后，研究成果相对2000～2005年而言成果逐年增加，这主要是直线感应电机逐渐被永磁直线电机取代的原因。

（2）低速直线电机研究内容方面，从能够查阅的文献来看，对于低速直线感应电机研究，从磁场的分析，到设计电动机主要尺寸和次级参数确定方法，从特性的测试到优化设计，内容比较全面深入，具有一定的深度和广度。近几年，低速永磁直线电机的研究成果增加迅速，除了受低速直线感应电机的研究促进作用外，与目前低速永磁直线电机需求也有很大关系。但从研究的深度和广度而言，由于时间短，研究内容都是局部的，目前，主要集中在磁场的分析和系统特性仿真层次上，还没有一个系统的研究，更没有一个统一的理论体系，相对低速直线感应电机研究水平及达到工业应用的水平要求，低速直线电机特别是分段式低速永磁直线电机，还有较长的一段路要走。

（3）研究手段和方法上，对于低速直线感应电机，有解析方法和图解法和样机试验法或多种方法结合，对低速永磁直线电机的研究，主要是解析法和有限元方法，目前还没见有样机的研制报告。

（4）从结构设计上，主要集中在双边开槽所造成的气隙磁导变化前提下的低速直线感应电机或低速永磁直线电机，偶见采用分数槽设计方法应用到低速直线电机的设计，但成果不多，那么传统的滚切式电动机、谐波电动机等低速电机的设计方法是否适用于低速直线特别是对分段式低速永磁直线电机的设计还未见成果出现，因此，这些结构设计对低速直线电机的结构设计是否有借鉴意义？能否应用他们的设计方法或经过改造的设计方法应用到低速直线电机结构设计，将这些设计方法应用到低速直线电机是否合适？会出现哪些新的问题？怎么解决？是值得探讨的一个问题，除此之外，开发适合低速直线电机特别是分段式低速永磁直线电机本身的新型结构形式是研究低速直线电机的一个基本问题。

（5）从从事低速直线研究人员和单位来看，目前能查到的文献当中，无一例外都是高校在进行一些基础性的研究工作，科研院所和企业有关这方面的研究还未能查到。这也从另一个方面说明了从国家层面上还没形成研究低速直线电机的浓厚氛围，主要原因是受传统思想的影响和目前低速直线电机开发成本较高的原因，对于应用低速直线驱动的场合，人们还习惯于选择电机加减速机构的方法实现。

国家在“十一五”期间,将永磁直线电机和低速旋转电机放在了优先发展的地位,极大地促进了我国永磁直线电机和低速旋转电机的发展。因此,要大力发展低速直线电机特别是分段式低速永磁直线电机,以提高我国低速永磁直线交流伺服系统驱动水平,也需要国家从政策上加以引导。

1.5 本书研究重点及目标

永磁直线同步电动机是新模式提升系统的核心。目前,永磁式直线电机的研究成果也较丰富,但总的来说,还处于基础探索阶段,还没有形成系统理论和统一的方法,关于永磁式直线同步电动机的电磁场分布研究,电磁参数设计计算研究和设计准则研究,以及永磁式直线同步电机应用在垂直提升系统的各种运行特性及控制研究,国内外尚少有系统研究。特别是永磁式直线同步电机磁场分析和电磁参数、结构参数的研究则更少。多数文献在分析永磁直线同步电机时,基本上照搬旋转电机的分析方法和采用几乎相同的计算公式计算电磁参数。没有严格的理论分析和可靠的试验结果支持这种方式得出的结论。

由于垂直运输系统用永磁直线同步电机的特殊结构,决定了它的磁场分布、电磁参数以及各种特性不同于旋转式永磁同步电动机。本书上篇在合理假定的基础上,建立永磁直线同步电动机的物理模型,运用麦克斯韦方程等基本的电磁场理论,深入分析永磁直线同步电动机的电磁现象,导出电磁参数计算公式,建立数学模型及电路模型(等效电路),继而导出运行特性的数学表达式,深入研究结构参数对电磁参数以及运行特性的影响。分析直线电机出入端效应及齿磁阻力与机械结构之间的关系,为建立完整的新模式提升系统的永磁直线同步电动机理论体系奠定基础。新的分析和计算方法建立在线性物理模型基础上,所以可称之为线性理论。

作为永磁直线同步电动机垂直运输系统完整体系,永磁直线同步电动机垂直运输系统的控制系统是其重要组成部分,由于永磁直线同步电动机存在诸如边端效应、铁心开断及运行过程中的参数变化等因素,试验证明采用理想稳态模型和沿用旋转电机控制方法,无法揭示永磁直线同步电机从起动到牵入同步等内在规律,也不能达到令人满意的控制效果。因此,必须寻找新的控制方法。本书下篇在数学建模的基础上,研究永磁直线同步电动机相关控制方法,为永磁直线同步电动机驱动的高精密控制系统提供理论基础。

第 2 章　永磁直线同步电动机概念

2.1　永磁直线同步电动机垂直运输系统的基本原理构想

根据直线电机原理及垂直运输系统的特点，并参考国外的研究，提出如下的垂直运输系统的基本原理构想（试验模型）。

图 2.1 为永磁直线电动机垂直运输系统的示意图。

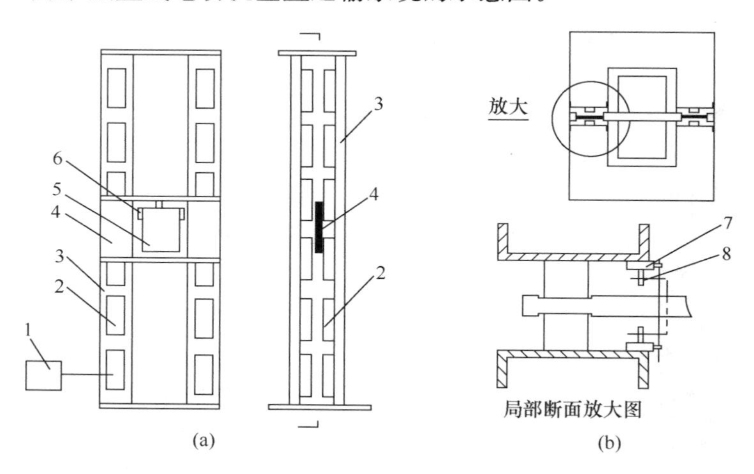

图 2.1　永磁直线电动机垂直运输系统的示意图

1—供电电源；2—电机初级；3—固定框架；4—电机动子；5—提升容器；6—机械制动装置；7—运行轨道；8—导向装置

电机初级 2 间隔地均匀地布置在固定框架（提升罐道）上，电机动子 4 等由永久磁铁等构成，在双边型初级的中间上下运动。装在动子上的专用导向装置 8 保证动子不偏离初级及动子与双边型初级之间的间隙。动子的纵向长度等于一段（台）初级和一段间隔纵向长度之和，在动子纵向运动过程中，始终保持有一段（台）初级长度与动子平行。因此，对于整个系统而言，原理上近似于长初级短次级永磁同步电动机，不同的是每一段（台）都存在一个进入端和退出端。这给准确分析带来困难。

2.2　稀土永磁材料及稀土永磁直线电动机的特点

2.2.1　稀土永磁材料的发展

永磁材料属于基础材料，目前有铝镍钴金属永磁，铁氧体永磁和稀土永磁三大类。稀土永磁是稀土元素(镧、镨、钇、镝、钐……)与铁族元素的金属间化合物。第一代稀土永磁合金($SmCo_5$)诞生于 20 世纪 60 年代后期，70 年代第二代稀土永磁合金(Sm_2Co_{17})问世。这两种永磁材料虽然磁性能好，但钐与钴价格昂贵，限制了它们的应用。1983 年 6 月，日本住友特殊金属公司制成了第三代稀土永磁合金(NdFeB)。钕铁硼永磁材料具有优异的磁性能，同时由于钕资源丰富，又以廉价的铁代替钴，所以其价格相对低廉，市场竞争力强，便于推广应用。钕铁硼永磁材料的问世被列为 1983 年世界十大重要科技成果之一。

2.2.2　钕铁硼永磁材料的性能

钕铁硼永磁材料的磁性优异，兼有铝镍钴和铁氧体永磁的优点，具有很高的剩磁和矫顽力，以及很大的磁能积。目前常用的稀土永磁材料的磁能积，$SmCo_5$ 为 127.36～183.08kJ/m^3，试验最高值达 227.7kJ/m^3；Sm_2Co_{17} 为 159.2～238.8kJ/m^3，试验最高值达 263kJ/m^3；NdFeB 为 238.8～318.4kJ/m^3，试验最高值为 415.5kJ/m^3。在各种永磁材料中，钕铁硼的磁能积最高，其最大磁能积比铝镍钴的大 5～8 倍，比铁氧体大 10～15 倍，在同样的有效体积下，比电励磁的大 5～8 倍，仅次于超导励磁。钕铁硼磁钢的剩磁 B_r 和矫顽力 H_c 均很高。商品钕铁硼的 B_r 为 1.02～1.25t，最高可达 1.48t，约是铁氧体永磁的 3～5 倍，约是铝镍钴永磁的 1～2 倍。商品铝镍钴的磁感应矫顽力 H_{CB} 为 764.2～915kA/m，内禀矫顽力 H_{cm} 为 876～1671.6kA/m，最高可达 2244.7kA/m，相当于铁氧体的 5～10 倍，铸造铝镍钴的5～15倍。各种永磁材料的性能比较如表 2.1 所示。

表 2.1　各种永磁材料的性能比较表

性能	铁氧体	铝镍钴	$SmCo_5$	Sm_2Co_{17}	NdFeB
剩磁/T	0.44	1.15	0.90	1.12	1.25
磁感应矫顽力/(kA/m)	222.8	127.4	636.8	533.3	796.0
内禀矫顽力/(kA/m)	230.8	127.4	1194.0	549.2	875.6
最大磁能积/(kJ/m^3)	36.6	87.6	143.3	246.7	286.5
密度/(g/cm^3)	5.0	7.3	8.4	8.4	7.4
居里点/℃	450	800	740	820	312
磁温度系数/(%/℃)	−0.19	−0.02	−0.04	−0.03	−0.126
使用温度/℃	200	500	250	350	130

钕铁硼磁钢还具有线性去磁曲线，其去磁曲线与回复曲线基本重合，内禀矫顽力高，内禀特性硬，抗去磁能力强，热稳定性能好。各种磁材料的去磁曲线比较如图 2.2 所示。

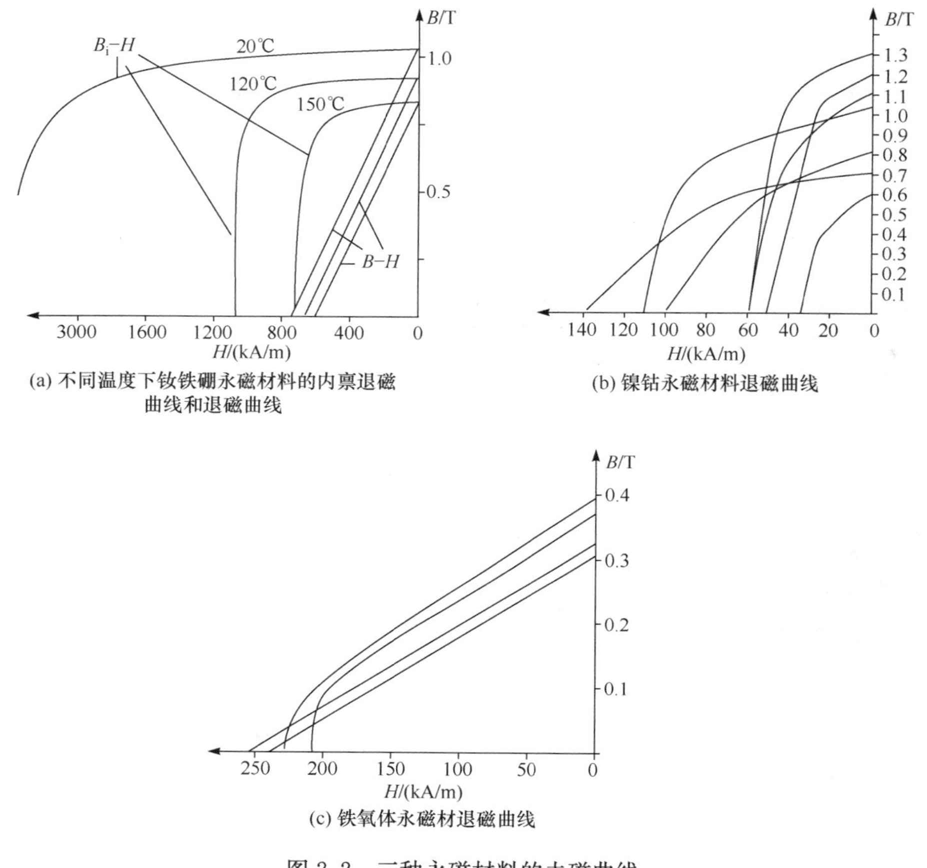

(a) 不同温度下钕铁硼永磁材料的内禀退磁曲线和退磁曲线

(b) 镍钴永磁材料退磁曲线

(c) 铁氧体永磁材退磁曲线

图 2.2　三种永磁材料的去磁曲线

B_i-H 是内禀退磁曲线，B-H 是退磁曲线

2.2.3　稀土永磁直线电机的特点

稀土永磁直线电机不仅具有永磁电机的特点，且兼有直线电机的性能。作为永磁电机，它不需要电励磁，省去了励磁线圈，不存在励磁线圈，能提高电机的效率，降低电机的温升。同时钕铁硼永磁具有强磁力和高矫顽力，在减小电机体积和重量的同时可增加电机的出力。作为直线电机，它省去中间传动装置，使运行更加可靠，另外还具有结构简单、加工方便、使用于特殊场合等特点。稀土永磁直线电机与普通同步直线电机相比较，有以下特点：

（1）稀土永磁直线电机更为耐用。直线电机在发生加速和减速时，具有大加速度和减速度，而钕铁硼永磁材料性能稳定，能抗压达 196MPa，使电机更适于高速运行。

(2) 稀土永磁直线电机中永磁体代替励磁，使直线电机结构更为简单，电器控制简便。

(3) 钕铁硼永磁的去磁曲线为直线，可改善直线同步电机的起动性能，并使电机有较高的稳定工作点。

2.3　永磁直线同步电动机结构特点

垂直运动永磁直线同步电动机按初级可分为双边型和单边型，按动子结构可分为隐极型和凸极型。图 2.3、图 2.4 分别为双边型隐极永磁直线同步电动机和单边型凸极永磁直线同步电动机的结构示意图。

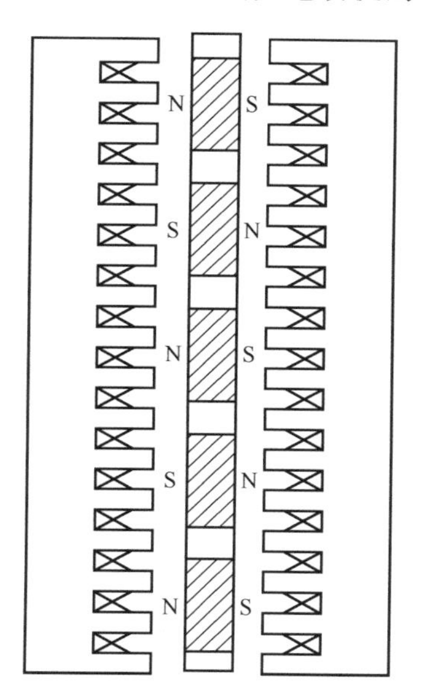

图 2.3　双边型隐极永磁直线同步电动机

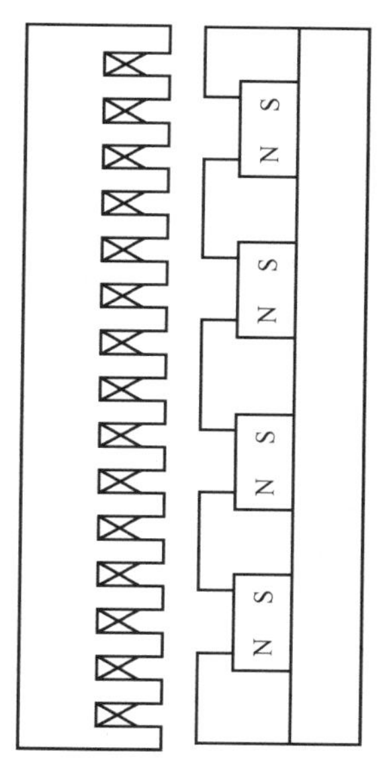

图 2.4　单边型凸极永磁直线同步电动机

由于机械上的原因，永磁直线同步电动机气隙较大且不均匀，因此磁路具有大磁阻且常常是不规则或变化的。这就要求永磁体具有高矫顽力。

典型的稀土材料的去磁特性曲线如图 2.5 所示。假定电机电枢电流为零时，其工作点为 A，如果出现一个直轴去磁磁势 F_{dm}，将把工作特性由 OA 移到 MA' 工作点由 A 移到 A'，假设气隙突然增大导致磁阻瞬间增大，则工作点由 A 移到 C。如果气隙（磁阻）恢复到初始值，工作点并不能回到 A，而是回到 A''。但由于稀土材料的恢复磁导率非常接近空气的磁导率（$1.05\mu_0 \sim 1.15\mu_0$），从而 A' 与 A'' 相当接近。可见瞬间的去磁基本上不影响永磁体的磁特性。

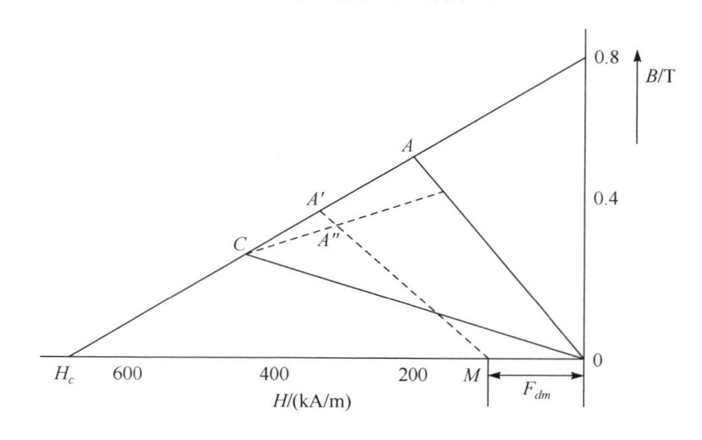

图 2.5　稀土材料的去磁特性

图 2.4 所示的凸极机结构的优点是，可以通过增大永磁体的高度（与运动方向垂直方向）增大气隙磁密，以达到合适气隙磁密。缺点是这种结构漏磁将增大。图 2.3所示的隐极机结构的优点是漏磁较凸极结构小，缺点是永磁体本身要承受电机的推力和垂直力。

永磁直线同步电动机工作原理同旋转同步电动机类似，只要电机的定子和动子同步运动磁场存在一个非零的空间位移，就产生一个非零的纵向力，这个力在电动状态时为推力，在发电状态时为阻力。与旋转电机不同的是，在永磁直线同步电动机的初级与动子之间还存在一个垂直力。在铁心直线同步电机中，垂直力是吸引型的，其大小可能超过纵向力。对于单边型电机，这种力可以用来支撑电机的运动部分。对于双边型电机，垂直力可能相互抵消。

第3章　永磁直线同步电动机磁场特性分析

3.1　永磁直线同步电动机物理模型及磁场分析模型

3.1.1　假设条件

图3.1为永磁直线同步电动机(凸极结构)物理模型。为了建立起合适的磁场分析模型,作下述假定。

(1) 定子轭和动子轭部分各向同性,且磁导率无限大;

(2) 齿、槽部分运动方向上(x)和垂直方向上(y)有不同的磁导率;

(3) 永磁体 x 方向和 y 方向上磁导率相同且等于空气隙磁导率;

(4) 所有部分电导率为零。

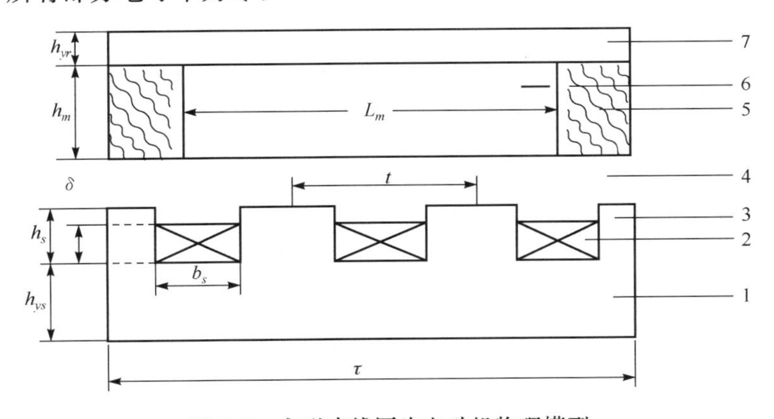

图3.1　永磁直线同步电动机物理模型

1—定子轭;2—槽导体;3—齿;4—气隙;5—永磁体;6—凸铁;7—动子铁轭

假定(1)建立在定子轭和动子轭都是铁磁物质基础上,这种假定使得问题的分析大大简化。对于直线电机,由于大气隙,磁路一般是不饱和的。假定(2)虽然使分析复杂,但却引进齿槽影响。假定(3)的合理性是显而易见的,对于稀土永磁材料,其回复相对磁导率近似为1。

除了上述假定,还需引入电流层概念和对永磁体进行等效处理。

3.1.2　初级电流层

同感应直线电机电流层的定义类似,用一无限薄电流层替代初级绕组槽导体电流,即电流层线电流密度(A/m)分布与槽导体电流密度分布相同。电流层幅

值为

$$J_{ms}=\frac{\sqrt{2}mN_wIK_w}{\tau p} \tag{3-1}$$

式中，m 为初级相数；N_w 为每相绕组匝数；I 为相电流有效值；K_w 为绕组系数；p 为极对数；τ 为极距。

由于

$$N_wI=j_sh_sb_sk_sqp$$

$$\tau=mqt$$

因此，用电机结构参数表达的电流层幅值为

$$J_{ms}=\sqrt{2}j_sh_sb_sk_sk_w/t \tag{3-2}$$

式中，j_s 为导体电流密度；h_s 为槽高；b_s 为槽宽；k_s 为槽满率；t 为槽距；q 为每极每相槽数。

电流层瞬时值表达式为

$$J_x=J_{ms}\mathrm{e}^{\mathrm{j}\left(\omega t-\frac{\pi}{\tau}x\right)} \tag{3-3}$$

为了揭示永磁直线同步电动机结构及材料对其电磁参数及性能的影响（这对具有明显结构特征的该类型电机来说尤其重要），本书在使用电流层概念时采用完全不同于传统的方式，即把电流层的位置由“固定”（初级表面）变为“可变”（作用区内任意位置）。形式上就是不再使用卡氏系数等效方法，而是采用在电流层作用区域积分求平均的方法。这和假定(2)是一致的。这样做带来的另一个好处是，将电机永磁体经过电流层等效代换后，可以采用统一的计算方法。

3.1.3　动子永磁体的等效代换

用等效电流理论分析磁化体的磁场时，磁化体内的等效电流在体外场点产生的矢量磁位的积分表达式为

$$\boldsymbol{A}(r)=\frac{\mu_0}{4\pi}\int_v\frac{\boldsymbol{J}_v}{R}\mathrm{d}v+\frac{\mu_0}{4\pi}\int_s\frac{\boldsymbol{J}_s}{R}\mathrm{d}s \tag{3-4}$$

式中，$R=|\boldsymbol{r}-\boldsymbol{r}_0|$ 为场点到源点的距离，$\boldsymbol{r}$，$\boldsymbol{r}_0$ 分别为场点矢径与源点矢径；s 为场域边界。而

$$\boldsymbol{J}_v=\nabla\times\boldsymbol{M} \tag{3-5}$$

$$\boldsymbol{J}_s=\boldsymbol{M}\times\boldsymbol{n} \tag{3-6}$$

分别代表磁化体内 $\mathrm{d}v$ 处与磁化强度 $\boldsymbol{M}$ 等效的体电流密度和 s 上 $\mathrm{d}v$ 处与 $\boldsymbol{M}$ 等效的面电流密度；$\boldsymbol{n}$ 为对表面的法线方向的单位向量。由式(3-4)可得

$$\boldsymbol{B}(r)=\nabla\times\boldsymbol{A}=\frac{\mu_0}{4\pi}\int_v\frac{\boldsymbol{J}_v(r_0)\times\boldsymbol{R}}{R^3}\mathrm{d}v+\frac{\mu_0}{4\pi}\int_s\frac{\boldsymbol{J}_s\times\boldsymbol{R}}{R^3}\mathrm{d}s \tag{3-7}$$

对于均匀磁化的磁化体或永久磁铁，因为磁化体内 $\boldsymbol{M}$ 为常数，所以等效体电

流密度$\boldsymbol{J}_v=\nabla\times\boldsymbol{M}=0$,式(3-4)和式(3-7)成为

$$\boldsymbol{A}(r)=\frac{\mu_0}{4\pi}\int_s\frac{\boldsymbol{J}_s}{R}\mathrm{d}v \tag{3-8}$$

$$\boldsymbol{B}(r)=\nabla\times\boldsymbol{A}=\frac{\mu_0}{4\pi}\int_s\frac{\boldsymbol{J}_s(r_0)\times\boldsymbol{R}}{R^3}\mathrm{d}v \tag{3-9}$$

因此,可用一个等效载流空心线圈代替一个均匀磁化体。线圈的截面积和长度等于磁体的截面积和长度,线圈面电流密度等于磁体等效面电流密度$\boldsymbol{J}_s$,流动方向与$\boldsymbol{M}$和$\boldsymbol{n}$垂直(因$\boldsymbol{J}_s=\boldsymbol{M}\times\boldsymbol{n}$),如图 3.2 所示。

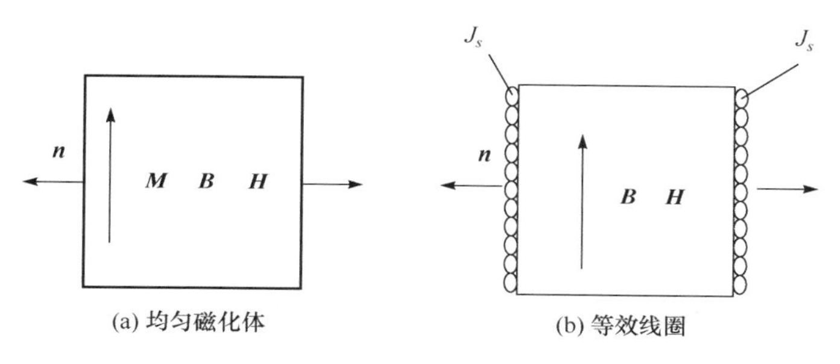

图 3.2　均匀磁化体和等效线圈

设等效线圈的匝数为 N,流过每匝导线的电流为 I,线圈的长度为磁体长度 L,线圈的面电流密度用 J_{sN} 表示,则

$$J_{sN}=\frac{NI}{L}=J_s=M \tag{3-10}$$

即等效线圈的磁势 F_N 等于磁化体的长度与磁化强度的乘积

$$F_N=NI=ML \tag{3-11}$$

永磁体也是磁化体,它与其他永磁材料的区别在于它存在“永久”磁化强度 M_0,M_0 起了磁动势源的作用。前面的公式中用 M 代换 M_0 即可直接用于分析和计算永磁体。

根据磁化体磁场$\boldsymbol{B}=\mu_0(\boldsymbol{H}+\boldsymbol{M})$的关系,对于均匀磁化的永磁体,可以写出

$$\boldsymbol{B}=\mu_0(\boldsymbol{H}+\boldsymbol{M}_0) \tag{3-12}$$

若设$\boldsymbol{M}_0$、$\boldsymbol{B}$、$\boldsymbol{H}$ 的方向一致,则上式可简化为

$$B=\mu_0(H+M_0) \tag{3-13}$$

对于稀土永磁材料有较大的矫顽力 H_c,且去磁特性为一直线,根据式(3-13)不难得出

$$M_0=H_c \tag{3-14}$$

因此,稀土永磁材料 B 和 H 之间的关系可用线性公式表示为

$$B=\mu_0(H+H_c) \tag{3-15}$$

若用等效线圈代替此永磁体时，其等效线圈励磁磁势 F_p 可用下式表示

$$F_p = H_c \cdot l_p \tag{3-16}$$

式中，H_c 的单位为 A/m；l_p 为磁体的长度，单位为 m。对于图 3.1 中的永磁体，$l_p = h_m$，式(3-16)可写为

$$F_p = H_c \cdot h_m \tag{3-17}$$

下面对图 3.1 中永磁体进行电流层等效变换，变换建立在已将永磁体用等效线圈代替的基础上。

永磁体的等效磁势的幅值为 $F_p = H_c h_m$，波形如图 3.3 中矩形，用傅氏分解可得其基波表达式为

$$f_{p1} = \frac{4}{\pi} F_p \sin\left(\frac{\pi}{2}\alpha\right) \sin\left(\frac{\pi}{\tau}x\right) = F_{m1} \sin\left(\frac{\pi}{\tau}x\right) \tag{3-18}$$

式中

$$\alpha = \frac{L_m}{\tau} \qquad F_{m1} = \frac{4}{\pi} F_p \sin\left(\frac{\pi}{2}\alpha\right)$$

F_{m1} 为基波幅值，α 为永磁体 x 轴方向上长度与极距比。假定这个磁势是由电流层产生，则它应由电流层 J_p 对 x 积分得到，换言之，将磁势对 x 求导即可得出相应的电流层，即

$$\begin{aligned} J_p &= \frac{\mathrm{d}}{\mathrm{d}x} f_p = \frac{4}{\tau} F_p \sin\left(\frac{\pi}{2}\alpha\right) \cos\left(\frac{\pi}{\tau}x\right) \\ &= J_{mp} \cos\left(\frac{\pi}{\tau}x\right) \end{aligned} \tag{3-19}$$

式中，$J_{mp} = \frac{4}{\tau} F_p \sin\left(\frac{\pi}{2}\alpha\right)$。

J_{mp} 为电流层的幅值。对照式(3-18)和式(3-19)，容易看出，二者互隔90°电角，且都仅是空间的函数。

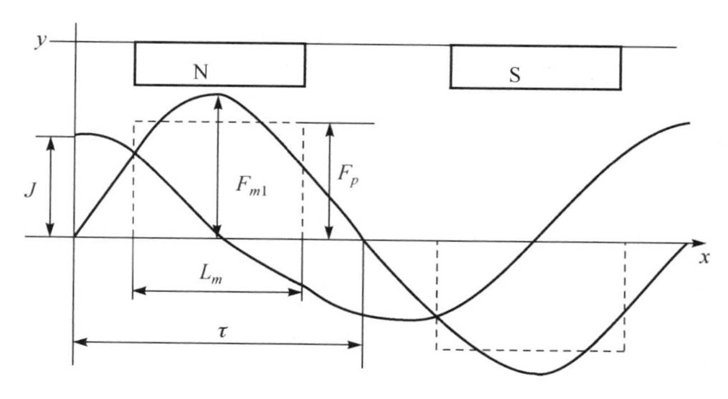

图 3.3　动子永磁体等效磁势及电流层

3.1.4　齿槽区等效磁导率

槽区磁导率为 μ_0，齿区相对磁导率为 μ_r，假定用一均匀线性区代替实际的齿槽区，参照文献，可以写出均匀线性区 x 方向的磁导率 μ_x 和 y 方向的磁导率 μ_y 的表达式如下：

$$\mu_x=\frac{\mu_0\mu_r}{1+\frac{b_s}{t}(\mu_r-1)} \tag{3-20}$$

$$\mu_y=\mu_0\left[\frac{b_s}{t}+\mu_r\left(1-\frac{b_s}{t}\right)\right] \tag{3-21}$$

式中，b_s 为槽宽，t 为齿距。

3.1.5　磁场分析模型

经过基于永磁直线同步电动机物理模型的假定条件和分析，可以建立用于磁场分析的理想模型，这种模型是各层均匀线性的四层结构，如图 3.4 所示。图中Ⅰ层和Ⅳ层为铁磁材料层，其磁场强度为零。Ⅱ层和Ⅲ层为齿槽层（或磁极层）和磁极层（或齿槽层），两层有不同的磁导率。其中Ⅱ层(1)区为电流层作用区。

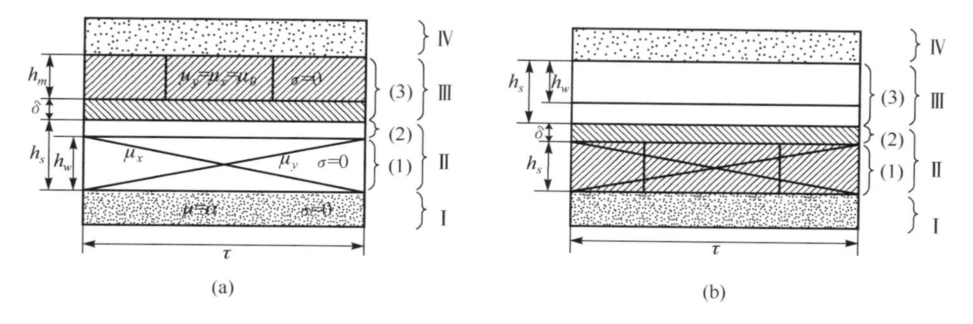

图 3.4　四层线性模型

图 3.4(a)可直接用于分析电枢磁场，图 3.4(b)可直接用于分析永磁体励磁磁场。由于二者都是归结于电流层作用磁场，因此分析和计算方法完全一样。为了避免重复分析，在图 3.4 中用统一符号和电流层表示，将图 3.4 改造成统一的形式，如图 3.5 所示。从图中可以看出，由于引入电流层，从磁场分析角度，模型有四个界面（1，1′，2，2′，3，3′，4，4′）。电流层的位置是任意假定的（在作用区内）。四层线性模型的Ⅰ层和Ⅳ层在统一模型中仅体现为边界条件，因此统一模型实质上可看作是有两不同磁导率层构成，其磁导率分别用 $\mu_{x\mathrm{I}}$，$\mu_{y\mathrm{I}}$ 和 $\mu_{x\mathrm{II}}$，$\mu_{y\mathrm{II}}$ 表示。

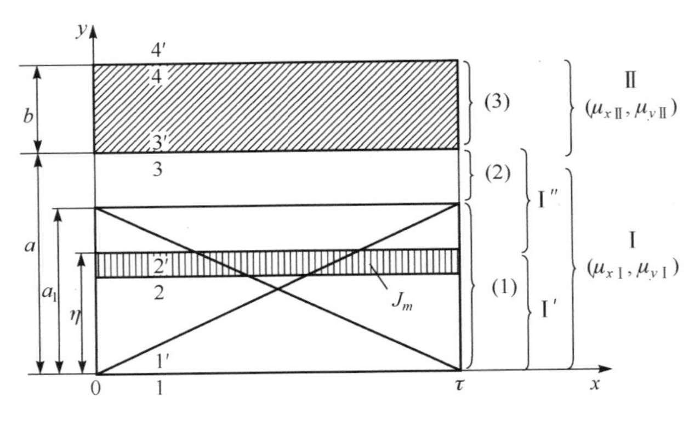

图 3.5　统一模型

3.2　永磁直线同步电动机磁场分析

3.2.1　统一磁场方程及其解

磁场分析建立在麦克斯韦微分方程和统一分析模型基础上。

$$\nabla\times\boldsymbol{H}=\boldsymbol{J}+\frac{\partial\boldsymbol{D}}{\partial t}\tag{3-22}$$

$$\nabla\times\boldsymbol{E}=-\frac{\partial\boldsymbol{B}}{\partial t}\tag{3-23}$$

对于各向同性介质

$$\boldsymbol{B}=\mu\boldsymbol{H}=\mu_r\mu_0\boldsymbol{H}\tag{3-24}$$

$$\boldsymbol{J}=\sigma\boldsymbol{E}\tag{3-25}$$

由于研究的区域中没有位移电流，且又假定电导率为零，式(3-22)和式(3-23)成为

$$\nabla\times\boldsymbol{H}=0\tag{3-26}$$

$$\nabla\times\boldsymbol{E}=-\mu\frac{\partial\boldsymbol{H}}{\partial t}\tag{3-27}$$

根据式(3-26)及式(3-27)可以写出

$$\frac{\partial H_y}{\partial x}-\frac{\partial H_x}{\partial y}=0\tag{3-28}$$

$$\frac{\partial E_z}{\partial x}=\mathrm{j}\omega\mu_y H_y\tag{3-29}$$

$$\frac{\partial E_z}{\partial y}=-\mathrm{j}\omega\mu_x H_x\tag{3-30}$$

电流层建立的磁场，可以写出如下的关系式

$$\frac{\partial H_y}{\partial x}=-\mathrm{j}\,\frac{\pi}{\tau}H_y \tag{3-31}$$

$$\frac{\partial E_z}{\partial x}=-\mathrm{j}\,\frac{\pi}{\tau}E_z \tag{3-32}$$

由式(3-29)和式(3-32)可得

$$H_y=-\frac{\pi}{\tau\omega\mu_y}E_z \tag{3-33}$$

由式(3-33)，式(3-31)和式(3-28)可得

$$\frac{\partial H_x}{\partial y}=\mathrm{j}\,\frac{\pi^2}{\tau^2\omega\mu_y}E_z \tag{3-34}$$

含有未知量 H_x 和 E_z 的式(3-30)和式(3-34)，即为所研究区域磁场的统一方程。

下面讨论这两个未知量的求解。

由式(3-34)可以得到

$$\frac{\partial E_z}{\partial y}=-\mathrm{j}\,\frac{\tau^2\omega\mu_y}{\pi^2}\frac{\partial^2 H_x}{\partial y^2} \tag{3-35}$$

由式(3-34)和式(3-30)可以得到

$$\frac{\partial^2 H_x}{\partial y^2}=\frac{\pi^2\mu_x}{\tau^2\mu_y}H_x \tag{3-36}$$

令 $\gamma=\frac{\pi}{\tau}\sqrt{\frac{\mu_x}{\mu_y}}$，则

$$\frac{\partial^2 H_x}{\partial y^2}=\gamma^2 H_x \tag{3-37}$$

同样可得

$$\frac{\partial^2 E_z}{\partial y^2}=\gamma^2 E_z \tag{3-38}$$

设 $H_x=f(y)=\mathrm{e}^{\alpha y}$，则

$$\frac{\partial^2 H_x}{\partial y^2}=\alpha^2\mathrm{e}^{\alpha y}$$

即

$$\alpha^2\mathrm{e}^{\alpha y}=\gamma^2\mathrm{e}^{\alpha y}$$

$$\alpha=\pm\gamma \tag{3-39}$$

从而式(3-37)的解为

$$H_x=C_1'\mathrm{e}^{\gamma y}+C_2'\mathrm{e}^{-\gamma y} \tag{3-40}$$

同理可得式(3-38)的解为

$$E_2 = C_1'' e^{\gamma y} + C_2'' e^{-\gamma y} \tag{3-41}$$

利用已知的边界条件,可以求得待定系数。对于图3.5的统一模型,有如下已知条件。

(1) $y=0$: $H_{x1'} = H_{x1} = 0$

(2) $y=\eta$: $H_{x2'} - H_{x2'} = J_m$

$B_{y2'} = B_{y2}$

(3) $y=a$: $H_{x3'} = H_{x3}$

$B_{y3'} = B_{y3}$

(4) $y=a+b$: $H_{x4'} = H_{x4} = 0$

根据式(3-28)和式(3-31)可以得出

$$H_y = \mathrm{j}\,\frac{\tau}{\pi}\frac{\partial H_x}{\partial y} \tag{3-42}$$

根据式(3-34)和式(3-33)可以得出

$$E_z = -\mathrm{j}\,\frac{\tau^2 \omega \mu_y}{\pi^2}\frac{\partial H_x}{\partial y} = -\frac{\tau \omega \mu_y}{\pi} H_y \tag{3-43}$$

3.2.2 各区磁场强度及电场强度表达式

根据统一方程,容易列出各区磁场强度表达式(x分量)

$$H_{x\mathrm{I}'} = C_1 e^{\gamma_\mathrm{I} y} + C_2 e^{-\gamma_\mathrm{I} y} \tag{3-44}$$

$$H_{x\mathrm{I}''} = C_3 e^{\gamma_\mathrm{I} y} + C_4 e^{-\gamma_\mathrm{I} y} \tag{3-45}$$

$$H_{x\mathrm{II}} = C_5 e^{\gamma_\mathrm{II} y} + C_6 e^{-\gamma_\mathrm{II} y} \tag{3-46}$$

由边界条件求待定系数

$y=a+b$时,$H_{x4}=0$

$$0 = C_5 e^{\gamma_\mathrm{II}(a+b)} + C_6 e^{-\gamma_\mathrm{II}(a+b)} \tag{3-47}$$

$y=a$时,$H_{x3'} = H_{x3}$;$B_{y3'} = B_{y3}$

$$H_{x3'} = C_5 e^{\gamma_\mathrm{II} a} + C_6 e^{-\gamma_\mathrm{II} a}$$

$$H_{x3} = C_3 e^{\gamma_\mathrm{I} a} + C_4 e^{-\gamma_\mathrm{I} a}$$

$$0 = C_5 e^{\gamma_\mathrm{II} a} + C_6 e^{-\gamma_\mathrm{II} a} - C_3 e^{\gamma_\mathrm{I} a} - C_4 e^{-\gamma_\mathrm{I} a} \tag{3-48}$$

$$B_{y3'} = \mathrm{j}\,\frac{\tau \mu_{y\mathrm{II}} \gamma_\mathrm{II}}{\pi}\left(C_5 e^{\gamma_\mathrm{II} a} - C_6 e^{-\gamma_\mathrm{II} a}\right)$$

$$B_{y3} = \mathrm{j}\,\frac{\tau \mu_{y\mathrm{I}} \gamma_\mathrm{I}}{\pi}\left(C_3 e^{\gamma_\mathrm{I} a} - C_4 e^{-\gamma_\mathrm{I} a}\right)$$

$$0 = \mu_{y_\mathrm{II}} \gamma_\mathrm{II}\left(C_5 e^{\gamma_\mathrm{II} a} - C_6 e^{-\gamma_\mathrm{II} a}\right) - \mu_{y\mathrm{I}} \gamma_\mathrm{I}\left(C_3 e^{\gamma_\mathrm{I} a} - C_4 e^{-\gamma_\mathrm{I} a}\right) \tag{3-49}$$

$y=\eta$时,$B_{y2'} = B_{y2}$;$H_{x2} - H_{x2'} = J_m$

$$B_{y2'}=\mathrm{j}\,\frac{\tau\mu_{y\mathrm{I}}\gamma_{\mathrm{I}}}{\pi}(C_3\mathrm{e}^{\gamma_{\mathrm{I}}\eta}-C_4\mathrm{e}^{-\gamma_{\mathrm{I}}\eta})$$

$$B_{y2}=\mathrm{j}\,\frac{\tau\mu_{y\mathrm{I}}\gamma_{\mathrm{I}}}{\pi}(C_1\mathrm{e}^{\gamma_{\mathrm{I}}\eta}-C_2\mathrm{e}^{-\gamma_{\mathrm{I}}\eta})$$

$$0=C_3\mathrm{e}^{\gamma_{\mathrm{I}}\eta}-C_4\mathrm{e}^{-\gamma_{\mathrm{I}}\eta}-C_1\mathrm{e}^{\gamma_{\mathrm{I}}\eta}+C_2\mathrm{e}^{-\gamma_{\mathrm{I}}\eta}\tag{3-50}$$

$$H_{x2'}=C_3\mathrm{e}^{\gamma_{\mathrm{I}}\eta}+C_4\mathrm{e}^{-\gamma_{\mathrm{I}}\eta}$$

$$H_{x2}=C_1\mathrm{e}^{\gamma_{\mathrm{I}}\eta}+C_2\mathrm{e}^{-\gamma_{\mathrm{I}}\eta}$$

$$J_m=C_1\mathrm{e}^{\gamma_{\mathrm{I}}\eta}+C_2\mathrm{e}^{-\gamma_{\mathrm{I}}\eta}-C_3\mathrm{e}^{\gamma_{\mathrm{I}}\eta}-C_4\mathrm{e}^{-\gamma_{\mathrm{I}}\eta}\tag{3-51}$$

$y=0$ 时，$H_{x1}=H_{x1}$

$$C_1=-C_2\tag{3-52}$$

由式(3-47)得

$$C_5=-C_6\,\frac{\mathrm{e}^{-\gamma_{\mathrm{II}}(a+b)}}{\mathrm{e}^{\gamma_{\mathrm{II}}(a+b)}}\tag{3-53}$$

将式(3-53)代入式(3-48)

$$\begin{aligned}0&=C_3\mathrm{e}^{\gamma_{\mathrm{I}}a}+C_4\mathrm{e}^{-\gamma_{\mathrm{I}}a}+C_6\,\frac{\mathrm{e}^{-\gamma_{\mathrm{II}}(a+b)}\cdot\mathrm{e}^{\gamma_{\mathrm{II}}a}}{\mathrm{e}^{\gamma_{\mathrm{II}}(a+b)}}-C_6\mathrm{e}^{-\gamma_{\mathrm{II}}a}\\&=C_3\mathrm{e}^{\gamma_{\mathrm{I}}a}+C_4\mathrm{e}^{-\gamma_{\mathrm{I}}a}+C_6\left(\frac{\mathrm{e}^{-\gamma_{\mathrm{II}}b}\cdot\mathrm{e}^{\gamma_{\mathrm{II}}a}}{\mathrm{e}^{\gamma_{\mathrm{II}}(a+b)}}-\mathrm{e}^{-\gamma_{\mathrm{II}}a}\right)\\&=C_3\mathrm{e}^{\gamma_{\mathrm{I}}a}+C_4\mathrm{e}^{-\gamma_{\mathrm{I}}a}+C_6\,\frac{\mathrm{e}^{-\gamma_{\mathrm{II}}b}-\mathrm{e}^{\gamma_{\mathrm{II}}b}}{e^{\gamma_{\mathrm{II}}(a+b)}}\end{aligned}\tag{3-54}$$

式(3-53)代入式(3-49)

$$\begin{aligned}0&=\mu_{y\mathrm{I}}\gamma_{\mathrm{I}}(C_3\mathrm{e}^{\gamma_{\mathrm{I}}a}-C_4\mathrm{e}^{-\gamma_{\mathrm{I}}a})+\mu_{y\mathrm{II}}\gamma_{\mathrm{II}}C_6\left(\frac{\mathrm{e}^{-\gamma_{\mathrm{II}}b}}{\mathrm{e}^{\gamma_{\mathrm{II}}(a+b)}}+\mathrm{e}^{-\gamma_{\mathrm{II}}a}\right)\\&=\mu_{y\mathrm{I}}\gamma_{\mathrm{I}}(C_3\mathrm{e}^{\gamma_{\mathrm{I}}a}-C_4\mathrm{e}^{-\gamma_{\mathrm{I}}a})+\mu_{y\mathrm{II}}\gamma_{\mathrm{II}}C_6\,\frac{\mathrm{e}^{-\gamma_{\mathrm{II}}b}+\mathrm{e}^{\gamma_{\mathrm{II}}b}}{\mathrm{e}^{\gamma_{\mathrm{II}}(a+b)}}\end{aligned}\tag{3-55}$$

式(3-51)与式(3-50)相减得

$$C_3=C_1-\frac{1}{2}J_m\mathrm{e}^{-\gamma_{\mathrm{I}}\eta}\tag{3-56}$$

式(3-51)与式(3-50)相加得

$$C_4=C_2-\frac{1}{2}J_m\mathrm{e}^{\gamma_{\mathrm{I}}\eta}=-C_1-\frac{1}{2}J_m\mathrm{e}^{\gamma_{\mathrm{I}}\eta}\tag{3-57}$$

式(3-56)及式(3-57)代入式(3-54)

$$\begin{aligned}0&=C_1\mathrm{e}^{\gamma_{\mathrm{I}}a}-\frac{1}{2}J_m\mathrm{e}^{-\gamma_{\mathrm{I}}\eta}\mathrm{e}^{\gamma_{\mathrm{I}}a}-C_1\mathrm{e}^{-\gamma_{\mathrm{I}}a}-\frac{1}{2}J_m\mathrm{e}^{\gamma_{\mathrm{I}}\eta}\mathrm{e}^{-\gamma_{\mathrm{I}}a}-C_6\,\frac{\mathrm{e}^{\gamma_{\mathrm{II}}b}-\mathrm{e}^{-\gamma_{\mathrm{II}}b}}{\mathrm{e}^{\gamma_{\mathrm{II}}(a+b)}}\\&=C_1(\mathrm{e}^{\gamma_{\mathrm{I}}a}-\mathrm{e}^{-\gamma_{\mathrm{I}}a})-\frac{1}{2}J_m(\mathrm{e}^{-\gamma_{\mathrm{I}}\eta}\mathrm{e}^{\gamma_{\mathrm{I}}a}+\mathrm{e}^{\gamma_{\mathrm{I}}\eta}\mathrm{e}^{-\gamma_{\mathrm{I}}a})-C_6\,\frac{\mathrm{e}^{\gamma_{\mathrm{II}}b}-\mathrm{e}^{-\gamma_{\mathrm{II}}b}}{\mathrm{e}^{\gamma_{\mathrm{II}}(a+b)}}\end{aligned}\tag{3-58}$$

令 $u=\dfrac{\mu_{y_{\mathrm{I}}}\gamma_{\mathrm{I}}}{\mu_{y_{\mathrm{II}}}\gamma_{\mathrm{II}}}$，则式(3-55)可写成

$$0=u(C_3e^{\gamma_{\mathrm{I}}a}-C_4e^{-\gamma_{\mathrm{I}}a})+C_6\frac{e^{-\gamma_{\mathrm{II}}b}+e^{\gamma_{\mathrm{II}}b}}{e^{\gamma_{\mathrm{II}}(a+b)}} \tag{3-59}$$

式(3-56)及式(3-57)代入式(3-59)

$$0=uC_1(e^{\gamma_{\mathrm{I}}a}+e^{-\gamma_{\mathrm{I}}a})-\frac{u}{2}J_m(e^{-\gamma_{\mathrm{I}}\eta}e^{\gamma_{\mathrm{I}}a}-e^{\gamma_{\mathrm{I}}\eta}e^{-\gamma_{\mathrm{I}}a})+C_6\frac{e^{-\gamma_{\mathrm{II}}b}+e^{\gamma_{\mathrm{II}}b}}{e^{\gamma_{\mathrm{II}}(a+b)}} \tag{3-60}$$

变换式(3-58)

$$0=2C_1\mathrm{sh}\gamma_{\mathrm{I}}a-J_m\mathrm{ch}\gamma_{\mathrm{I}}(a-\eta)-C_6\frac{2\mathrm{sh}\gamma_{\mathrm{II}}b}{e^{\gamma_{\mathrm{II}}(a+b)}} \tag{3-61}$$

变换式(3-60)

$$0=2C_1\mathrm{ch}\gamma_{\mathrm{I}}a-J_m\mathrm{sh}\gamma_{\mathrm{I}}(a-\eta)+C_6\frac{2\mathrm{ch}\gamma_{\mathrm{II}}b}{ue^{\gamma_{\mathrm{II}}(a+b)}} \tag{3-62}$$

变换式(3-61)

$$0=2C_1-\frac{J_m\mathrm{ch}\gamma_{\mathrm{I}}(a-\eta)}{\mathrm{sh}\gamma_{\mathrm{I}}a}-C_6\frac{2\mathrm{sh}\gamma_{\mathrm{II}}b}{\mathrm{sh}\gamma_{\mathrm{I}}a\cdot e^{\gamma_{\mathrm{II}}(a+b)}} \tag{3-63}$$

变换式(3-62)

$$0=2C_1-\frac{J_m\mathrm{sh}\gamma_{\mathrm{I}}(a-\eta)}{\mathrm{ch}\gamma_{\mathrm{I}}a}+C_6\frac{2\mathrm{ch}\gamma_{\mathrm{II}}b}{u\mathrm{ch}\gamma_{\mathrm{I}}a\cdot e^{\gamma_{\mathrm{II}}(a+b)}} \tag{3-64}$$

式(3-63)与式(3-64)相减得

$$0=J_m\left(\frac{\mathrm{sh}\gamma_{\mathrm{I}}(a-\eta)}{\mathrm{ch}\gamma_{\mathrm{I}}a}-\frac{\mathrm{ch}\gamma_{\mathrm{I}}(a-\eta)}{\mathrm{sh}\gamma_{\mathrm{I}}a}\right)-C_6\left(\frac{2\mathrm{ch}\gamma_{\mathrm{II}}b}{u\cdot\mathrm{ch}\gamma_{\mathrm{I}}a\cdot e^{\gamma_{\mathrm{II}}(a+b)}}+\frac{2\mathrm{sh}\gamma_{\mathrm{II}}b}{\mathrm{sh}\gamma_{\mathrm{I}}a\cdot e^{\gamma_{\mathrm{II}}(a+b)}}\right)$$

$$C_6=\frac{J_m\left(\dfrac{\mathrm{sh}\gamma_{\mathrm{I}}a\cdot\mathrm{sh}\gamma_{\mathrm{I}}(a-\eta)-\mathrm{ch}\gamma_{\mathrm{I}}(a-\eta)\cdot\mathrm{ch}\gamma_{\mathrm{I}}a}{\mathrm{ch}\gamma_{\mathrm{I}}a\cdot\mathrm{sh}\gamma_{\mathrm{I}}a}\right)}{\dfrac{2\mathrm{sh}\gamma_{\mathrm{II}}b\cdot\mathrm{ch}\gamma_{\mathrm{I}}a+2\mathrm{ch}\gamma_{\mathrm{II}}b\cdot\mathrm{sh}\gamma_{\mathrm{I}}a\cdot\dfrac{1}{u}}{\mathrm{sh}\gamma_{\mathrm{I}}a\cdot\mathrm{ch}\gamma_{\mathrm{I}}a\cdot e^{\gamma_{\mathrm{II}}(a+b)}}}$$

经过一系列严格推导，C_6 的最终表达式为

$$\begin{aligned}C_6&=\frac{J_m[\mathrm{sh}\gamma_{\mathrm{I}}a\cdot\mathrm{sh}\gamma_{\mathrm{I}}(a-\eta)-\mathrm{ch}\gamma_{\mathrm{I}}(a-\eta)\cdot\mathrm{ch}\gamma_{\mathrm{I}}a]}{2e^{-\gamma_{\mathrm{II}}(a+b)}\mathrm{sh}\gamma_{\mathrm{II}}b\cdot\left[\mathrm{ch}\gamma_{\mathrm{I}}a+\dfrac{1}{u}\mathrm{sh}\gamma_{\mathrm{I}}a\cdot\mathrm{cth}\gamma_{\mathrm{II}}b\right]}\\&=\frac{-J_m\mathrm{ch}\gamma_{\mathrm{I}}\eta[\mathrm{ch}\gamma_{\mathrm{II}}(a+b)+\mathrm{sh}\gamma_{\mathrm{II}}(a+b)]}{2\mathrm{sh}\gamma_{\mathrm{II}}b\left[\mathrm{ch}\gamma_{\mathrm{I}}a+\dfrac{1}{u}\mathrm{sh}\gamma_{\mathrm{I}}a\cdot\mathrm{cth}\gamma_{\mathrm{II}}b\right]}\end{aligned} \tag{3-65}$$

$$C_5=-C_6\frac{e^{-\gamma_{\mathrm{II}}(a+b)}}{e^{\gamma_{\mathrm{II}}(a+b)}}=\frac{J_m\mathrm{ch}\gamma_{\mathrm{I}}\eta[\mathrm{ch}\gamma_{\mathrm{II}}(a+b)-\mathrm{sh}\gamma_{\mathrm{II}}(a+b)]}{2\mathrm{sh}\gamma_{\mathrm{II}}b\left[\mathrm{ch}\gamma_{\mathrm{I}}a+\dfrac{1}{u}\mathrm{sh}\gamma_{\mathrm{I}}a\cdot\mathrm{cth}\gamma_{\mathrm{II}}b\right]}$$

$$=\frac{J_m \text{ch}\gamma_{\text{I}}\eta[\text{ch}\gamma_{\text{II}}(a+b)-\text{sh}\gamma_{\text{II}}(a+b)]}{2T\text{sh}\gamma_{\text{II}}b} \tag{3-66}$$

式中

$$T=\text{ch}\gamma_{\text{I}}a+\frac{1}{u}\text{sh}\gamma_{\text{I}}a\cdot\text{cth}\gamma_{\text{II}}b$$

重写式(3-54)为

$$0=C_3\text{e}^{\gamma_I a}+C_4\text{e}^{-\gamma_{\text{I}}a}-C_6\frac{2\text{sh}\gamma_{\text{II}}b}{\text{e}^{\gamma_{\text{II}}(a+b)}} \tag{3-67}$$

重写式(3-55)为

$$0=C_3\text{e}^{\gamma_{\text{I}}a}-C_4\text{e}^{-\gamma_{\text{I}}a}+C_6\frac{2\text{ch}\gamma_{\text{II}}b}{u\text{e}^{\gamma_{\text{II}}(a+b)}} \tag{3-68}$$

式(3-67)与式(3-68)相加得

$$0=C_3\text{e}^{\gamma_{\text{I}}a}+C_6\frac{\frac{1}{u}\text{ch}\gamma_{\text{II}}b-\text{sh}\gamma_{\text{II}}b}{\text{e}^{\gamma_{\text{II}}(a+b)}}$$

$$C_3=-C_6\frac{\frac{1}{u}\text{ch}\gamma_{\text{II}}b-\text{sh}\gamma_{\text{II}}b}{\text{e}^{\gamma_{\text{II}}(a+b)}\cdot\text{e}^{\gamma_{\text{I}}a}}$$

$$=\frac{J_m\text{ch}\gamma_{\text{I}}\eta}{2T\text{e}^{-\gamma_{\text{II}}(a+b)}\cdot\text{sh}\gamma_{\text{II}}b}\cdot\frac{\frac{1}{u}\text{ch}\gamma_{\text{II}}b-\text{sh}\gamma_{\text{II}}b}{\text{e}^{\gamma_{\text{II}}(a+b)}\cdot\text{e}^{\gamma_{\text{I}}a}}$$

$$=\frac{J_m\text{ch}\gamma_{\text{I}}\eta\left(\frac{1}{u}\text{cth}\gamma_{\text{II}}b-1\right)\cdot\text{e}^{-\gamma_{\text{I}}a}}{2T} \tag{3-69}$$

式(3-67)与式(3-68)相减得

$$0=2C_4\text{e}^{-\gamma_I a}-2C_6\frac{\frac{1}{u}\text{ch}\gamma_{\text{II}}b+\text{sh}\gamma_{\text{II}}b}{\text{e}^{\gamma_{\text{II}}(a+b)}}$$

$$C_4=C_6\frac{\frac{1}{u}\text{ch}\gamma_{\text{II}}b+\text{sh}\gamma_{\text{II}}b}{\text{e}^{\gamma_{\text{II}}(a+b)}\cdot\text{e}^{-\gamma_{\text{I}}a}}$$

$$=\frac{-J_m\text{ch}\gamma_{\text{I}}\eta}{2T\text{e}^{-\gamma_{\text{II}}(a+b)}\cdot\text{sh}\gamma_{\text{II}}\text{b}}\cdot\frac{\frac{1}{u}\text{ch}\gamma_{\text{II}}b+\text{sh}\gamma_{\text{II}}b}{\text{e}^{\gamma_{\text{II}}(a+b)}\cdot\text{e}^{-\gamma_{\text{I}}a}}$$

$$=\frac{-J_m\text{ch}\gamma_{\text{I}}\eta\left(\frac{1}{u}\text{cth}\gamma_{\text{II}}b+1\right)\cdot\text{e}^{\gamma_{\text{I}}a}}{2T} \tag{3-70}$$

由式(3-56)得

$$
\begin{aligned}
C_1 &= C_3+\frac{1}{2}J_m e^{-\gamma_{\text{I}}\eta} \\
&= \frac{J_m\left[\text{ch}\gamma_{\text{I}}\eta\left(\frac{1}{u}\text{cth}\gamma_{\text{II}}b-1\right)e^{-\gamma_{\text{I}}a}+Te^{-\gamma_{\text{I}}\eta}\right]}{2T} \\
&= \frac{J_m\left[\text{sh}\gamma_{\text{I}}(a-\eta)+\frac{1}{u}\text{ch}\gamma_{\text{I}}(a-\eta)\cdot\text{cth}\gamma_{\text{II}}b\right]}{2T}
\end{aligned}
\tag{3-71}
$$

$$
C_2=-C_1 \tag{3-72}
$$

将磁场强度方程作适当变换并代入已求出的待定系数。

$$
\begin{aligned}
H_{x\text{I}'} &= C_1 e^{\gamma_{\text{I}}y}+C_2 e^{-\gamma_{\text{I}}y}=C_1(\text{sh}\gamma_{\text{I}}y+\text{ch}\gamma_{\text{I}}y)+C_2(\text{ch}\gamma_{\text{I}}y-\text{sh}\gamma_{\text{I}}y) \\
&= (C_1-C_2)\text{sh}\gamma_{\text{I}}y+(C_1+C_2)\text{ch}\gamma_{\text{I}}y \\
&= 2C_1\text{sh}\gamma_{\text{I}}y \\
&= \frac{J_m}{T}\left[\text{sh}\gamma_{\text{I}}(a-h)+\frac{1}{u}\text{ch}\gamma_{\text{I}}(a-\eta)\cdot\text{cth}\gamma_{\text{II}}b\right]\text{sh}\gamma_{\text{I}}y
\end{aligned}
\tag{3-73}
$$

$$
H_{x\text{I}''}=(C_3-C_4)\text{sh}\gamma_{\text{I}}y+(C_3+C_4)\text{ch}\gamma_{\text{I}}y
$$

$$
\begin{aligned}
C_3-C_4 &= \frac{J_m\text{ch}\gamma_{\text{I}}\eta}{2T}\left[\left(\frac{1}{u}\text{cth}\gamma_{\text{II}}b-1\right)\cdot e^{-\gamma_{\text{I}}a}+\left(\frac{1}{u}\text{cth}\gamma_{\text{II}}b+1\right)\cdot e^{\gamma_{\text{I}}a}\right] \\
&= \frac{J_m\text{ch}\gamma_{\text{I}}\eta}{2T}\left[\left(\frac{1}{u}\text{cth}\gamma_{\text{II}}b-1\right)\cdot(\text{ch}\gamma_{\text{I}}a-\text{sh}\gamma_{\text{I}}a)+\left(\frac{1}{u}\text{cth}\gamma_{\text{II}}b+1\right)(\text{ch}\gamma_{\text{I}}a+\text{sh}\gamma_{\text{I}}a)\right] \\
&= \frac{J_m\text{ch}\gamma_{\text{I}}\eta}{T}\left(\text{sh}\gamma_{\text{I}}a+\frac{1}{u}\text{ch}\gamma_{\text{I}}a\cdot\text{cth}\gamma_{\text{II}}b\right)
\end{aligned}
$$

$$
C_3+C_4=\frac{-J_m\text{ch}\gamma_{\text{I}}\eta}{T}\left(\text{ch}\gamma_{\text{I}}a+\frac{1}{u}\text{sh}\gamma_{\text{I}}a\cdot\text{cth}\gamma_{\text{II}}b\right)=-J_m\text{ch}\gamma_{\text{I}}\eta
$$

$$
\begin{aligned}
H_{x\text{I}''} &= \frac{J_m\text{ch}\gamma_{\text{I}}\eta}{T}\left[\left(\text{sh}\gamma_{\text{I}}a+\frac{1}{u}\text{ch}\gamma_{\text{I}}a\cdot\text{cth}\gamma_{\text{II}}b\right)\text{sh}\gamma_{\text{I}}y\right. \\
&\quad \left.-\left(\text{ch}\gamma_{\text{I}}a+\frac{1}{u}\text{sh}\gamma_{\text{I}}a\cdot\text{cth}\gamma_{\text{II}}b\right)\text{ch}\gamma_{\text{I}}y\right] \\
&= \frac{-J_m\text{ch}\gamma_{\text{I}}\eta}{T}\left[\text{ch}\gamma_{\text{I}}(a-y)+\frac{1}{u}\text{sh}\gamma_{\text{I}}(a-y)\cdot\text{cth}\gamma_{\text{II}}b\right]
\end{aligned}
\tag{3-74}
$$

$$
H_{x\text{II}}=(C_5-C_6)\text{sh}\gamma_{\text{II}}y+(C_5+C_6)\text{ch}\gamma_{\text{II}}y
$$

$$
C_5-C_6=\frac{J_m\text{ch}\gamma_{\text{I}}\eta}{T\text{sh}\gamma_{\text{II}}b}[\text{ch}\gamma_{\text{II}}(a+b)]
$$

$$
C_5+C_6=\frac{J_m\text{ch}\gamma_{\text{I}}\eta}{T\text{sh}\gamma_{\text{II}}b}[-\text{sh}\gamma_{\text{II}}(a+b)]
$$

$$H_{x\mathrm{II}}=\frac{J_m \mathrm{ch}\gamma_{\mathrm{I}}\eta}{T\mathrm{sh}\gamma_{\mathrm{II}}b}[\mathrm{ch}\gamma_{\mathrm{II}}(\mathrm{a}+\mathrm{b})\cdot\mathrm{sh}\gamma_{\mathrm{II}}y-\mathrm{sh}\gamma_{\mathrm{II}}(a+b)\cdot\mathrm{ch}\gamma_{\mathrm{II}}y]$$

$$=\frac{-J_m \mathrm{ch}\gamma_{\mathrm{I}}\eta}{\mathrm{Tsh}\gamma_{\mathrm{II}}b}\mathrm{sth}\gamma_{\mathrm{II}}(a+b-y) \tag{3-75}$$

解得 H_x 后，可很容易地由式(3-42)和式(3-43)得到 H_y 和 E_z。

$$H_{y\mathrm{I}}=\mathrm{j}\,\frac{\tau}{\pi}\cdot\frac{\partial H_{x\mathrm{I}}}{\partial y}=\mathrm{j}\,\frac{\tau\gamma_{\mathrm{I}}}{\pi}\cdot\frac{J_m}{T}\left[\mathrm{sh}\gamma_{\mathrm{I}}(a-\eta)+\frac{1}{u}\mathrm{ch}\gamma_{\mathrm{I}}(a-\eta)\cdot\mathrm{cth}\gamma_{\mathrm{II}}b\right]\mathrm{ch}\gamma_{\mathrm{I}}y \tag{3-76}$$

$$H_{y\mathrm{I}''}=\mathrm{j}\,\frac{\tau\gamma_{\mathrm{I}}}{\pi}\cdot\frac{J_m}{T}\left[\mathrm{sh}\gamma_{\mathrm{I}}(a-y)+\frac{1}{u}\mathrm{ch}\gamma_{\mathrm{I}}(a-y)\cdot\mathrm{cth}\gamma_{\mathrm{II}}b\right]\mathrm{ch}\gamma_{\mathrm{I}}\eta \tag{3-77}$$

$$H_{y\mathrm{II}}=\mathrm{j}\,\frac{\tau\gamma_{\mathrm{II}}}{\pi}\cdot\frac{J_m}{T}\cdot[\mathrm{ch}\gamma_{\mathrm{I}}\eta\cdot\mathrm{ch}\gamma_{\mathrm{II}}(a+b-y)]\cdot\frac{1}{\mathrm{sh}\gamma_{\mathrm{II}}b} \tag{3-78}$$

$$E_{z\mathrm{I}'}=-\mathrm{j}\,\frac{\tau\omega}{\pi}\sqrt{\mu_{x\mathrm{I}}\mu_{y\mathrm{I}}}\cdot\frac{J_m}{T}\left[\mathrm{sh}\gamma_{\mathrm{I}}(a-\eta)+\frac{1}{u}\mathrm{ch}\gamma_{\mathrm{I}}(a-\eta)\cdot\mathrm{cth}\gamma_{\mathrm{II}}b\right]\mathrm{ch}\gamma_{\mathrm{I}}y \tag{3-79}$$

$$E_{z\mathrm{I}}=-\mathrm{j}\,\frac{\tau\omega}{\pi}\sqrt{\mu_{x\mathrm{I}}\mu_{y\mathrm{I}}}\cdot\frac{J_m}{T}\left[\mathrm{sh}\gamma_{\mathrm{I}}(a-y)+\frac{1}{u}\mathrm{ch}\gamma_{\mathrm{I}}(a-y)\cdot\mathrm{cth}\gamma_{\mathrm{II}}b\right]\mathrm{ch}\gamma_{\mathrm{I}}\eta \tag{3-80}$$

$$E_{z\mathrm{II}}=-\mathrm{j}\,\frac{\tau\omega}{\pi}\sqrt{\mu_{x\mathrm{II}}\mu_{y\mathrm{II}}}\cdot\frac{J_m}{T}\cdot[\mathrm{ch}\gamma_{\mathrm{I}}\eta\cdot\mathrm{ch}\gamma_{\mathrm{II}}(a+b-y)]\cdot\frac{1}{\mathrm{sh}\gamma_{\mathrm{II}}b} \tag{3-81}$$

3.2.3　磁密及磁位表达式

定义

$$\boldsymbol{B}=\nabla\times\boldsymbol{A} \tag{3-82}$$

对于二维问题，可以直接写出

$$B_y=-\frac{\partial A_z}{\partial x}$$

$$A_z=-\int B_y \mathrm{d}x \tag{3-83}$$

磁密波为行波，即

$$B_y=B_{ym}\mathrm{e}^{\mathrm{j}\left(\omega t-\frac{\pi}{\tau}x\right)} \tag{3-84}$$

$$\frac{\mathrm{d}B_y}{\mathrm{d}x}=-\mathrm{j}\,\frac{\pi}{\tau}B_{ym}\mathrm{e}^{\mathrm{j}\left(\omega t-\frac{\pi}{\tau}x\right)}=-\mathrm{j}\,\frac{\pi}{\tau}B_y$$

$$\mathrm{j}\,\frac{\tau}{\pi}\int\mathrm{d}B_y=\int B_y\mathrm{d}x$$

$$-\mathrm{j}\,\frac{\tau}{\pi}B_y=-\int B_y\mathrm{d}x$$

所以

$$A_z=-\mathrm{j}\,\frac{\tau}{\pi}B_y \tag{3-85}$$

根据式(3-24),可以直接写出

$$B_y=\mu_y H_y \tag{3-86}$$

各区的磁密表达式(y 分量)如下(电流层集中在 $y=\eta$ 时):

$0<y<\eta$:

$$B_{y\mathrm{I}}=\mathrm{j}\,\sqrt{\mu_{x\mathrm{I}}\mu_{y\mathrm{I}}}\cdot\frac{J_m}{T}\left[\mathrm{sh}\gamma_{\mathrm{I}}(a-\eta)+\frac{1}{u}\mathrm{ch}\gamma_{\mathrm{I}}(a-\eta)\cdot\mathrm{cth}\gamma_{\mathrm{II}}\,b\right]\mathrm{ch}\gamma_{\mathrm{I}}\,y \tag{3-87}$$

$\eta<y<a$:

$$B_{y\mathrm{I}}=\mathrm{j}\,\sqrt{\mu_{x\mathrm{I}}\mu_{y\mathrm{I}}}\cdot\frac{J_m}{T}\left[\mathrm{sh}\gamma_{\mathrm{I}}(a-y)+\frac{1}{u}\mathrm{ch}\gamma_{\mathrm{I}}(a-y)\cdot\mathrm{cth}\gamma_{\mathrm{II}}\,b\right]\mathrm{ch}\gamma_{\mathrm{I}}\,\eta \tag{3-88}$$

$a<y<a+b$:

$$B_{y\mathrm{II}}=\mathrm{j}\,\sqrt{\mu_{x\mathrm{II}}\,\mu_{y\mathrm{II}}}\,\frac{J_m}{T}\cdot[\mathrm{ch}\gamma_{\mathrm{I}}\eta\cdot\mathrm{ch}\gamma_{\mathrm{II}}\,(a+b-y)]\frac{1}{\mathrm{sh}\gamma_{\mathrm{II}}\,b} \tag{3-89}$$

图 3.5 统一模型的(1) 区($0<y<a_1$)内磁势(电流)分布的影响,通过改变电流层的位置即改变 η 来考虑,从数学角度,就是以 η 为积分变量,将电流层在区间 $0\sim a_1$ 所建立的磁密积分,然后取平均值。

只要电流层在 $0\sim y$ 之间,磁势(电流)作用区($0<y<a_1$)y 上一点,可以看作落在 I″区。倘若 $y<\eta<a_1$,则可看作落在 I′区。因此,磁势作用区内的磁密可以认为是两部分积分之和的平均值。即

当 $0<y<a_1$ 时

$$B_{y(1)}=\frac{1}{a_1}\left[\int_0^y B\,(y,\eta)_{\mathrm{I}''}\,\mathrm{d}\eta+\int_y^{a_1} B\,(y,\eta)_{\mathrm{I}'}\,\mathrm{d}\eta\right] \tag{3-90}$$

明显地,当 $a_1<y<a$ 时

$$B_{y(2)}=\frac{1}{a_1}\int_0^{a_1} B\,(y,\eta)_{\mathrm{I}'}\,\mathrm{d}\eta \tag{3-91}$$

当 $a<y<a+b$ 时

$$B_{y(3)}=\frac{1}{a_1}\int_0^{a_1} B\,(y,\eta)_{\mathrm{II}}\,\mathrm{d}\eta \tag{3-92}$$

磁密 $B_{y\mathrm{I}'}$、$B_{y\mathrm{I}''}$、$B_{y\mathrm{II}}$ 与 $B_{y(1)}$、$B_{y(2)}$、$B_{y(3)}$ 的不同之处在于,从数学角度看,前者不但是 y 的函数,而且还是 η 的函数,后者仅仅是 y 的函数。从包含的物理意义看,前者代表电流层处于(1)区内某个位置上时各区的磁密,后者表示同样大小的磁势分布在(1)区内时建立的各区的磁密。

由于

$$(B_{y,\eta})_{\mathrm{I}'}=B_{y\mathrm{I}'}$$

$$(B_{y,\eta})_{\mathrm{I''}} = B_{y\mathrm{I''}}$$
$$(B_{y,\eta})_{\mathrm{II}} = B_{y\mathrm{II}}$$

代入式(3-90)～式(3-92)积分便可求得 $B_{y(1)}$、$B_{y(2)}$ 和 $B_{y(3)}$ 的具体表达式。

$$\begin{aligned}
B_{y(1)} &= \frac{1}{a_1}\left\{\int_0^y \mathrm{j}\sqrt{\mu_{x\mathrm{I}}\mu_{y\mathrm{I}}}\frac{J_m}{T}\left[\mathrm{sh}\gamma_{\mathrm{I}}(a-y)+\frac{1}{u}\mathrm{ch}\gamma_{\mathrm{I}}(a-y)\cdot\mathrm{cth}\gamma_{\mathrm{II}}b\right]\mathrm{ch}\gamma_{\mathrm{I}}\mathrm{d}\eta\right.\\
&\quad\left.+\int_y^{a_1}\mathrm{j}\sqrt{\mu_{x\mathrm{I}}\mu_{y\mathrm{I}}}\frac{J_m}{T}\left[\mathrm{sh}\gamma_{\mathrm{I}}(a-\eta)+\frac{1}{u}\mathrm{ch}\gamma_{\mathrm{I}}(a-\eta)\cdot\mathrm{cth}\gamma_{\mathrm{II}}b\right]\mathrm{ch}\gamma_{\mathrm{I}}y\cdot\mathrm{d}\eta\right\}\\
&= \frac{1}{a}\left\{\int_0^{\gamma_{\mathrm{I}}y}\mathrm{j}\sqrt{\mu_{x\mathrm{I}}\mu_{y\mathrm{I}}}\frac{J_m}{T}\left[\mathrm{sh}\gamma_{\mathrm{I}}(a-y)+\frac{1}{u}\mathrm{ch}\gamma_{\mathrm{I}}(a-y)\cdot\mathrm{cth}\gamma_{\mathrm{II}}b\right]\mathrm{ch}\eta\mathrm{d}(\gamma_1\eta)\right.\\
&\quad+\int_{\gamma_{\mathrm{I}}(a-y)}^{\gamma_{\mathrm{I}}(a-a_1)}\mathrm{j}\sqrt{\mu_{x\mathrm{I}}\mu_{y\mathrm{I}}}\frac{J_m}{T}\left[\mathrm{sh}\gamma_{\mathrm{I}}(a-\eta)+\frac{1}{u}\mathrm{ch}\gamma_{\mathrm{I}}(a-\eta)\cdot\mathrm{cth}\gamma_{\mathrm{II}}b\right]\mathrm{ch}\gamma_{\mathrm{I}}y\\
&\quad\left.\cdot\frac{1}{-\gamma_{\mathrm{I}}}\cdot\mathrm{d}(\gamma_{\mathrm{I}}(a-\eta))\right\}\\
&= \mathrm{j}\sqrt{\mu_{x\mathrm{I}}\mu_{y\mathrm{I}}}\frac{J_m}{\gamma_{\mathrm{I}}a_1}\left\{1-\frac{\mathrm{ch}\gamma_{\mathrm{I}}y}{T}\left[\mathrm{ch}\gamma_{\mathrm{I}}(a-a_1)+\frac{1}{u}\mathrm{sh}\gamma_{\mathrm{I}}(a-a_1)\cdot\mathrm{cth}\gamma_{\mathrm{II}}b\right]\right\}
\end{aligned} \tag{3-93}$$

$$\begin{aligned}
B_{y(2)} &= \frac{1}{a_1}\left\{\int_0^{a_1}\mathrm{j}\sqrt{\mu_{x\mathrm{I}}\mu_{y\mathrm{I}}}\frac{J_m}{T}\left[\mathrm{sh}\gamma_{\mathrm{I}}(a-y)+\frac{1}{u}\mathrm{ch}\gamma_{\mathrm{I}}(a-y)\cdot\mathrm{cth}\gamma_{\mathrm{II}}b\right]\mathrm{ch}\gamma_{\mathrm{I}}\eta\cdot\mathrm{d}\eta\right\}\\
&= \mathrm{j}\sqrt{\mu_{x\mathrm{I}}\mu_{y\mathrm{I}}}\frac{J_m}{T\gamma_{\mathrm{I}}a_1}\left[\mathrm{sh}\gamma_{\mathrm{I}}(a-y)+\frac{1}{u}\mathrm{ch}\gamma_{\mathrm{I}}(a-y)\cdot\mathrm{cth}\gamma_{\mathrm{II}}b\right]\mathrm{sh}\gamma_{\mathrm{I}}a_1
\end{aligned} \tag{3-94}$$

$$\begin{aligned}
B_{y(3)} &= \frac{1}{a_1}\left\{\int_0^{a_1}\mathrm{j}\sqrt{\mu_{x\mathrm{II}}\mu_{y\mathrm{II}}}\frac{J_m}{T}\left[\mathrm{ch}\gamma_{\mathrm{I}}\eta\cdot\mathrm{ch}\gamma_{\mathrm{II}}(a+b-y)\right]\cdot\frac{1}{\mathrm{sh}\gamma_{\mathrm{II}}b}\mathrm{d}\eta\right\}\\
&= \mathrm{j}\sqrt{\mu_{x\mathrm{II}}\mu_{y\mathrm{II}}}\frac{J_m}{T\gamma_{\mathrm{I}}a_1}\cdot\frac{\mathrm{sh}\gamma_{\mathrm{I}}a_1}{\mathrm{sh}\gamma_{\mathrm{II}}b}\cdot\mathrm{ch}\gamma_{\mathrm{II}}(a+b-y)
\end{aligned} \tag{3-95}$$

现在推导磁密的 x 分量 B_x 与 B_y 的关系式。

由式(3-43)得

$$\frac{\partial E_z}{\partial y} = -\frac{\tau\omega}{\pi}\cdot\frac{\partial B_y}{\partial y} \tag{3-96}$$

由式(3-30)得

$$B_x = \mathrm{j}\frac{1}{\omega}\cdot\frac{\partial E_z}{\partial y} \tag{3-97}$$

式(3-96)代入式(3-97)得

$$B_x = -\mathrm{j}\frac{\tau}{\pi}\cdot\frac{\partial B_y}{\partial y} \tag{3-98}$$

3.2.4　电枢、励磁磁场及其合成

将图 3.5 与图 3.4(a)对照，可以看出各表示符号对应关系

$$a_1=h_w;\quad a=h_s;\quad b=h_m+\delta;\quad \mu_{x\mathrm{I}}=\mu_x;\quad \mu_{y\mathrm{I}}=\mu_y$$

$$\gamma_{\mathrm{I}}=\frac{\pi}{\tau}\sqrt{\frac{\mu_x}{\mu_y}}=\gamma;\quad \gamma_{\mathrm{II}}=\frac{\pi}{\tau}\sqrt{\frac{\mu_0}{\mu_0}}=\frac{\pi}{\tau}=\gamma_0;\quad \mu=\frac{\mu_y\gamma}{\mu_0\gamma_0}=\frac{\sqrt{\mu_x\mu_y}}{\mu_0};\quad J_m=J_{ms}$$

简单地将上述符号互相代换，即可得出电枢磁场单独存在时的各区磁密表达式。

（1）区：$0<y<h_w$

$$B_{(y1)}=\mathrm{j}\sqrt{\mu_x\mu_y}\frac{J_{ms}}{\gamma h_w}\left\{1-\frac{\mathrm{ch}\gamma y}{T'}\left[\mathrm{ch}\gamma(h_s-h_w)+\frac{\mu_0}{\sqrt{\mu_x\mu_y}}\mathrm{sh}\gamma(h_s-h_w)\cdot\mathrm{cth}\gamma_0(h_m+\delta)\right]\right\} \tag{3-99}$$

（2）区：$h_w<y<h_s$

$$B_{(y2)}=\mathrm{j}\sqrt{\mu_x\mu_y}\frac{J_{ms}\cdot\mathrm{sh}\gamma h_w}{T'\gamma h_w}\left[\mathrm{sh}\gamma(h_s-y)+\frac{\mu_0}{\sqrt{\mu_x\mu_y}}\mathrm{ch}\gamma(h_s-y)\cdot\mathrm{cth}\gamma_0(h_m+\delta)\right] \tag{3-100}$$

（3）区：$h_s<y<h_s+h_m+\delta$

$$B_{(y3)}=\mathrm{j}\mu_0\frac{J_{ms}\cdot\mathrm{sh}\gamma h_w}{T'\gamma h_w}\cdot\frac{\mathrm{ch}\gamma_0(h_s+h_m+\delta-y)}{\mathrm{sh}\gamma_0(h_m+\delta)} \tag{3-101}$$

$$T'=\mathrm{ch}\gamma h_s+\frac{\mu_0}{\sqrt{\mu_x\mu_y}}\mathrm{sh}\gamma h_s\cdot\mathrm{cth}\gamma_0(h_m+\delta) \tag{3-102}$$

同样可得永磁励磁磁场单独存在时的各区磁密表达式。对照图 3.5 与图 3.4(b)，可以看出各表示符号对应关系：

$$a_1=h_m;\quad b=h_s;\quad a=h_m+\delta;\quad \mu_{x\mathrm{I}}=\mu_{y\mathrm{I}}=\mu_0$$

$$\gamma_{\mathrm{I}}=\gamma_0;\quad \gamma_{\mathrm{II}}=\gamma;\quad \mu=\frac{\mu_0\gamma_0}{\mu_y\gamma}=\frac{\mu_0}{\sqrt{\mu_x\mu_y}};\quad J_m=J_{mp}$$

因此

（1）区：$0<y<h_m$

$$B_{(y1p)}=\mathrm{j}\mu_0\frac{J_{mp}}{\gamma_0\cdot h_m}\left\{1-\frac{\mathrm{ch}\gamma_0 y}{T}\left[\mathrm{ch}\gamma_0\delta+\frac{\sqrt{\mu_x\mu_y}}{\mu_0}\mathrm{sh}\gamma_0\delta\cdot\mathrm{cth}\gamma h_s\right]\right\} \tag{3-103}$$

（2）区：$h_m<y<h_m+\delta$

$$B_{(y2p)}=\mathrm{j}\mu_0\frac{J_{mp}\mathrm{sh}\gamma_0 h_m}{T\gamma_0 h_m}\left[\mathrm{sh}\gamma_0(h_m+\delta-y)+\frac{\sqrt{\mu_x\mu_y}}{\mu_0}\mathrm{ch}\gamma_0(h_m+\delta-y)\mathrm{cth}\gamma h_s\right] \tag{3-104}$$

（3）区：$h_m+\delta<y<h_s+h_m+\delta$

$$B_{(y3p)}=\mathrm{j}\sqrt{\mu_x\mu_y}\frac{J_{mp}\cdot\mathrm{sh}\gamma_0 h_m}{T''\gamma_0 h_m}\cdot\frac{\mathrm{ch}\gamma(h_s+h_m+\delta-y)}{\mathrm{sh}\gamma h_s} \tag{3-105}$$

$$T''=\mathrm{ch}\gamma_0(h_m+\delta)+\frac{\sqrt{\mu_x\mu_y}}{\mu_0}\mathrm{sh}\gamma_0(h_m+\delta)\cdot\mathrm{cth}\gamma h_s \tag{3-106}$$

励磁磁势和电枢磁势共同作用产生的磁密，根据线性假定，可以直接采用磁密叠加法。

设励磁磁场坐标为 $P(x,y')$，建立它与电枢磁场坐标系 $P(x,y)$ 的关系，令

$$y'=h_s+h_m+\delta-y \tag{3-107}$$

则励磁磁场的各区磁密表达式可写成

$$B_{(y1p)}=\mathrm{j}\mu_0\frac{J_{mp}}{\gamma_0\cdot h_m}\left\{1-\frac{\mathrm{ch}\gamma_0 y}{T}\left[\mathrm{ch}\gamma_0\delta+\frac{\sqrt{\mu_x\mu_y}}{\mu_0}\mathrm{sh}\gamma_0\delta\cdot\mathrm{cth}\gamma h_s\right]\right\} \tag{3-108}$$

$$B_{(y'2p)}=\mathrm{j}\mu_0\frac{J_{mp}\mathrm{sh}\gamma_0 h_m}{T''\gamma_0 h_m}\left[\mathrm{sh}\gamma_0(h_m+\delta-y')+\frac{\sqrt{\mu_x\mu_y}}{\mu_0}\mathrm{ch}\gamma_0(h_m+\delta-y')\mathrm{cth}\gamma h_s\right] \tag{3-109}$$

$$B_{(y3p)}=\mathrm{j}\sqrt{\mu_x\mu_y}\frac{J_{mp}\cdot\mathrm{sh}\gamma_0 h_m}{T\gamma_0 h_m}\cdot\frac{\mathrm{ch}\gamma(h_s+h_m+\delta-y)}{\mathrm{sh}\gamma h_s} \tag{3-110}$$

公式使用的区间不变。

叠加电枢磁密和励磁磁密得到合成磁场。

$$B_{yy1}=B_{(y1)}+B_{(y1p)} \tag{3-111}$$

$$B'_{yy'2}=B'_{(y2)}+B'_{(y'2p)} \tag{3-112}$$

$$B'_{yy'3}=B'_{(y3)}+B'_{(y'3p)} \tag{3-113}$$

式中

$$B'_{(yn)}=B_{(yn)}\mathrm{e}^{\mathrm{j}\left(\frac{\pi}{\tau}x+\varphi\right)} \tag{3-114}$$

$$B'_{(y'np)}=B_{(y'np)}\mathrm{e}^{\mathrm{j}\frac{\pi}{\tau}x} \tag{3-115}$$

其中，$n=1,2,3$；φ 为励磁磁势和电枢磁势之间的相位移角。

可以根据线性假定，直接采用磁密叠加得到合成磁密分布。根据磁密分布就可以得到永磁直线同步电动机的电路参数，建立永磁直线同步电动机线性电路模型。

3.3　线性分析法与有限元分析法比较

3.3.1　永磁直线同步电动机磁场有限元法简介

永磁直线同步电动机磁场有限元分析是磁场分析的一种数值解法，以麦克斯韦方程为基础，从偏微分方程边值问题出发，找出一个称为能量泛函的积分式，令它在满足边界条件的前提下取极值，即构成条件变分问题，这个条件变分问题是与偏微分边值问题等价。有限元分析便是以条件变分问题为对象来求解电磁场问题的，同时，将场的求解区域剖分成有限个单元，在每一单元内部近似认为任一点的

求解函数是在单元节点上的函数值之间随着坐标变化而以某种规律变化。因此，在单元中构造出合适的插值函数，然后把插值函数代入能量泛函积分式，把泛函离散化为多元函数，根据极值原理，将能量函数对每一个自变量求偏导，并令其等于零，便得到一个线性或非线性方程组，求解此方程组就得到磁场的解。

运用有限元对电磁场进行分析，计算资源要求较高，工作量较大，因此，在实际应用中，对电磁场的分析常常采用相应的电机电磁场有限元分析软件进行分析。应用电磁分析软件，可以不考虑复杂的中间过程而只需考虑必要的边界条件和材料等，因而将复杂的电磁场有限元运算变成了一个相对简单的事情。

目前关于电磁场分析软件较多，常用的主要有：Ansys，MagNet，法国 Flux，Jmag Ansoft 公司的 Maxwell 2D/3D 等。

由于 Maxwell 2D 软件相对于其他有限元分析商业软件来说，使用起来相对比较简单。使用者仅需对所计算的问题做出答复，作为输入，便能获得所需的结果，不需要了解有限元法求解的详细过程。

使用 Maxwell 2D 软件对永磁直线同步电机进行分析相对较为简单，电磁求解过程步骤如下：

(1) 选择求解器。

(2) 根据永磁直线同步电机各部分设计尺寸，画出电机二维几何模型。

(3) 确定永磁直线同步电机各部分材料属性。

(4) 确定有限元计算的边界条件和外加电源。

(5) 择执行参数，如受力、转矩、损耗等。

(6) 确定动态参量。包括确定运动边界、外加载荷、时间步长等。

完成以上六个步骤以后，Maxwell 2D 软件就可以对此模型进行瞬时参数扫描求解。

有关有限元分析详细过程参看附录。

3.3.2 两种方法的比较

线性分析法根据研究问题的需要，对永磁直线同步电动机做合理假设，在抽象假定之后，使磁场分析由高阶强耦合复杂系统简化为动、定子分别作用条件下的线性叠加，易于理解，物理意义明确，电机结构参数对性能的影响一目了然，计算量大大降低，特别适用于对永磁直线同步电机进行原始设计和特性分析的场合，具有重要的实际工程意义。

利用有限元方法对永磁直线同步电动机进行分析，进行有限元剖分，设计编程，分析精度较高，适合于对电机进行更精确的优化设计和性能分析场合，特别是随着计算机容量和计算速度不断提高，对永磁直线同步电动机进行更为精确的分析和设计方面将越来越显示出它的优越性。但是，采用有限元分析，计算资源要求较高，采用专用有限元软件进行分析，分析过程不清，物理意义不太清晰。

第 4 章　永磁直线同步电动机电磁参数及性能计算

4.1　等效电路及电磁参数的计算式

同其他电机一样，从“路”的角度，永磁直线同步电动机可以用一等效电路表示，等效电路中各元件参数就是主要的电磁参数，通过等效电路，还可以计算分析电机的稳态性能。永磁直线同步电动机一相等效电路可以画作图 4.1 所示的形式。

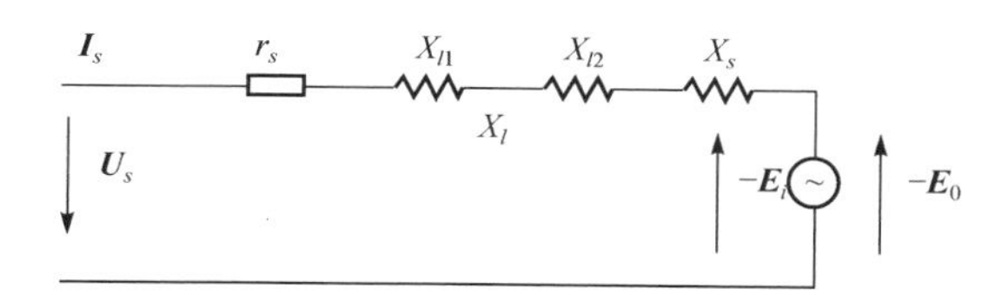

图 4.1　永磁直线同步电动机等效电路

$\boldsymbol{U}_s$为施加到电枢绕组的电压；$\boldsymbol{I}_s$为电枢电流；X_s 为电枢反应电抗；$\boldsymbol{E}_i$为内电势；$\boldsymbol{E}_0$为励磁电势；X_l 为电枢漏电抗，由槽漏电抗 X_{l1}和端部电抗 X_{l2}组成，即

$$X_l = X_{l1} + X_{l2} \tag{4-1}$$

按照电动机惯例规定的各量的正方向，等效电路的电压平衡方程式为

$$\boldsymbol{U}_s = -\boldsymbol{E}_0 + \boldsymbol{I}_s r_s + \mathrm{j}\,\boldsymbol{I}_s X_l + \mathrm{j}\,\boldsymbol{I}_s X_s \tag{4-2}$$

各电磁量计算式的推导建立在第 3 章电磁场分析基础上。

4.1.1　励磁电势

$\dot{E}_0$ 表示励磁电势，它由永磁体励磁磁场在电枢绕组中产生，其值正比于作用于绕组的励磁磁密，计算式是

$$E_0 = \frac{\omega}{\sqrt{2}}(N_w K_w)\tau\, b_E\, \frac{2}{\pi} B_{(y3p)\mathrm{av}} \tag{4-3}$$

式中，$N_w K_w$ 为电枢绕组每相串联有效匝数；b_E 为永磁体的宽度（z 方向）；$B_{(y3p)\mathrm{av}}$为永磁体励磁磁势在槽区绕组高度范围内产生的平均磁密。

很明显

$$B_{(y3p)\mathrm{av}} = \frac{1}{h_w}\int_{(h_m+\delta+h_s-h_w)}^{(h_m+\delta+h_s)} B_{(y3p)}\,\mathrm{d}y$$

$$=\frac{1}{h_w}\int_{(h_m+\delta+h_s-h_w)}^{(h_m+\delta+h_s)}\sqrt{\mu_x\mu_y}\frac{J_{mp}\text{sh}\gamma_0 h_m}{T\gamma_0 h_m}\cdot\frac{\text{ch}\gamma(h_s+\delta+h_m-y)}{\text{sh}\gamma h_s}\text{d}y$$

$$=-\frac{\sqrt{u_x u_y}J_{mp}\ \text{sh}\gamma_0\ h_m}{T\gamma_0\ h_m\ \gamma\ h_w\text{sh}\gamma\ h_s}\text{sh}r(h_s+\delta-y)\Bigg|_{(h_m+\delta+h_s-h_w)}^{(h_m+\delta+h_s)}$$

$$=\frac{\sqrt{u_x u_y}J_{mp}\ \text{sh}\gamma_0\ h_m\cdot\text{sh}\gamma\ h_w}{T\gamma_0\ h_m\ \gamma\ h_w\text{sh}\gamma\ h_s} \tag{4-4}$$

将 $J_{mp}=\frac{4}{\tau}F_p\sin\left(\frac{\pi}{2}\alpha\right)$ 代入式(4-4)并将式(4-4)代入式(4-3)，整理后得

$$E_0=\sqrt{2}\omega\mu_0(N_wK_w)\frac{\tau}{\pi}\frac{4}{\tau}F_p\sin\left(\frac{\pi}{2}\alpha\right)\cdot K_2 b_E$$

$$=\sqrt{2}\omega\mu_0(N_wK_w)F_pK_1K_2b_E \tag{4-5}$$

式中

$$K_1=\frac{4}{\pi}\sin\frac{\pi\alpha}{2}$$

$$K_2=\frac{\text{sh}\gamma_0 h_m\cdot\text{sh}\gamma\ h_w}{T''\gamma_0 h_m\text{sh}\gamma h_s\cdot\gamma\ h_w}\frac{\sqrt{\mu_x\mu_y}}{\mu_0}$$

4.1.2　电枢反应电抗 X_s 的物理意义及其计算

从第 3 章磁场分析可知，电枢电流与电枢磁势同相位，当忽略相对很小的电枢铁耗时，在电枢磁势作用下产生的电枢相绕组基波磁通与电枢磁势(电流)同相位。由此可知基波磁通在每相电枢绕组中产生的电势 $\boldsymbol{E}_s$ 将滞后电枢电流90°电角度。从大小上看，在磁路不饱和的情况下，$\boldsymbol{E}_s$ 与 $\boldsymbol{I}_s$ 成正比关系。因此可用一个电抗电路模拟，假定纯电感元件的电抗值为 X_s'，其通过的电流为 $\boldsymbol{I}_s$，则电抗压降与电枢电势有如下等式关系

$$\boldsymbol{E}_s=-\text{j}\ \boldsymbol{I}_sX_s \tag{4-6}$$

式(4-6)还可以写为

$$\boldsymbol{E}_s+\boldsymbol{E}_{l1}=-\text{j}\ \boldsymbol{I}_sX_s-\text{j}\ \boldsymbol{I}_sX_{l1} \tag{4-7}$$

即

$$\boldsymbol{E}_s=-\text{j}\ \boldsymbol{I}_sX_s \tag{4-8}$$

$$\boldsymbol{E}_{l1}=-\text{j}\ \boldsymbol{I}_sX_{l1} \tag{4-9}$$

物理意义上，$\boldsymbol{E}_s$ 就是电枢反应磁通(电枢磁通穿过气隙到达动子永磁体区的部分)产生的电势，称为电枢反应电势。$\boldsymbol{E}_{l1}$ 是槽漏磁通产生的电势，称为槽漏电势。由于电枢反应磁通直接参与能量转换过程(通过 $\boldsymbol{E}_s$ 实现)，因此电枢反应电抗是模拟了电枢反应的作用，或者说式(4-8)是用电枢反应电抗表示电枢反应的影响。就大小而言，电枢反应电抗就是“E_s 正比例于 I_s”的比例常数，即 $X_s=E_s/I_s$。

令电枢反应磁通为 ϕ_s，则

$$\phi_s = b_E\tau \frac{2}{\pi}\frac{1}{h_m}\int_{(h_s+\delta)}^{(h_s+\delta+h_m)} B_{(y3)}\,dy$$

$$= b_E\tau \frac{2}{\pi}\frac{1}{h_m}\int_{h_s+\delta}^{h_s+\delta+h_m} \mu_0 \times \frac{J_{ms}\,\mathrm{sh}\gamma h_w \cdot \mathrm{ch}\gamma_0(h_s+h_m+\delta-y)}{\gamma h_w T\,\mathrm{sh}\gamma_0(h_m+\delta)}dy$$

$$= b_E\tau \frac{2}{\pi}\frac{\mu_0}{\gamma_0 h_m}\frac{J_{ms}\,\mathrm{sh}\gamma h_w \cdot \mathrm{sh}\gamma_0 h_m}{\gamma h_w T\,\mathrm{sh}\gamma_0(h_m+\delta)} \tag{4-10}$$

$$E_s = \frac{\omega}{\sqrt{2}}(N_w K_w)\phi_s = \frac{2}{\pi}m\omega(N_w K_w)^2\frac{b_E}{p}\mu_0 K_4 I_s \tag{4-11}$$

式中

$$K_4 = \frac{1}{\gamma_0 h_m}\frac{\mathrm{sh}\gamma h_w \cdot \mathrm{sh}\gamma_0 h_m}{\gamma h_w T'\,\mathrm{sh}\gamma_0(h_m+\delta)}$$

$$X_s = \frac{E_s}{I_s} = \frac{2}{\pi}\frac{m}{p}\omega\mu_0(N_w K_w)^2 b_E K_4 \tag{4-12}$$

4.1.3　槽漏电抗 X_{l1} 计算式

根据式(4-6)得到 X_s'后分离去 X_s 可得到 X_{l1}。令 $B_{(y1)\mathrm{av}}$为电枢磁势在槽区绕组高度范围内产生的平均磁密，则

$$B_{(y1)\mathrm{av}} = \frac{1}{h_w}\int_0^{h_w} B_{(y1)}\,dy$$

$$= \frac{1}{h_w}\int_0^{h_w}\sqrt{\mu_x\mu_y}\frac{J_{ms}}{\gamma h_w}\left\{1-\frac{\mathrm{ch}\gamma y}{T}\left[\mathrm{ch}\gamma(h_s-h_w) + \frac{\mu_0}{\sqrt{\mu_x\mu_y}}\mathrm{sh}\gamma(h_s-h_w)\cdot\mathrm{cth}\gamma_0(h_m+\delta)\right]\right\}dy$$

$$= \sqrt{\mu_x\mu_y}\frac{J_{ms}}{\gamma h_w}\left\{1-\frac{\mathrm{sh}\gamma h_w}{T h_w\gamma}\cdot\left[\mathrm{ch}\gamma(h_s-h_w) + \frac{\mu_0}{\sqrt{\mu_x\mu_y}}\mathrm{sh}\gamma(h_s-h_w)\cdot\mathrm{cth}\gamma_0(h_m+\delta)\right]\right\} \tag{4-13}$$

$$E_s = \frac{\omega}{\sqrt{2}}(N_w K_w)\tau b_E\frac{2}{\pi}B_{(y1)\mathrm{av}} = \frac{2}{\pi}\omega m(N_w K_w)^2\mu_0\frac{b_E}{p}K_3 I_s \tag{4-14}$$

式中

$$K_3 = \frac{\sqrt{\mu_x\mu_y}}{\mu_0}\frac{1}{\gamma h_w}\left\{1-\frac{\mathrm{sh}\gamma h_w}{T' h_w\gamma}\left[\mathrm{ch}\gamma(h_s-h_w) + \frac{\mu_0}{\sqrt{\mu_x\mu_y}}\mathrm{sh}\gamma(h_s-h_w)\cdot\mathrm{cth}\gamma_0(h_m+\delta)\right]\right\}$$

$$X_s'=\frac{E_s'}{I_s}=\frac{2}{\pi}m\omega\mu_0\ (N_wK_w)^2\ \frac{b_E}{p}K_3 \tag{4-15}$$

最后得到

$$X_{l1}=X_s'-X_s=\frac{2}{\pi}m\omega\ (N_wK_w)^2\mu_0\ \frac{b_E}{p}(K_3-K_4) \tag{4-16}$$

4.1.4 端部漏抗分析及计算

假定电枢绕组为双层短距迭绕组，有形状如图 4.2 所示的端部。

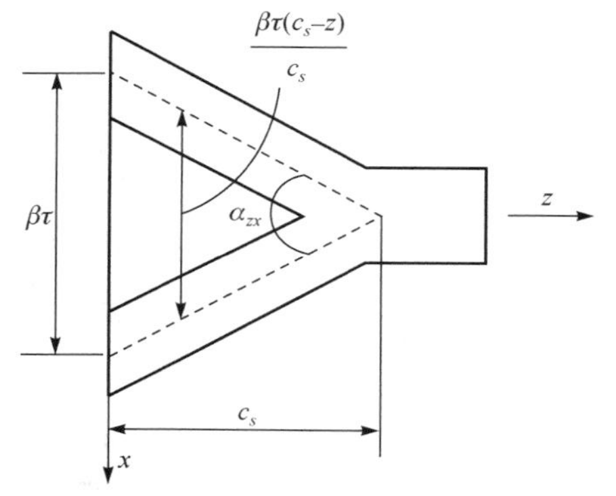

图 4.2　电枢绕组端部

图 4.2 中

$$\beta=\frac{w}{\tau}$$

w 为绕组节距，在端部，相当于节距沿 z 方向变化。

根据电流层的概念，从另一角度推导电流层的表达式。假定双层绕组上层电流层为

$$J_s'=\frac{1}{2}J_{ms}'\cos\left(\omega t-\frac{\pi}{\tau}x\right) \tag{4-17}$$

下层绕组与上层绕组相距 $\beta\tau$，则其电流层为

$$J_s''=\frac{1}{2}J_{ms}'\cos\left(\omega t-\frac{\pi}{\tau}x+\beta\pi\right) \tag{4-18}$$

上下层合成电流层为

$$J_s=J_s'-J_s''=J_{ms}'\sin\frac{\beta\pi}{2}\sin\left(\omega t-\frac{\pi}{\tau}x+\frac{\beta\pi}{2}\right) \tag{4-19}$$

用复数符号表示并移轴$\frac{\beta\pi}{2}$，则

$$J_s=J_{ms}'\sin\frac{\beta\pi}{2}\mathrm{e}^{-\mathrm{j}\frac{\pi}{\tau}x} \tag{4-20}$$

因为绕组系数为分布系数 K_d 与短距系数 K_p 的乘积，即

$$K_w=K_p\cdot K_d=K_d\sin\frac{\beta\pi}{2} \tag{4-21}$$

对照式(3-1)，很明显

$$J_{ms}=\frac{\sqrt{2}mN_wK_d}{p\tau}I_s\sin\frac{\beta\pi}{2}=J_{ms}\sin\frac{\beta\pi}{2} \tag{4-22}$$

或

$$J'_{ms}=\frac{J_{ms}}{\sin\frac{\beta\pi}{2}} \tag{4-23}$$

端部电流层可分为两个分量，即 z 方向分量和 x 方向分量。

（1）z 方向分量

$$J_z=J'_{ms}\sin\left[\frac{\beta\pi}{2}\left(1-\frac{z}{c_s}\right)\right]\mathrm{e}^{-\mathrm{j}\frac{\pi}{\tau}x} \tag{4-24}$$

其幅值为

$$J_{zm}=J'_{ms}\sin\left[\frac{\beta\pi}{2}\left(1-\frac{z}{c_s}\right)\right] \tag{4-25}$$

J_z 在 z 方向上的变化曲线如图 4.3 所示。

（2）x 方向分量

根据 $\mathrm{div}J=0$ 可得

$$\frac{\partial J_x}{\partial x}=-\frac{\partial J_z}{\partial z}=-J'_{ms}\frac{\beta\pi}{2c_s}\cos\left[\frac{\beta\pi}{2}\left(1-\frac{z}{c_s}\right)\right]\mathrm{e}^{-\mathrm{j}\frac{\pi}{\tau}x} \tag{4-26}$$

$$J_x=J'_{ms}\frac{\beta\tau}{2c_s}\cos\left[\frac{\beta\pi}{2}\left(1-\frac{z}{c_s}\right)\right]\mathrm{e}^{-\mathrm{j}\frac{\pi}{\tau}x} \tag{4-27}$$

x 方向分量幅值

$$J_{xm}=J'_{ms}\frac{\beta\tau}{2c_s}\cos\left[\frac{\beta\pi}{2}\left(1-\frac{z}{c_s}\right)\right] \tag{4-28}$$

J_x 随 z 的变化曲线如图 4.4 所示。

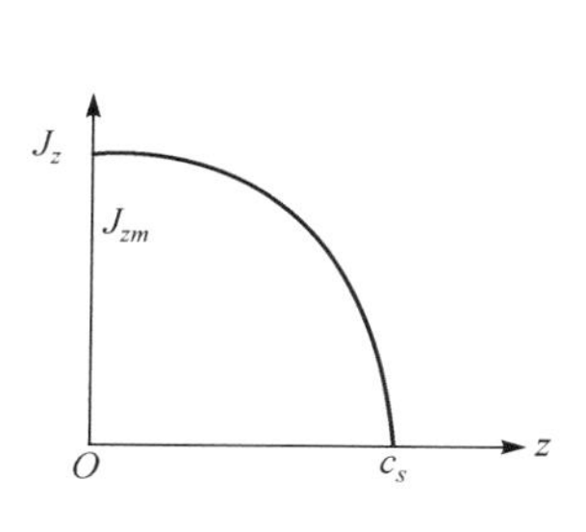

图 4.3　J_z 变化曲线

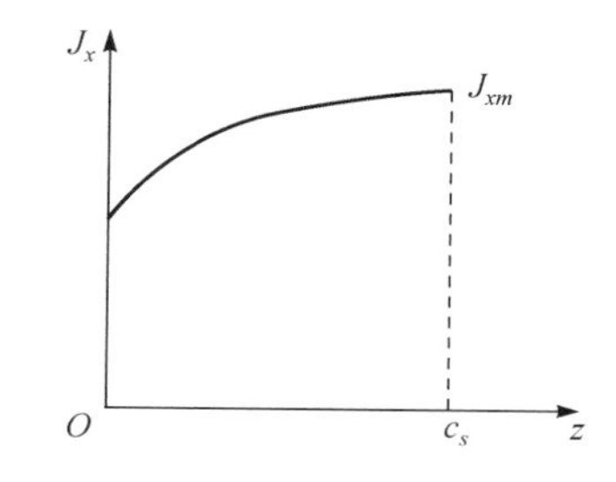

图 4.4　J_x 变化曲线

很明显，由 z 方向电流在端部区域产生的磁场可以用电枢磁场相似的方法分析，利用已有的模型和表达式，令 $\mu_x=\mu_y=\mu_0$，$J_{ms}=J_{zm}$，即可写出距定子表面距离 z 上的平均磁密幅值

$$\begin{aligned}B_{ez}&=\mu_0\frac{J_{zm}}{\gamma_0 h_w}\left\{1-\frac{\mathrm{sh}\gamma_0 h_w}{T'_0 h_w\gamma_0}\left[\mathrm{ch}\gamma_0(h_s-h_w)+\mathrm{sh}\gamma_0(h_s-h_w)\cdot\mathrm{cth}\gamma_0(h_m+\delta)\right]\right\}\\&=J_{zm}c'\mu_0\end{aligned} \tag{4-29}$$

式中

$$c=\frac{1}{\gamma_0 h_w}\left\{1-\frac{\mathrm{sh}\gamma_0 h_w}{T_0 h_w \gamma_0}\left[\mathrm{ch}\gamma_0(h_s-h_w)+\mathrm{sh}\gamma_0(h_s-h_w)\cdot\mathrm{cth}\gamma_0(h_m+\delta)\right]\right\}$$

$$T_0'=\mathrm{ch}\gamma_0 h_s+\mathrm{sh}\gamma_0 h_s\cdot\mathrm{cth}\gamma_0(h_m+\delta)$$

根据 B_{ez} 可以求得由 z 向端电流产生的端漏电势

$$\begin{aligned}E_{ez}&=2\frac{\omega}{\sqrt{2}}(N_w K_w)\int_0^{c_s}\frac{2}{\pi}B_{ez}\tau\mathrm{d}z\\&=\sqrt{2}\omega(N_w K_w)\mu_0 c'\frac{2}{\pi}\tau J'_{ms}\int_0^{c_s}\sin\left[\frac{\beta\pi}{2}\left(1-\frac{z}{c_s}\right)\right]\mathrm{d}z\\&=\sqrt{2}\omega(N_w K_w)\mu_0 c'\frac{2}{\pi}\tau J'_{ms}\frac{2c_s}{\beta\pi}\left(1-\cos\frac{\beta\pi}{2}\right)\\&=\sqrt{2}\omega(N_w K_w)\mu_0 c'\frac{2}{\pi}\tau J_{ms}\frac{2c_s}{\beta\pi}\frac{1-\cos\frac{\beta\pi}{2}}{\sin\frac{\beta\pi}{2}}\end{aligned}\tag{4-30}$$

对应的端漏电抗

$$X_{ez}=\frac{E_{ez}}{I_s}=\frac{2}{\pi}\omega(N_w K_w)^2 m\mu_0\frac{4cc_s}{p\beta\pi}\frac{1-\cos\frac{\beta\pi}{2}}{\sin\frac{\beta\pi}{2}}\tag{4-31}$$

由 x 方向分量端电流导致的端漏电抗需要寻找不同的方法分析计算。

设想 x 方向分量端电流是在一根环绕定子的闭合导体内流通(环绕平面与 y 轴垂直),由该导体电流所确定的电抗便是由 x 方向分量端电流导致的端电抗。

用积分的方法把 x 方向电流层返算成导体电流。

$$\begin{aligned}I_{cx}&=\int_0^{c_s}J_{xm}\mathrm{d}z=\int_0^{c_s}J_{ms}\frac{\beta\tau}{2c_s}\cos\left[\frac{\beta\pi}{2}\left(1-\frac{z}{c_s}\right)\right]\mathrm{d}z\\&=J_{ms}\frac{\beta\tau}{2c_s}\frac{2c_s}{\beta\pi}\sin\frac{\beta\pi}{2}=\frac{\tau}{\pi}J_{ms}\sin\frac{\beta\pi}{2}=\frac{\tau}{\pi}J_{ms}\end{aligned}\tag{4-32}$$

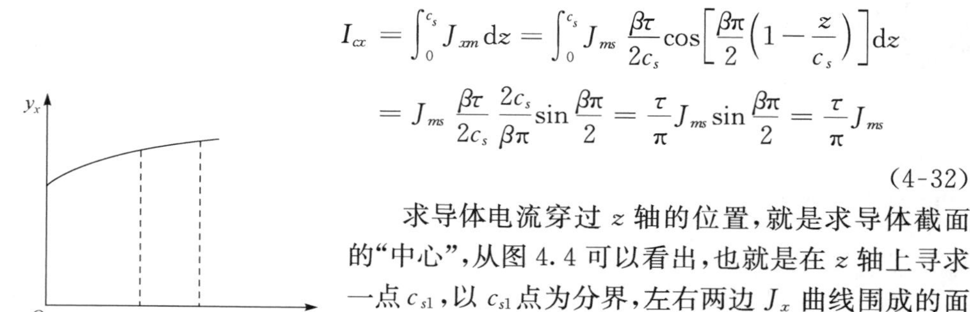

图 4.5 导体电流穿过 z 轴的位置

求导体电流穿过 z 轴的位置,就是求导体截面的“中心”,从图 4.4 可以看出,也就是在 z 轴上寻求一点 c_{s1},以 c_{s1} 点为分界,左右两边 J_x 曲线围成的面积相等,如图 4.5 所示。

$$\int_0^{c_{s1}}J_x\mathrm{d}z=\int_{c_{s1}}^{c_s}J_x\mathrm{d}z\sin\left[\frac{\beta\pi}{2}\left(1-\frac{z}{c_s}\right)\right]\Bigg|_0^{c_{s1}}$$

$$= \sin\frac{\beta\pi}{2}\left(1-\frac{z}{c_s}\right)\Bigg|_{c_{s1}}^{c_s} \sin\left[\frac{\beta\pi}{2}\left(1-\frac{c_{s1}}{c_s}\right)\right]$$

$$= \frac{1}{2}\sin\frac{\beta\pi}{2}c_{s1}$$

$$= c_s\left[1-\frac{2}{\beta\pi}\arcsin\left(\frac{1}{2}\sin\frac{\beta\pi}{2}\right)\right] \tag{4-33}$$

令假定的导体的直径等于槽内绕组高度，设导体的半径为 R，则

$$2R=h_w \tag{4-34}$$

导线环绕初级铁心的示意图如图 4.6 所示。

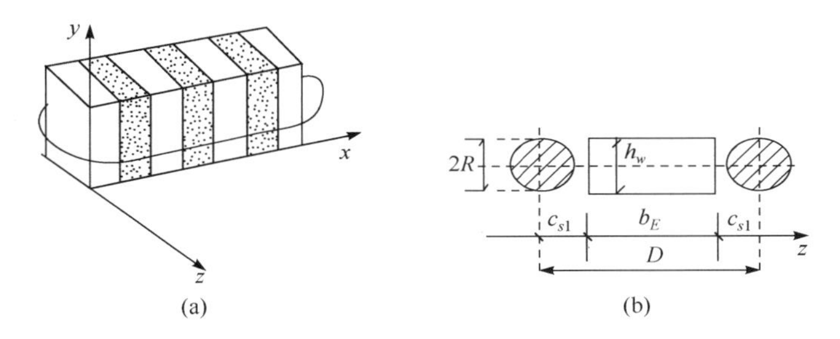

图 4.6　虚拟载流导体位置示意图

从图 4.6 看出铁心两侧导体相距

$$D=b_E+2c_s \tag{4-35}$$

相当于是每根导体长度 $l=2p\tau$ 的两长直导线距离 D 平行的情况，因此导体的自感为

$$L_{ex}=\frac{\mu_0 l}{\pi}\left(\frac{1}{4}+\ln\frac{D-R}{R}\right)=\frac{\mu_0}{\pi}2p\tau\left(\frac{1}{4}+\ln\frac{D-R}{R}\right) \tag{4-36}$$

当 R 相对 D 很小时，式(4-36)可以近似写为

$$L_{ex}=\frac{\mu_0}{\pi}2p\tau\left(\frac{1}{4}+\ln\frac{D}{R}\right) \tag{4-37}$$

x 方向端电流产生的电抗 VA 为

$$P_{VA}=\left[\frac{I_{cx}}{\sqrt{2}}\right]^2\omega L_{ex}=\frac{1}{2}\left(\frac{\tau}{\pi}\right)^2 J_{ms}^2\omega L_{ex}$$

$$=\frac{1}{2}\left(\frac{\tau}{\pi}\right)^2\frac{2m^2\ (N_w K_w)^2}{P^2\tau^2}I_s^2\omega L_{ex}$$

$$=\frac{m^2\ (N_w K_w)^2}{P^2\pi^2}I_s^2\omega L_{ex} \tag{4-38}$$

由于用前述方法求出的 L_{ex} 为 m 相值，所以此处的 P_{VA} 亦为 m 相值，而每一相值为

$$P_{VA1}=\frac{P_{VA}}{m}=\frac{m\ (N_wK_w)^2}{\pi^2P^2}I_s^2\omega L_{ex} \tag{4-39}$$

由式(4-39)便可确定由 X 方向端电流所导致的漏电抗。

$$X_{ex}=\frac{P_{VA1}}{I_s^2}=\frac{m\ (N_wK_w)^2}{\pi^2P^2}\omega L_{ex}$$
$$=\frac{2}{\pi}\omega\ (N_wK_w)^2m\mu_0\ \frac{\tau}{2\pi^2P}\left[\frac{1}{4}+\ln\frac{2(b_E+2c_{s1})}{h_w}\right] \tag{4-40}$$

每相总的端漏抗

$$X_{l2}=X_{ex}+X_{ez}=\frac{2}{\pi}\omega\ (N_wK_w)^2m\frac{\mu_0}{P}(c_x+c_z) \tag{4-41}$$

式中

$$c_x=\frac{\tau}{2\pi^2}\left[\frac{1}{4}+\ln\frac{2(b_E+2c_{s1})}{h_w}\right]$$

$$c_z=\frac{4c'c_s}{\beta\pi}\frac{1-\cos\frac{\beta\pi}{2}}{\sin\frac{\beta\pi}{2}}$$

4.1.5 电枢绕组每相电阻

电枢绕组每相电阻同旋转电机电枢绕组计算类似。

$$r_s=\rho\frac{2L_{av}N_w}{s_1N_1a_1} \tag{4-42}$$

式中,ρ 为导体电阻率(Ω · mm²/m);s_1 为每根导线截面积(mm²);N_1 为导线并绕根数;a_1 为并联支路数;N_w 为每相串联匝数;L_{av}为线圈平均半匝长(m)。

$$L_{av}\cong b_E+(1.3\sim1.6)\tau \tag{4-43}$$

4.2 向量图及性能计算

根据磁场分析和式(4-2)电压方程,可以画出永磁直线同步电动机的向量图如图 4.7 所示。

永磁直线同步电动机的性能数据包括电枢电流、功率、推力、法向力、效率、功率因数等。

从设计角度可以由选定的电负荷和电机结构参数确定电枢电流。用符号 A_s 表示电负荷,则

$$A_s=j_s\ \frac{b_s}{t}h_sk_s \tag{4-44}$$

$$I_s = \frac{P\tau}{mN_w} A_s \tag{4-45}$$

电磁功率 P_m（气隙功率 P_g）为

$$\begin{aligned} P_g &= P_m = mE_i I_s \cos(\psi + \theta_i) \\ &= mE_0 I_s \cos\psi \\ &= mE_0 I_s \cos(\varphi - \theta) \end{aligned} \tag{4-46}$$

式中，$\psi = \varphi - \theta$。

电磁推力

$$F_x = \frac{\pi p_m}{\tau\omega} = \frac{p_m}{2\tau f} = \frac{p_m}{V_s} \tag{4-47}$$

式中，V_s 为称为同步速度。

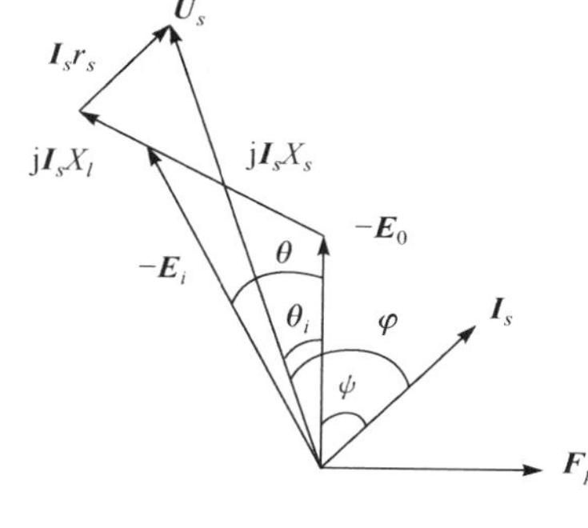

图 4.7　永磁直线同步电动机向量图（电动机惯例）

根据功率平衡关系，电磁功率也可以用下式求出：

$$P_m = mU_s I \cos\varphi - m I_s^2 r_s \tag{4-48}$$

显然，效率 η 和功率因数 $\cos\varphi$ 可分别用式(4-49)和式(4-50)表示。

$$\eta = \frac{V_s F_x}{V_s F_x + m I_s^2 r_s} \tag{4-49}$$

$$\cos\varphi = \frac{V_s F_x + m I_s^2 r_s}{m U_s I_s} \tag{4-50}$$

如果一个磁极下的合成气隙磁密为 B_δ，则电机原、副边之间的垂直吸力（法向力）用下式求取：

$$F_n = \frac{Pb_E}{\mu_0} \int_{-L_m/2}^{L_m/2} B_\delta \mathrm{d}x = \frac{Pb_E}{\mu_0} \int_{-\alpha\tau/2}^{\alpha\tau/2} B_\delta \mathrm{d}x \tag{4-51}$$

式中，B_δ 为磁极作用气隙磁密和电枢作用气隙磁密之和。

设磁极作用气隙磁密幅值为 $B_{(y2p)\mathrm{av}\delta}$，电枢作用气隙磁密幅值为 $B_{(y3)\mathrm{av}\delta}$，则 x 方向分布表达式分别为

$$B_{\delta px} = B_{(y2p)\mathrm{av}\delta} \cos \frac{\pi}{\tau} x \tag{4-52}$$

$$B_{\delta sx} = B_{(y3)\mathrm{av}\delta} \sin\left(\frac{\pi}{\tau} x - \psi\right) \tag{4-53}$$

$$B_\delta = B_{\delta px} + B_{\delta sx} \tag{4-54}$$

$B_{(y2p)\mathrm{av}\delta}$ 用下式计算：

$$\begin{aligned} B_{(y2p)\mathrm{av}\delta} &= \frac{1}{\delta} \int_{h_m}^{h_m+\delta} B_{(y2p)} \mathrm{d}y \\ &= \frac{1}{\delta} \int_{h_m}^{h_m+\delta} \mu_0 \frac{J_{mp}}{T\gamma_0 h_m} [\mathrm{sh}\gamma_0 (h + \delta - y) \end{aligned}$$

$$
\begin{aligned}
&+\frac{\sqrt{\mu_x\mu_y}}{\mu_0}\mathrm{ch}\gamma_0(h_m+\delta-y)\cdot\mathrm{cth}\gamma h_s\Big]\mathrm{sh}\gamma_0 h_m\mathrm{d}y\\
&=\frac{1}{\delta}\int_{h_m}^{h_m+\delta}\mu_0\frac{J_{mp}}{T\gamma_0 h_m}[\mathrm{sh}\gamma_0(h+\delta-y)\mathrm{d}y\\
&\quad+\frac{1}{\delta}\int_{h_m}^{h_m+\delta}\frac{\sqrt{\mu_x\mu_y}}{\mu_0}\mathrm{ch}\gamma_0(h_m+\delta-y)\cdot\mathrm{cth}\gamma h_s\Big]\mathrm{sh}\gamma_0 h_m\mathrm{d}y\\
&=-\mu_0\frac{J_{mp}\cdot\mathrm{sh}\gamma_0 h_m}{T\gamma_0^2 h_m\delta}\left(1-\mathrm{ch}\gamma_0\delta-\frac{\sqrt{\mu_x\mu_y}}{\mu_0}\mathrm{sh}\gamma_0\delta\cdot\mathrm{cth}\gamma h_s\right)
\end{aligned}\tag{4-55}
$$

$B_{(y3)\mathrm{av}\delta}$用下式计算

$$
\begin{aligned}
B_{(y3)\mathrm{av}\delta}&=\frac{1}{\delta}\int_{h_s}^{h_s+\delta}B_{(y3)}\mathrm{d}y\\
&=\frac{1}{\delta}\int_{h_s}^{h_s+\delta}\mu_0\frac{J_{ms}\mathrm{sh}\gamma h_w}{T\gamma h_w}\frac{\mathrm{ch}\gamma_0(h_s+h_m+\delta-y)}{\mathrm{sh}\gamma_0(h_m+\delta)}\mathrm{d}y\\
&=-\mu_0\frac{J_{ms}\mathrm{sh}\gamma h_w}{T\,h_w\gamma\gamma_0\delta}\left[\frac{\mathrm{sh}\gamma_0 h_m}{\mathrm{sh}\gamma_0(h_m+\delta)}-1\right]
\end{aligned}\tag{4-56}
$$

从运行角度考虑，可以根据向量确定任一运行状态的电枢电流及推力等。选$\boldsymbol{E}_0$为参考向量。由图 4.7 可以看出

$$\boldsymbol{U}_s=U_s(\cos\theta+\mathrm{j}\sin\theta)\tag{4-57}$$

因为

$$\boldsymbol{U}_s=-\boldsymbol{E}_0+\boldsymbol{I}_s[r_s+\mathrm{j}(X_l+X_s)]=-\boldsymbol{E}_0+\boldsymbol{I}_s(r_s+\mathrm{j}X_T)\tag{4-58}$$

故

$$
\begin{aligned}
\boldsymbol{I}_s&=\frac{\boldsymbol{U}-(-\boldsymbol{E}_0)}{r_s+\mathrm{j}X_T}=\frac{(U_s\cos\theta-E_0)+\mathrm{j}U_s\sin\theta}{r_s+\mathrm{j}X_T}\\
&=\frac{1}{Z^2}\left\{[(U_s\cos\theta-E_0)r_s+X_TU_s\sin\theta]+\mathrm{j}[r_sU_s\sin\theta-(U_s\cos\theta-E_0)X_T]\right\}\\
&=I_P+\mathrm{j}I_Q
\end{aligned}\tag{4-59}
$$

式中，I_P为电枢电流有功分量，I_Q为电枢电流无功分量。

$$I_P=\frac{1}{Z^2}[(U_s\cos\theta-E_0)r_s+U_sX_T\sin\theta]\tag{4-60}$$

$$I_Q=\frac{1}{Z^2}[r_sU_s\sin\theta-(U_s\cos\theta-E_0)X_T]\tag{4-61}$$

式中，Z称为同步阻抗

$$Z=\sqrt{r_s^2+X_T^2}\tag{4-62}$$

电磁功率

$$P_m=mE_0I_P=\frac{m}{Z^2}[(E_0U_s\cos\theta-E_0^2)r_s+X_TE_0U_s\sin\theta]\tag{4-63}$$

无功功率

$$Q = mE_0 I_Q = \frac{m}{Z^2}[r_s E_0 U_s \sin\theta - (E_0 U_s \cos\theta - E_0{}^2) X_T] \tag{4-64}$$

像旋转电动机一样，通常 r_s 远小于 X_T，因此若忽略 r_s 的影响，则

$$P_m = \frac{mE_0 U_s}{X_T}\sin\theta \tag{4-65}$$

$$Q = \frac{m(E_0^2 - U_s E_s \cos\theta)}{X_T} \tag{4-66}$$

电磁推力

$$F_x = \frac{\pi m E_0 U_s}{\tau\omega X_T}\sin\theta = \frac{mE_0 U_s}{V_s X_T}\sin\theta \tag{4-67}$$

最大电磁推力

$$F_{x\max} = \frac{mE_0 U_s}{V_s X_T} \tag{4-68}$$

第5章　永磁直线同步电动机结构参数对电磁参数及性能的影响

5.1　结构参数对电磁参数的影响

5.1.1　槽高对无载平均磁密的影响

取电枢表面上磁密为基准值(它也是电枢槽高区最大磁密),其表达式为

$$B_{(y3p)\max}=\mathrm{j}\sqrt{\mu_x\mu_y}\frac{J_{mp}\cdot \mathrm{sh}\gamma_0 h_m}{\gamma_0 h_m T''}\cdot\frac{\mathrm{ch}\gamma h_s}{\mathrm{sh}\gamma h_s} \tag{5-1}$$

电枢槽高区平均磁密为

$$\begin{aligned}B_{(y3p)\mathrm{avs}}&=\mathrm{j}\sqrt{\mu_x\mu_y}\frac{J_{mp}\cdot \mathrm{sh}\gamma_0 h_m}{T\gamma_0\gamma h_m h_s}\cdot\frac{\mathrm{ch}\gamma h_s}{\mathrm{sh}\gamma h_s}\\&=\mathrm{j}\sqrt{\mu_x\mu_y}\frac{J_{mp}\mathrm{sh}\gamma_0 h_m}{T\gamma_0\gamma h_m h_s}\end{aligned} \tag{5-2}$$

比值

$$\frac{B_{(y3p)\mathrm{avs}}}{B_{(y3p)\max}}=\frac{\mathrm{th}\gamma h_s}{\gamma h_s}=\frac{\mathrm{th}\gamma_-\frac{h_s}{\tau}}{\gamma_-\frac{h_s}{\tau}} \tag{5-3}$$

式中

$$\gamma_-=\pi\sqrt{\mu_x/\mu_y}$$

图5.1所示为电枢槽区无载平均磁密随槽高度的变化曲线。图中假定$\frac{b_s}{t}=\frac{5}{8}$(取之试验模型数据);并假定$\mu_r=1,100,1000,6000$。

由图5.1可以得出结论:

(1) 在齿部相对磁导率μ_r一定情况下,槽区无载平均磁密随槽高度增大而呈下降趋势;

(2) 当齿部相对磁导率很大时(例如铁磁材料的情况),槽高度对槽区无载平均磁密影响不大。无载平均磁密随槽高度增大而降低,对电机性能产生的本质影响是限制了电磁功率可以随槽高度增大而增大的线性关系。这是因为,假定槽区导体根数一定,在选定导体电流密度情况下,随槽高度增大可线性增大导体截面积,也即可线性增大电枢电流I_s,根据$P_m\propto E_0 I_s$,$E_0\propto B_{(y3p)\mathrm{avs}}$,假定$B_{(y3p)\mathrm{avs}}$不随槽高

度h_s变化，则 $P_m \propto h_s$；反之，若 $B_{(y3p)\mathrm{avs}}$随槽高增大而减小(非线性)，则 P_m 与 h_s 的线性关系不复存在。

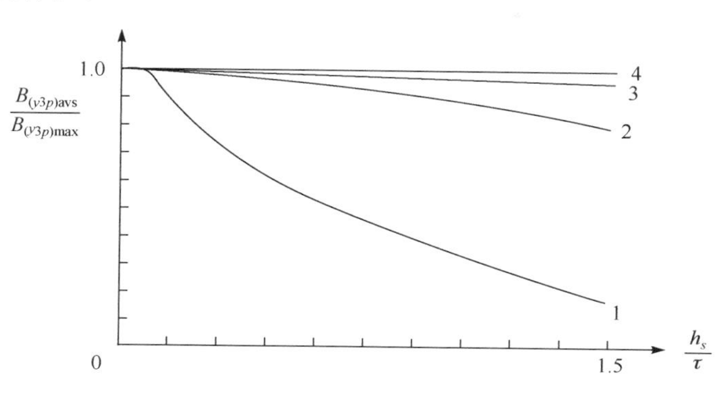

图 5.1　槽区无载磁密随槽高变化曲线

1—$\mu_r=1$；2—$\mu_r=100$；3—$\mu_r=1000$；4—$\mu_r=6000$

5.1.2　永磁体高对无载磁密的影响

取理想无载最大磁密为基准值，即令

$$B_{(y1p)\max}=\mathrm{j}\mu_0\frac{J_{mp}}{\gamma_0 h_m} \tag{5-4}$$

电枢槽高区无载平均磁密为式(5-2)，则

$$\frac{B_{(y3p)\mathrm{avs}}}{B_{(y1p)\max}}=\frac{\sqrt{\mu_x\mu_y}}{\mu_0}\cdot\frac{1}{\gamma_-\frac{h_s}{\tau}}\cdot\frac{\mathrm{sh}\left(\pi\frac{h_m}{\tau}\right)}{T''} \tag{5-5}$$

式中

$$T''=\mathrm{ch}\left[\pi\left(\frac{h_m}{\tau}+\frac{\delta}{\tau}\right)\right]+\frac{\sqrt{\mu_x\mu_y}}{\mu_0}\mathrm{sh}\left[\pi\left(\frac{h_m}{\tau}+\frac{\delta}{\tau}\right)\right]\mathrm{cth}\gamma_-\frac{h_s}{\tau}$$

无载平均磁密随永磁体高度的变化曲线如图 5.2 所示。从图中可以看出，在永磁体某个高度范围内，无载平均磁密随着永磁体高度增加而快速增加，达到一定程度之后，继续增大永磁体高度，则无载平均磁密增加很小，曲线趋于平缓。这种现象的本质是，永磁体高度超过某个范围后，漏磁明显增大，从而造成穿过气隙到达电枢槽区的有效磁通增大很少。从图中还可以看出，气隙长度也影响无载平均磁密。由分析可以得出结论，在要求一定的磁密时，永磁体体积选择存在最佳优化的问题。

图 5.2 中所涉及的参数作如下假定：

$\mu_r=6000$(硅刚片的 μ_r 为 6000～7000)；$\frac{b_s}{t}=\frac{5}{8}$；$\frac{h_s}{\tau}=\frac{14}{24}$(取之试验模型数据)。

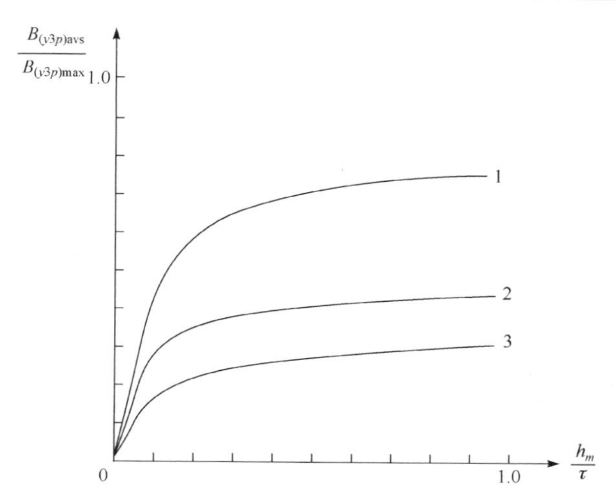

图 5.2　槽区无载平均磁密随永磁体高度的变化曲线

$1—\frac{\delta}{\tau}=0.1$；$2—\frac{\delta}{\tau}=0.2$；$3—\frac{\delta}{\tau}=0.3$

5.1.3　永磁体高及槽高对电枢反应磁场(平均磁密)的影响

取电枢理想最大磁密为基准值，即令

$$B_{(y1)\max}=\mathrm{j}\sqrt{\mu_x\mu_y}\cdot\frac{J_{ms}}{\gamma h_s} \tag{5-6}$$

电枢槽高区电枢反应平均磁密为

$$B_{(y1)\mathrm{avs}}=\mathrm{j}\sqrt{\mu_x\mu_y}\frac{J_{ms}}{\gamma h_s}\left(1-\frac{\mathrm{sh}\gamma h_s}{\gamma h_s T'}\right) \tag{5-7}$$

$$\frac{B_{(y1)\mathrm{avs}}}{B_{(y1)\max}}=1-\frac{\mathrm{sh}\gamma_{-}\frac{h_s}{\tau}}{\gamma_{-}\frac{h_s}{\tau}T'} \tag{5-8}$$

式中

$$T'=\mathrm{ch}\gamma_{-}\frac{h_s}{\tau}+\frac{\mu_0}{\sqrt{\mu_x\mu_y}}\mathrm{cth}\left[\pi\left(\frac{h_m}{\tau}+\frac{\delta}{\tau}\right)\right]\cdot\mathrm{sh}\gamma_{-}\frac{h_s}{\tau}$$

永磁体高及槽高对电枢反应平均磁密的关系曲线如图 5.3 所示。从图中可以看出，当永磁体高在某个范围时，随永磁体高度增大，电枢反应平均磁密迅速减小，超过这个高度范围，随高度增大，电枢反应平均磁密基本保持稳定。该高度范围可称为永磁体高度对电枢反应磁密的“灵敏区”。由于电枢反应磁密对应于电机的一个重要参数——电枢反应电抗，因此，在灵敏区内选择永磁体高度会对电机性能产生较大的影响。

从图 5.3 中还可以看出，当电枢槽高较大时有较大的电枢反应磁密，这意味着电枢反应的磁场对空载磁场的影响较大。

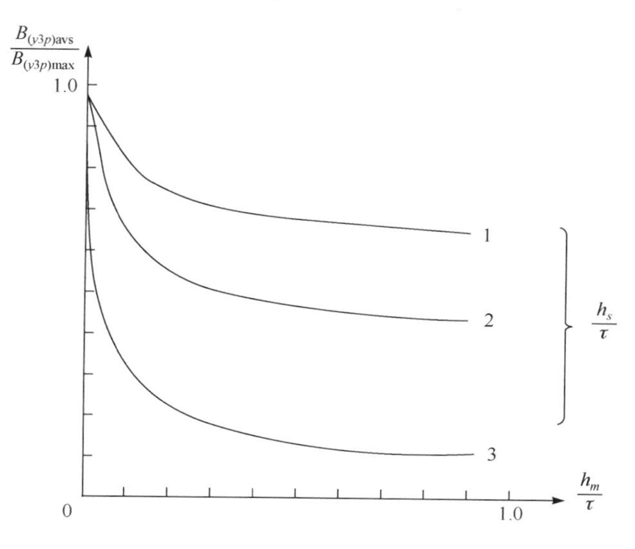

图 5.3　电枢反应平均磁密对永磁体高度和槽高的变化曲线

$1—\frac{h_s}{\tau}=1$；$2—\frac{h_s}{\tau}=0.58$；$3—\frac{h_s}{\tau}=0.1$

图 5.3 中假定：$\mu_r=6000,\frac{b_s}{t}=\frac{5}{8},\frac{\delta}{\tau}=0$。经计算可以得出$\frac{\mu_0}{\sqrt{\mu_x\mu_y}}=\frac{1}{60}$。

5.1.4　电枢槽高、永磁体高度及气隙对电机电枢电抗及槽漏电抗的影响

为了简化分析，作下述假定：

(1) 取$\frac{2}{\pi}\omega m(N_wK_w)^2\mu_0\frac{b_E}{p}$作为电抗基准值；

(2) 设 $h_s=h_w$；

(3) 各电抗相对值为其实际值符号右上角标“ * ”表示。则

$$X_s'^*=K_3=\frac{\sqrt{\mu_x\mu_y}}{\mu_0}\cdot\frac{1}{\gamma_-\frac{h_s}{\tau}}\left(1-\frac{\text{sh}\gamma_-\frac{h_s}{\tau}}{\gamma_-\frac{h_s}{\tau}T'}\right) \tag{5-9}$$

$$X_s^*=K_4=\frac{1}{\pi\frac{h_m}{\tau}}\cdot\frac{\text{sh}\gamma_-\frac{h_s}{\tau}}{\gamma_-\frac{h_s}{\tau}T'}\cdot\frac{\text{sh}\pi\frac{h_m}{\tau}}{\text{sh}\left[\pi\left(\frac{h_m}{\tau}+\frac{\delta}{\tau}\right)\right]} \tag{5-10}$$

$$X_{l1}^*=X_s'^*-X_s^*=K_3-K_4 \tag{5-11}$$

图 5.4 是在$\frac{h_m}{\tau}=\frac{8}{24}=\frac{1}{3}$，$\frac{\delta}{\tau}=0.3$，$\frac{b_s}{t}=\frac{5}{8}$的情况下绘出的，该三项数据来自试验模型，同时还假定 $\mu_r=6000$。

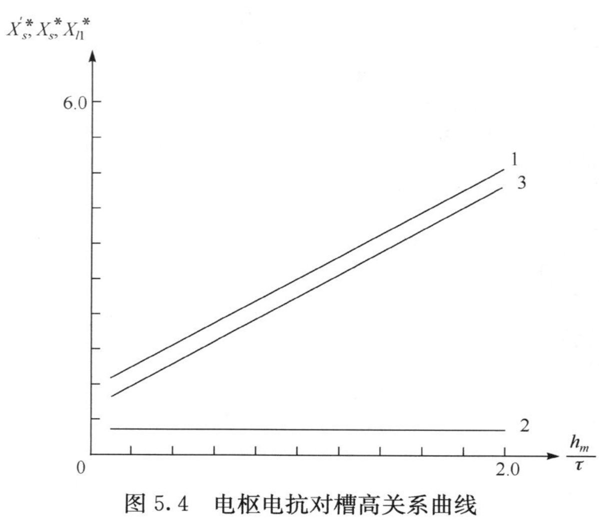

图 5.4　电枢电抗对槽高关系曲线

1—$X_s'^*$；2—X_{l1}^*；3—X_s^*

图 5.5 中假定 $\mu_r=6000$，$\frac{b_s}{t}=\frac{5}{8}$，$\frac{\delta}{\tau}=0.3$，$\frac{h_s}{\tau}=\frac{14}{24}$。

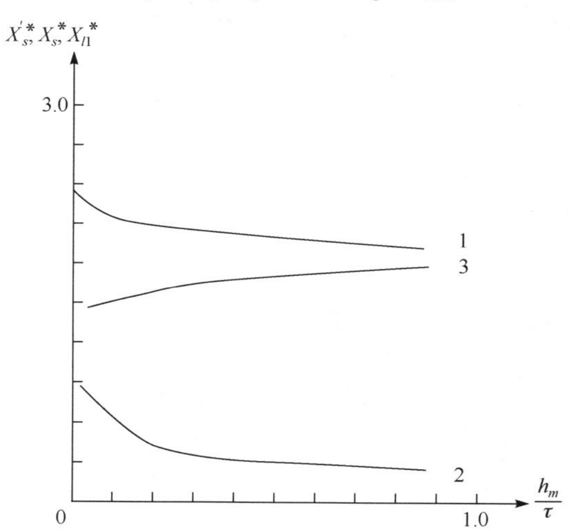

图 5.5　电枢电抗对永磁体高关系曲线

1—$X_s'^*$；2—X_{l1}^*；3—X_s^*

图 5.6 中假定 $\mu_r=6000$，$\frac{b_s}{t}=\frac{5}{8}$，$\frac{h_m}{\tau}=\frac{8}{24}$，$\frac{h_s}{\tau}=\frac{14}{24}$。

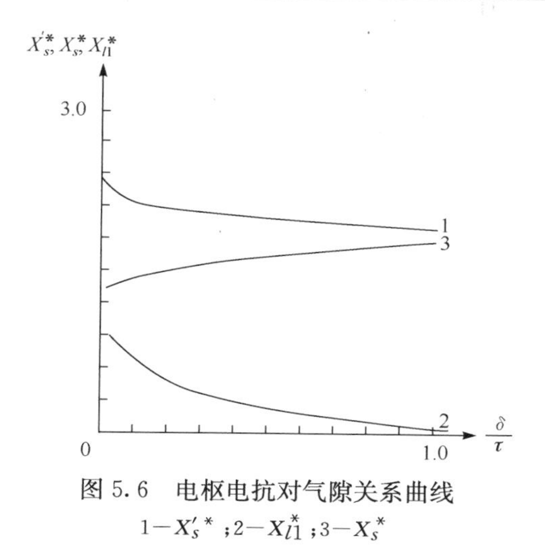

图 5.6　电枢电抗对气隙关系曲线

1—$X_s'^*$；2—X_{l1}^*；3—X_s^*

5.1.5　电枢槽高、永磁体高对端漏电抗 Z 分量的影响

假定条件同 5.1.4 节，另外假定 $\beta=1$（即绕组为整节距）。

$$X_{ez}=\frac{4c_s c'}{b_E\pi}=c_0 c' \tag{5-12}$$

式中

$$c_0=\frac{4c_s}{b_E\pi}$$

$$c'=\frac{1}{\pi\dfrac{h_s}{\tau}}\left(1-\frac{\mathrm{sh}\pi\dfrac{h_s}{\tau}}{\pi\dfrac{h_s}{\tau}T_0'}\right)$$

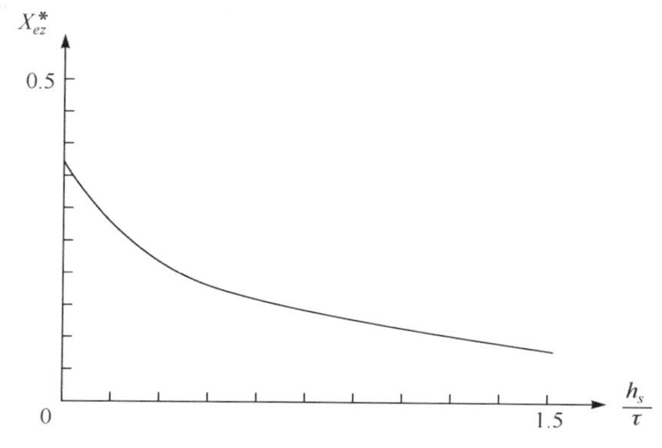

图 5.7　端漏电抗 Z 方向分量与槽高关系曲线$\left(\frac{\delta}{\tau}=0.3\right)$

$$T_0'=\text{ch}\pi\frac{h_s}{\tau}+\text{sh}\pi\frac{h_s}{\tau}\cdot\text{cth}\left[\pi\left(\frac{h_m}{\tau}+\frac{\delta}{\tau}\right)\right]$$

则端漏电抗 Z 方向分量与槽高关系曲线及端漏电抗 Z 方向分量与永磁体高关系曲线分别如图 5.7、图 5.8 所示。

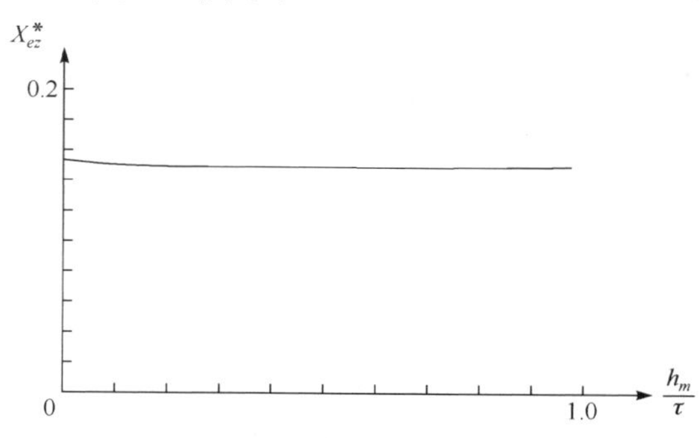

图 5.8　端漏电抗 Z 方向分量与永磁体高关系曲线$\left(\frac{\delta}{\tau}=0.3\right)$

5.1.6　电枢槽高、永磁体宽对端漏电抗 X 分量的影响

假定条件同 5.1.5 节，并设 $\alpha_{zx}=100°$。

$$X_{ex}^*=\frac{\tau}{2\pi^2 b_E}\left(\frac{1}{4}+\ln\frac{2(b_E+2c_{s1})}{h_s}\right)=\frac{1}{2\pi^2\frac{b_E}{\tau}}\left(\frac{1}{4}+\ln\frac{2\left(\frac{b_E}{\tau}+\frac{1.34c_{s1}}{\tau}\right)}{\frac{h_s}{\tau}}\right)$$

$$=\frac{1}{2\pi^2\frac{b_E}{\tau}}\left(\frac{1}{4}+\ln\frac{2\left(\frac{b_E}{\tau}+0.56\right)}{\frac{h_s}{\tau}}\right)\tag{5-13}$$

端漏抗 X 方向分量与槽高关系曲线及端漏抗 X 方向分量与永磁体宽关系曲线分别如图 5.9、图 5.10 所示。

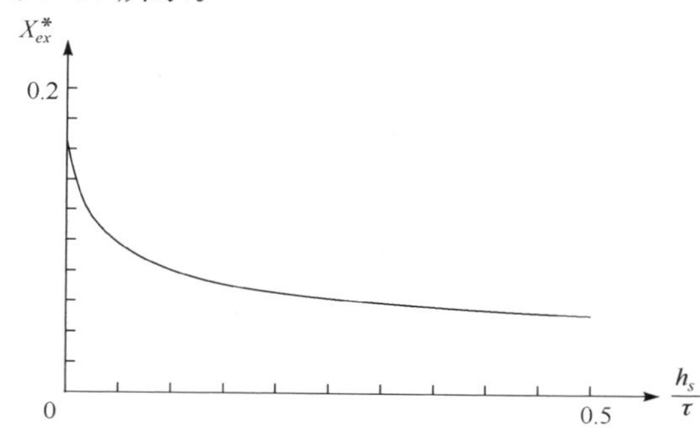

图 5.9　端漏抗 X 方向分量与槽高关系曲线$\left(\frac{b_E}{\tau}=\frac{80}{24}\text{，取之试验模型}\right)$

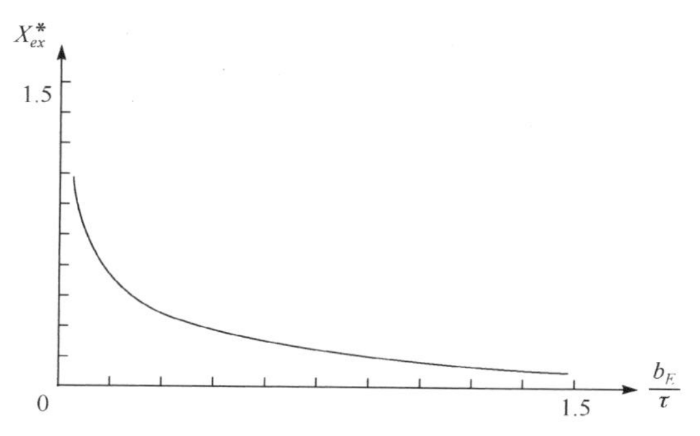

图 5.10　端漏抗 X 方向分量与永磁体宽关系曲线$\left(\frac{h_s}{\tau}=\frac{14}{24}\right)$

前面讨论没有论及电机结构参数对电磁参数的线性关系，这些线性关系从电磁参数表达式很容易看出，例如电枢反应电抗与 b_E 的正比关系，端漏电抗 Z 分量与 b_E 的反比关系等。

5.2　结构参数对性能的影响

5.2.1　永磁体高对励磁电势的影响

因为励磁电势 $E_0 \propto B_y$，所以

$$\frac{E_0}{E_{0\max}}=\frac{B_{(y3p)\mathrm{avs}}}{B_{(y1p)\max}}=\frac{\sqrt{\mu_x\mu_y}}{\mu_0}\cdot\frac{1}{\gamma_-\frac{h_s}{\tau}}\cdot\frac{\mathrm{sh}\left(\pi\frac{h_m}{\tau}\right)}{T''} \tag{5-14}$$

永磁体高与励磁电势的关系曲线如图 5.11 所示。

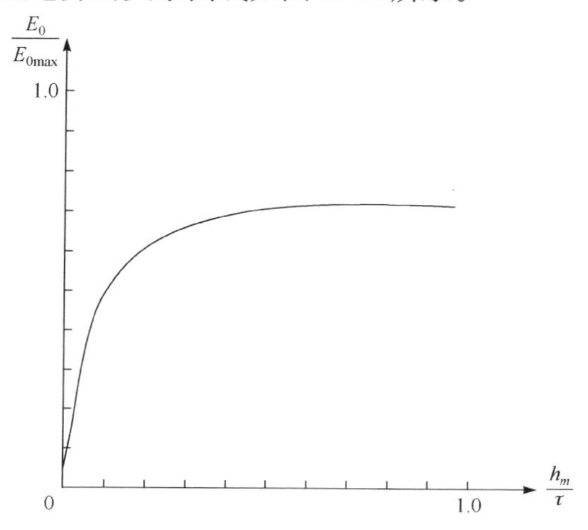

图 5.11　永磁体高与励磁电势的关系曲线$\left(\frac{\delta}{\tau}=0.3\right)$

5.2.2 槽高及槽宽、槽距比对励磁电势的影响

将式(5-14)μ_x 及 μ_y 的计算公式代入并稍加整理即可得到

$$\frac{E_0}{E_{0\max}}=\frac{1}{\gamma_-\dfrac{h_s}{\tau}}\cdot\frac{\mathrm{sh}\left(\pi\dfrac{h_m}{\tau}\right)}{T''}\left\{\frac{\mu_r\left[\dfrac{b_s}{t}+\mu_r\left(1-\dfrac{b_s}{t}\right)\right]}{1+\dfrac{b_s}{t}(\mu_r-1)}\right\}^{\frac{1}{2}}=c_{01}\cdot\frac{1}{\gamma_-\dfrac{h_s}{\tau}}\cdot\frac{\mathrm{sh}\left(\pi\dfrac{h_m}{\tau}\right)}{T''} \tag{5-15}$$

式中

$$T''=\mathrm{ch}\left[\pi\left(\frac{h_m}{\tau}+\frac{\delta}{\tau}\right)\right]+c_{01}\,\mathrm{sh}\left[\pi\left(\frac{h_m}{\tau}+\frac{\delta}{\tau}\right)\right]\cdot\mathrm{cth}\gamma_-\frac{h_s}{\tau}$$

$$c_{01}=\left\{\frac{\mu_r\left[\dfrac{b_s}{t}+\mu_r\left(1-\dfrac{b_s}{t}\right)\right]}{1+\dfrac{b_s}{t}(\mu_r-1)}\right\}^{\frac{1}{2}}$$

从图5.12看出浅槽$\left(\dfrac{h_s}{\tau}<1\right)$比深槽 E_0 较高，但$\dfrac{b_s}{t}$对 E_0 影响很小，而深槽$\left(\dfrac{h_s}{\tau}>5\right)E_0$ 较低，但$\dfrac{b_s}{t}$对 E_0 有较大影响。可以认为，无论深槽或浅槽，$\dfrac{b_s}{t}$选择为0.5左右时比较合适。

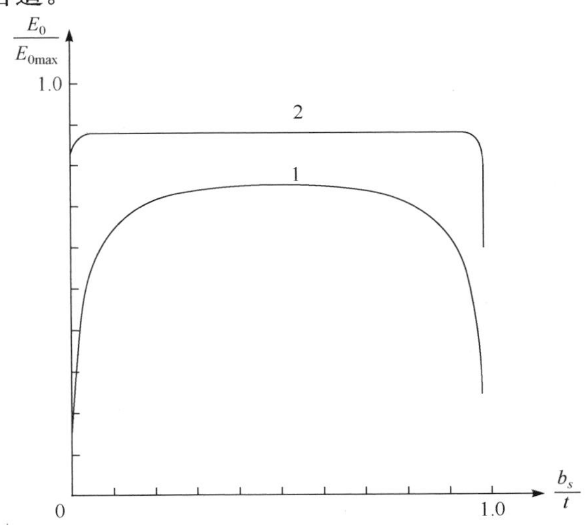

图5.12　槽高及槽宽槽距比对励磁电势的影响关系曲线$\left(\dfrac{h_m}{\tau}=\dfrac{8}{24};\dfrac{\delta}{\tau}=0.1;\mu_r=6000\right)$

$1—\dfrac{h_s}{\tau}=5;2—\dfrac{h_s}{\tau}=\dfrac{14}{24}$

5.2.3　永磁体高、槽高、槽宽槽距比及气隙对电负荷及电磁推力的影响

令 A_m 表示理想最大电负荷，由式(4-44)可以看出，当 $\frac{b_s}{t}=1$ 时的电负荷就是理想最大电负荷，因此，电负荷与理想最大电负荷之比就是槽宽槽距比，即

$$\frac{A_s}{A_m}=\frac{b_s}{t} \tag{5-16}$$

由式(4-45)可以推出

$$\frac{A_s}{A_m}=\frac{I_s}{I_{sm}} \tag{5-17}$$

式中，I_{sm} 称为理想最大电枢电流。

假定 I_s 与 E_0 之间的夹角 ψ_0 和 I_{sm} 与 $E_{0\max}$ 之间的夹角 ψ_0' 相等，则

$$\begin{aligned}\frac{P_m}{P_{m\max}}&=\frac{E_0 I_s}{E_{0\max} I_{sm}}=\frac{E_0 A_s}{E_{0\max} A_{sm}}\\&=C_{01}\cdot\frac{1}{\gamma_{-}\frac{h_s}{\tau}}\cdot\frac{\mathrm{sh}\left(\pi\frac{h_m}{\tau}\right)}{T''}\cdot\frac{b_s}{t}\end{aligned} \tag{5-18}$$

由式(4-48)可以推出

$$\frac{F_x}{F_{x\max}}=\frac{P_m}{P_{m\max}} \tag{5-19}$$

电负荷及推力与槽宽槽距比的关系曲线如图 5.13 所示。

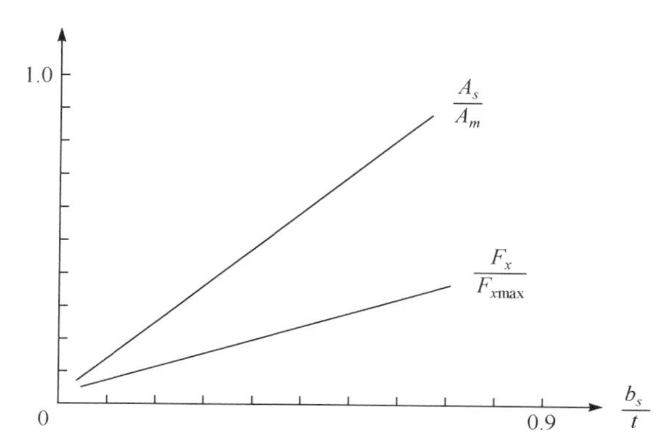

图 5.13　电负荷及推力与槽宽槽距比的关系曲线$\left(\frac{b_s}{t}=\frac{5}{8};\frac{h_m}{\tau}=\frac{8}{24};\frac{\delta}{\tau}=0.3\right)$

推力与槽高关系曲线如图 5.14 所示。

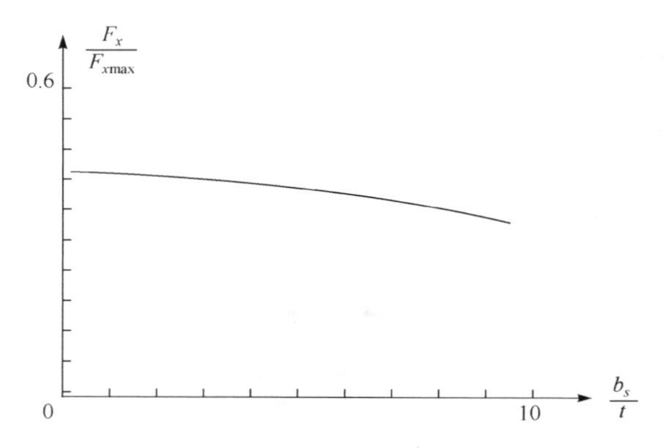

图 5.14　推力与槽高关系曲线$\left(\frac{h_s}{\tau}=\frac{14}{24};\frac{h_m}{\tau}=\frac{8}{24};\frac{\delta}{\tau}=0.3\right)$

推力与永磁体高关系曲线如图 5.15 所示。

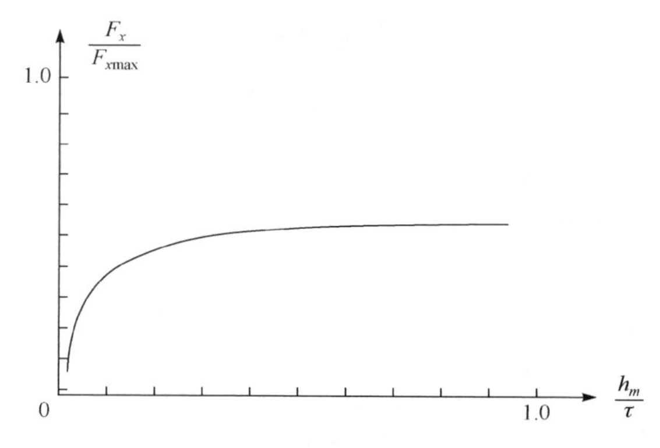

图 5.15　推力与永磁体高关系曲线$\left(\frac{h_s}{\tau}=\frac{14}{24};\frac{b_s}{t}=\frac{5}{8};\frac{\delta}{\tau}=0.3\right)$

推力与气隙关系曲线如图 5.16 所示。

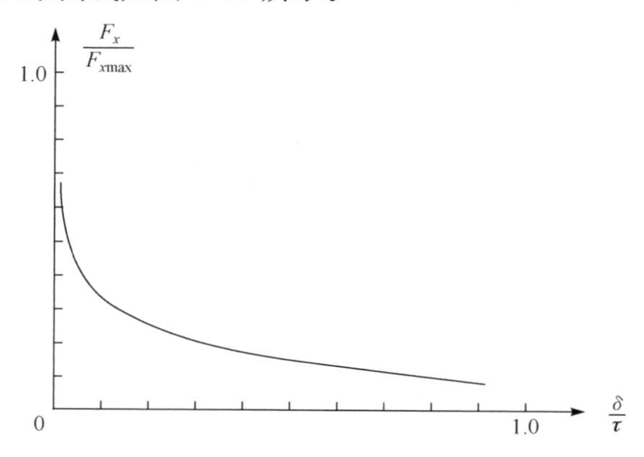

图 5.16　推力与气隙关系曲线$\left(\frac{h_s}{\tau}=\frac{14}{24};\frac{h_m}{\tau}=\frac{8}{24};\frac{b_s}{t}=\frac{5}{8}\right)$

第 6 章　永磁直线凸极同步电动机分析

6.1　磁极区等效磁导率

在第 3 章图 3.1 中令 5 表示永磁体，令 6 表示凸铁，则图 3.1 就是永磁直线凸极同步电动机的物理模型，注意永磁体高度在纵向上，如图 6.1 所示。设凸铁的磁导率 $\mu=\mu_0\mu_{rp}$，$\alpha_p=\dfrac{L_p}{\tau}=\alpha$（$L_p$ 为凸铁极靴纵向长度），凸铁高度为 h_p，横向宽度为 b_p。和电枢齿槽区处理方法一样，用一均匀线性区代替实际的磁极区，则利用已建立的永磁直线同步电动机统一分析模型，分析计算永磁直线凸极同步电动机的方法与隐极机完全统一。

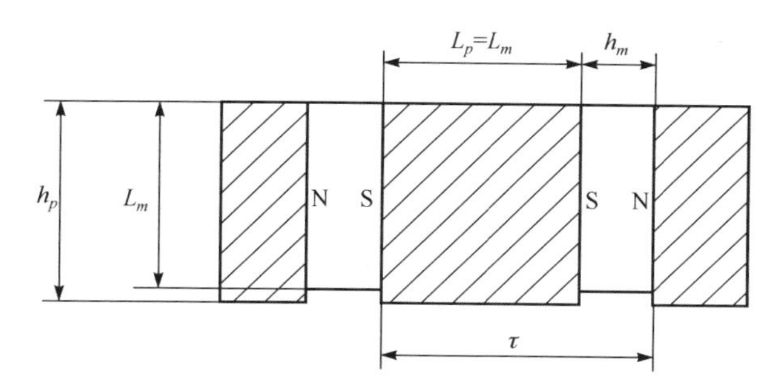

图 6.1　永磁直线凸极同步电动机磁极区物理模型

凸极机磁极区化成均匀线性区后 x 方向磁导率 μ_{xp} 和 y 方向磁导率 μ_{yp} 的表达式如下：

$$\mu_{xp}=\mu_0\frac{\mu_{rp}}{1+\left(1-\dfrac{\alpha_p}{1+\dfrac{\delta}{h_p}}\right)(\mu_{rp}-1)} \tag{6-1}$$

$$\mu_{yp}=\mu_0\left[1-\frac{\alpha_p}{1+\dfrac{\delta}{h_p}}(1-\mu_{rp})\right] \tag{6-2}$$

6.2 电枢、励磁磁势作用下各区磁密表达式

6.2.1 电枢磁势单独作用时各区磁密表达式

参照统一模型(图 3.5),永磁直线凸极同步电动机四层模型与其对应的符号关系如下:

$$a_1=h_w;\quad a=h_s;\quad b=h_p+\delta;\quad \mu_{x\mathrm{I}}=\mu_x;\quad \mu_{y\mathrm{I}}=\mu_y;$$

$$\gamma_{\mathrm{I}}=\frac{\pi}{\tau}\sqrt{\frac{\mu_x}{\mu_y}}=\gamma;\quad \mu_{x\mathrm{II}}=\mu_{xp};\quad \mu_{y\mathrm{II}}=\mu_{yp};\quad \gamma_{\mathrm{II}}=\frac{\pi}{\tau}\sqrt{\frac{\mu_{xp}}{\mu_{yp}}}=\gamma_p;$$

$$\mu=\frac{\mu_{y\mathrm{I}}\gamma_{\mathrm{I}}}{\mu_{y\mathrm{II}}\gamma_{\mathrm{II}}}=\frac{\mu_y\gamma}{\mu_{yp}\gamma_p}=\frac{\sqrt{\mu_x\mu_y}}{\sqrt{\mu_{xp}\mu_{yp}}};\quad J_m=J_{ms}$$

互相代换上述符号,即可得出电枢磁场单独存在时的各区磁密表达式。

(1) 区:$0<y<h_w$

$$B_{p(y1)}=\mathrm{j}\sqrt{\mu_x\mu_y}\frac{J_{ms}}{\gamma h_w}\left\{1-\frac{\mathrm{ch}\gamma y}{T_p}\left[\mathrm{ch}\gamma(h_s-h_w)+\frac{\sqrt{\mu_{xp}\mu_{yp}}}{\sqrt{\mu_x\mu_y}}\mathrm{sh}\gamma(h_s-h_w)\cdot\mathrm{cth}\gamma_p(h_p+\delta)\right]\right\}\tag{6-3}$$

(2) 区:$h_w<y<h_s$

$$B_{p(y2)}=\mathrm{j}\sqrt{\mu_x\mu_y}\frac{J_{ms}\cdot\mathrm{sh}\gamma h_w}{T_p\gamma h_w}\left[\mathrm{sh}\gamma(h_s-y)+\frac{\sqrt{\mu_{xp}\mu_{yp}}}{\sqrt{\mu_x\mu_y}}\mathrm{ch}\gamma(h_s-y)\cdot\mathrm{cth}\gamma_p(h_p+\delta)\right]\tag{6-4}$$

(3) 区:$h_s<y<h_s+\delta+h_p$

$$B_{p(y3)}=\mathrm{j}\sqrt{\mu_{xp}\mu_{yp}}\frac{J_{ms}\cdot\mathrm{sh}\gamma h_w}{T_p\gamma h_w}\cdot\frac{\mathrm{ch}\gamma_p(h_s+h_p+\delta-y)}{\mathrm{sh}\gamma_p(h_p+\delta)}\tag{6-5}$$

式中

$$T_p=\mathrm{ch}\gamma h_s+\frac{\sqrt{\mu_{xp}\mu_{yp}}}{\sqrt{\mu_x\mu_y}}\mathrm{sh}\gamma h_s\cdot\mathrm{cth}\gamma_p(h_p+\delta)\tag{6-6}$$

6.2.2 励磁磁势单独作用时各区磁密表达式

励磁磁势单独作用时,凸极机四层线性模型与统一模型对应符号关系是

$$a=h_p+\delta;\quad a_1=h_p;\quad b=h_s;\quad \mu_{x\mathrm{I}}=\mu_{xp};\quad \mu_{y\mathrm{I}}=\mu_{yp};$$

$$\gamma_{\mathrm{I}}=\gamma_p;\quad \gamma_{\mathrm{II}}=\gamma;\quad \mu=\frac{\sqrt{\mu_{xp}\mu_{yp}}}{\sqrt{\mu_x\mu_y}};\quad J_m=J_{mp}$$

因此

(1) 区：$0<y<h_p$

$$B_{p(y1p)}=\mathrm{j}\sqrt{\mu_{xp}\mu_{yp}}\frac{J_{mp}}{\gamma_p h_p}\left\{1-\frac{\mathrm{ch}\gamma_p y}{T_p}\left[\mathrm{ch}\gamma_p\delta+\frac{\sqrt{\mu_x\mu_y}}{\sqrt{\mu_{xp}\mu_{yp}}}\mathrm{sh}\gamma_p\delta\cdot\mathrm{cth}\gamma h_s\right]\right\} \quad (6\text{-}7)$$

(2) 区：$h_p<y<h_p+\delta$

$$B_{p(y2p)}=\mathrm{j}\sqrt{\mu_{xp}\mu_{yp}}\frac{J_{mp}\mathrm{sh}\gamma_p h_p}{T_p\gamma_p h_p}\left[\mathrm{sh}\gamma_p(h_p+\delta-y)+\frac{\sqrt{\mu_x\mu_y}}{\sqrt{\mu_{xp}\mu_{yp}}}\mathrm{ch}\gamma_p(h_p+\delta-y)\cdot\mathrm{cth}\gamma h_s\right] \quad (6\text{-}8)$$

(3) 区：$h_p+\delta<y<h_p+\delta+h_s$

$$B_{p(y3p)}=\mathrm{j}\sqrt{\mu_x\mu_y}\frac{J_{mp}\mathrm{sh}\gamma_p h_p}{T'_p\gamma_p h_p}\cdot\frac{\mathrm{ch}\gamma(h_s+h_p+\delta-y)}{\mathrm{sh}\gamma h_s} \quad (6\text{-}9)$$

式中

$$T'_p=\mathrm{ch}\gamma_p(h_p+\delta)+\frac{\sqrt{\mu_x\mu_y}}{\sqrt{\mu_{xp}\mu_{yp}}}\mathrm{sh}\gamma_p(h_p+\delta)\cdot\mathrm{cth}\gamma h_s \quad (6\text{-}10)$$

6.3　永磁直线凸极同步电动机等效电路参数

由于采用四层线性模型和统一分析模型，永磁直线凸极同步电动机的等效电路和向量图与隐极机有完全相同的形式，电机结构不同所导致的仅仅是电磁参数不同而已。

6.3.1　励磁电势 E_{0p}

$$E_{0p}=\frac{\omega}{\sqrt{2}}(N_wK_w)\tau b_p\frac{2}{\pi}B_{p(y3p)\mathrm{av}} \quad (6\text{-}11)$$

$B_{p(y3p)\mathrm{av}}$为永磁体励磁磁势在槽区绕组高度范围内产生的平均磁密。

$$B_{p(y3p)\mathrm{av}}=\frac{1}{h_w}\int_{(h_p+\delta+h_s-h_w)}^{(h_p+\delta+h_s)}B_{p(y3p)}\mathrm{d}y=\frac{\sqrt{\mu_x\mu_y}J_{mp}\mathrm{sh}\gamma_p h_p\mathrm{sh}\gamma_p h_w}{T_p\mathrm{sh}\gamma h_s\cdot\gamma_p h_p\cdot\gamma h_w} \quad (6\text{-}12)$$

$$E_{0p}=\sqrt{2}\omega\mu_0(N_WK_W)b_pF_pK_{1p}K_{2p} \quad (6\text{-}13)$$

式中

$$K_{1p}=\frac{4}{\pi}\sin\frac{\pi\alpha_p}{2}$$

$$K_{2p}=\frac{\sqrt{\mu_x\mu_y}}{\mu_0}\frac{\mathrm{sh}\gamma_p h_p\cdot\mathrm{sh}\gamma h_w}{T'_p\mathrm{sh}\gamma h_s\cdot\gamma_p h_p\cdot\gamma h_w}$$

6.3.2 电枢反应电抗 X_{sp}

永磁直线凸极同步电动机电枢反应电抗的物理意义和分析计算方法与隐极机相同。

令电枢反应磁通为 ϕ_{sp}，则

$$\begin{aligned}\phi_{sp}&=b_p\tau\frac{2}{\pi}\frac{1}{h_p}\int_{(h_s+\delta)}^{(h_s+\delta+h_p)}B_{p(y3)}\mathrm{d}y\\&=b_p\tau\frac{2}{\pi}\frac{\sqrt{\mu_{xp}\mu_{yp}}}{\gamma_p h_p}\frac{J_{ms}\mathrm{sh}\gamma h_w}{T_p\gamma h_w}\frac{\mathrm{sh}\gamma_p h_p}{\mathrm{sh}\gamma_p(h_p+\delta)}\end{aligned}\tag{6-14}$$

$$E_{sp}=\frac{\omega}{\sqrt{2}}(N_wK_w)\phi_{sp}=\frac{2}{\pi}\omega m\,(N_wK_w)^2\frac{b_p}{p}\mu_0K_{4p}I_s\tag{6-15}$$

式中

$$K_{4p}=\frac{\sqrt{\mu_{xp}\mu_{yp}}}{\mu_0}\frac{1}{\gamma_p h_p}\frac{\mathrm{sh}\gamma h_w}{T_p\gamma h_w}\frac{\mathrm{sh}\gamma_p h_p}{\mathrm{sh}\gamma_p(h_p+\delta)}$$

$$X_{sp}=\frac{E_{sp}}{I_S}=\frac{2}{\pi}\frac{m}{p}\omega\mu_0\,(N_wK_w)^2b_pK_{4p}\tag{6-16}$$

6.3.3 槽漏电抗 x_{L1p}

槽漏电抗 x_{L1p} 的计算公式可以仿照隐极机的方法导出。

$$\begin{aligned}B_{p(y1)\mathrm{av}}&=\frac{1}{h_w}\int_0^{h_w}B_{p(y1)}\mathrm{d}y\\&=\sqrt{\mu_x\mu_y}\frac{J_{ms}}{\gamma h_w}\left\{1-\frac{\mathrm{sh}\gamma h_w}{T_p\gamma h_w}\left[\mathrm{ch}\gamma(h_s-h_w)\right.\right.\\&\quad\left.\left.+\frac{\sqrt{\mu_{xp}\mu_{yp}}}{\sqrt{\mu_x\mu_y}}\mathrm{sh}\gamma(h_s-h_w)\cdot\mathrm{cth}\gamma_p(h_p+\delta)\right]\right\}\end{aligned}\tag{6-17}$$

$$E_{sp}=\frac{\omega}{\sqrt{2}}(N_wK_w)\tau b_p\frac{2}{\pi}B_{p(y1)\mathrm{av}}=\frac{2}{\pi}\omega m\,(N_wK_w)^2\mu_0\frac{b_p}{p}K_{3p}I_s\tag{6-18}$$

式中

$$\begin{aligned}K_{3p}=\frac{\sqrt{\mu_x\mu_y}}{\mu_0}\frac{1}{\gamma h_w}&\left\{1-\frac{\mathrm{sh}\gamma h_w}{T_p\gamma h_w}\left[\mathrm{ch}\gamma(h_s-h_w)\right.\right.\\&\left.\left.+\frac{\sqrt{\mu_{xp}\mu_{yp}}}{\sqrt{\mu_x\mu_y}}\mathrm{sh}\gamma(h_s-h_w)\cdot\mathrm{cth}\gamma_p(h_p+\delta)\right]\right\}\end{aligned}$$

$$X'_{sp}=\frac{E'_{sp}}{I_s}=\frac{2}{\pi}\frac{m}{p}\omega\mu_0\ (N_wK_w)^2b_pK_{3p} \tag{6-19}$$

最后得到

$$X_{l1p}=X'_{sp}-X_{sp}=\frac{2}{\pi}\frac{m}{p}\omega\mu_0\ (N_wK_w)^2b_p(k_{3p}-k_{4p}) \tag{6-20}$$

6.3.4　端部电抗

凸极机端部电抗与隐极机计算方法没有区别，将隐极机端部电抗表达式(4-40)中 b_E 用 b_p 替代，即可得到 x 方向分量。

$$X_{exp}=\frac{2}{\pi}\frac{m}{p}\omega\mu_0\ (N_wK_w)^2\ \frac{\tau}{2\pi^2}\left[\frac{1}{4}+\ln\frac{2(b_p+2c_{s1})}{h_w}\right] \tag{6-21}$$

凸极机端部电抗 z 方向分量可将式(4-29)中 h_m 换成 h_p 后直接写出。

$$X_{ezp}=\frac{2}{\pi}\frac{m}{p}\omega\mu_0\ (N_wK_w)^2\ \frac{4c'_pc_s}{\beta\pi}\frac{1-\cos\dfrac{\beta\pi}{2}}{\sin\dfrac{\beta\pi}{2}} \tag{6-22}$$

式中

$$c'_p=\frac{1}{\gamma_0h_w}\left\{1-\frac{\text{sh}\gamma_0h_w}{T'_{0p}\gamma_0h_w}\left[\text{ch}\gamma_0(h_s-h_w)+\text{sh}\gamma_0(h_s-h_w)\cdot\text{cth}\gamma_0(h_p+\delta)\right]\right\}$$

$$T'_{0p}=\text{ch}\gamma_0h_s+\text{sh}\gamma_0h_s\cdot\text{cth}\gamma_0(h_p+\delta)$$

同隐极机一样凸极机每相电枢总漏抗为槽漏抗与端漏抗之和。

$$X_{lp}=X_{l1p}+X_{exp}+X_{ezp} \tag{6-23}$$

图 6.2 和图 6.3 是永磁直线凸极同步电动机的等效电路和向量图，形式完全同隐极电动机。

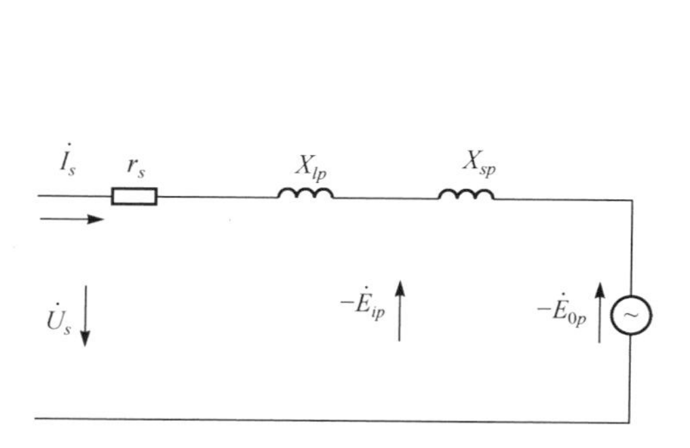

图 6.2　永磁直线凸极同步电动机等值电路

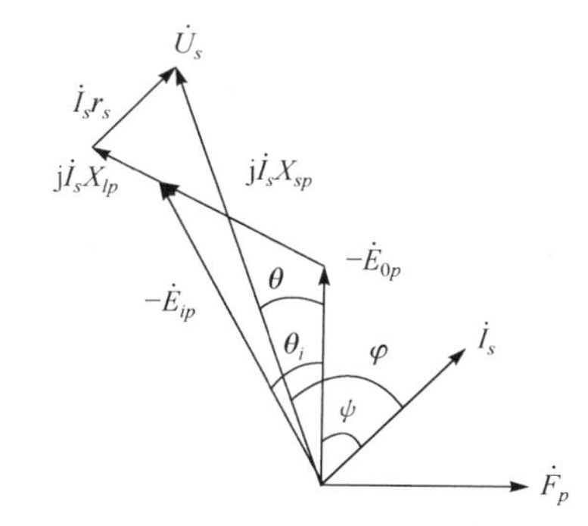

图 6.3　永磁直线凸极同步电动机向量图

凸极机的电压平衡方程式为

$$\dot{U}_s=-\dot{E}_{0p}+\dot{I}_s r_s+\mathrm{j}\,\dot{I}_s X_{lp}+\mathrm{j}\,\dot{I}_s X_{sp} \tag{6-24}$$

6.4　磁路饱和的影响

永磁直线凸极同步电动机有时需要考虑磁路饱和的影响。

根据电机铁磁材料的导磁特性(磁化曲线)，容易得到电机的理想空载特性，即 $E_0=f(F_p)$，式中 F_p 为励磁磁势。

不考虑饱和时，本质上是把实际的非线性空载特性线性化，等效电路参数是在这一基础上导出。在这种情况下，电枢绕组中的感应电势任何时候都与励磁磁势成正比关系。用 K_f 表示每单位磁势产生的电势，即 $K_f=E/F$，则 K_f 为一常数。

磁路饱和时，饱和程度不同，每单位磁势产生的电势亦不同，用 K_{fs} 表示每单位磁势产生的电势，即 $K_{fs}=E'/F$，则 K_{fs} 为一变数。但对任一确定的饱和点，K_{fs} 有一确定的值。设对应于某一运行状态，饱和点为空载特性曲线上的 A 点(图 6.4)，将该点与原点连接并延长，所得直线就是该饱和度下的线性化空载特性。经过这样的线性化之后，每单位磁势在此直线上对应的电势就成了常数，即 K_{fs} 变成了常数。

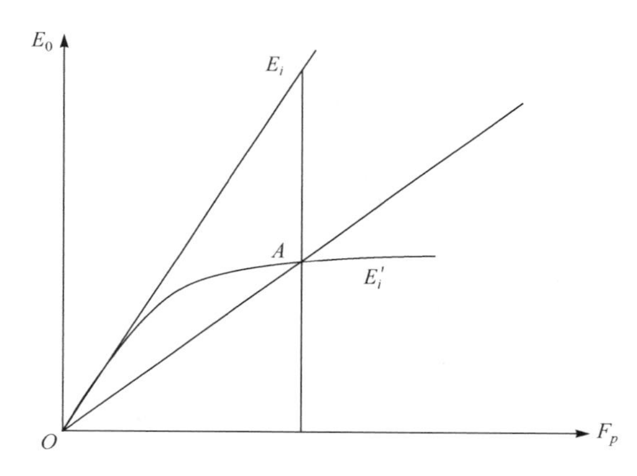

图 6.4　电机理想空载特性

把某一饱和程度作为电枢饱和程度的依据，而将空载特性线性化后，问题的分析方法就与以气隙线为基础的分析方法没有什么不同了。

假定空载特性上 A 点的电势 E_i'，产生它的磁势为 F_i，由图 6.4 可以看出，不考虑饱和时，该磁势对应的电势是气隙线上的 E_i。很明显，由于饱和，每单位磁势产生的电势减少，其比值 $\dfrac{E_i'}{E_i'}=\dfrac{K_{fs}}{K_f}$，$F_i$ 可认为是励磁磁势 F_p 和电枢反应磁势 F_s

的合成磁势，它们和各自对应的感应电势有线性关系，即

$$\left.\begin{aligned}E_i&=K_{fs}F_i\\E_0&=K_{fs}F_p\\E_s&=K_{fs}F_s\end{aligned}\right\}\tag{6-25}$$

此处，E_i'、E_0'和E_s'都是线性化空载特性上的值。与不考虑饱和时一样，把E_s'写成电抗压降的形式，即

$$E_s'=I_sX_{sb}=K_{fs}F_s\tag{6-26}$$

式中，X_{sb}称为电枢反应电抗饱和值，它是对应于电机磁路某一饱和状态下的电枢反应电抗，其物理意义与电枢反应电抗不饱和值X_s类同。现在推导X_{sb}与X_s之间的关系。根据电枢反应电抗的定义

$$X_s=\frac{E_s}{I_s}=\frac{K_fF_s}{I_s}\tag{6-27}$$

$$X_{sb}=\frac{E_s'}{I_s}=\frac{K_{fs}F_s}{I_s}\tag{6-28}$$

比较两式得

$$X_{sb}=\frac{K_{fs}}{k_f}X_s=\frac{E_i'}{E_i}X_s\tag{6-29}$$

第 7 章　垂直运动永磁直线同步电动机运行特性分析

7.1　力角特性

推力 F_x 随负载角 θ 变化的关系曲线定义为力角特性 $F_x=f(\theta)$。根据式(4-67)有

$$F_x=\frac{mE_0U_s}{V_sX_T}\sin\theta$$

可知 $F_x=f(\theta)$是一正弦变化的曲线。当 $\theta=90°$电角时推力为最大推力

$$F_{x\max}=\frac{mE_0U_s}{V_sX_T} \tag{7-1}$$

$$\frac{F_x}{F_{x\max}}=\sin\theta \tag{7-2}$$

曲线如图 7.1 所示。

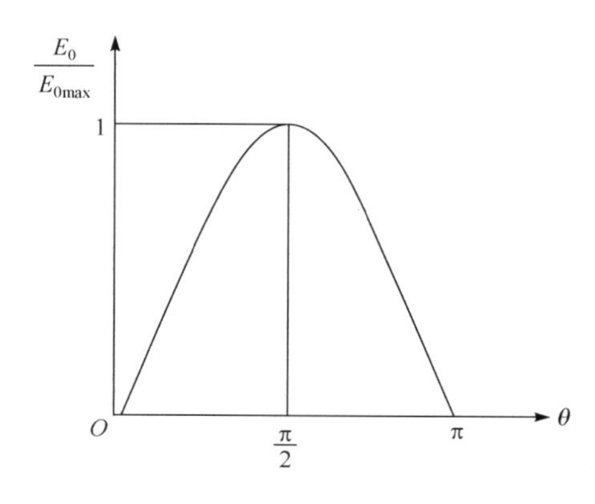

图 7.1　力角特性

7.2　电源电压和频率变化对最大电磁功率和推力的影响

由于永磁直线同步电动机的同步速度。电抗以及感应电势都正比于频率，因此频率变化将引起它们的相应变化。将这些与频率有关的量经过适当变换后，前面导出过的等效电路、功率和推力表达式可应用于任何频率下。然而，当频率明显

降低时,电枢电阻压降的作用会显著增大,导致由忽略电阻作用而推出的近似公式更加不准确。

设额定频率 f 时,电源电压、励磁电势、同步速度和同步电抗分别为 U_s,E_0,V_s,X_s,假定频率和电压被减少到 Kf 和 KU_s,则很明显 E_0 变为 KE_0,V_s 变为 KV_s 和 X_T 变为 KX_T。代入式(4-65)并令 $\theta=90°$ 电角,则可得出新条件下的最大电磁功率 $P'_{m\max}$:

$$P_{m\max}=\frac{mKE_0KU_s}{KX_T}\sin 90°$$

$$=\frac{mE_0U_s}{X_T}K=KP_{m\max} \tag{7-3}$$

新条件下的最大电磁推力为

$$F_{x\max}=\frac{mKE_0KU_s}{KV_sKX_T}=\frac{mE_0U_s}{V_sX_T}=F_{x\max} \tag{7-4}$$

结论 1　若电源频率和电压同时变化 K 倍,则最大电磁推力不变,但最大电磁功率变化到 K 倍。

若保持电源电压 U_s 不变,仅频率改变为 Kf,则最大电磁功率为

$$P_{m\max}=\frac{mKE_0U_s}{KX_T}=\frac{mE_0U_s}{X_T}=P_{m\max} \tag{7-5}$$

最大电磁推力为

$$F_{x\max}=\frac{mKE_0U_s}{KV_sKX_T}=\frac{1}{K}\cdot F_{x\max} \tag{7-6}$$

结论 2　若电源电压不变,电源频率变化 K 倍,则最大电磁功率不变,最大电磁推力变化到 $\frac{1}{K}$ 倍。

上面的论证仍然是忽略了电枢电阻的作用。在频率降低较多时,电阻在等效电路中的作用显著增大,直接影响电路电流的计算,因此不能忽略。

重新写出式(4-63)

$$P_m=\frac{mE_0}{Z^2}(X_TU_s\sin\theta+r_sU_s\cos\theta-E_0r_s) \tag{7-7}$$

假定电源电压不变,频率变为 Kf, 不难得出电磁推力表达式

$$F_x=\frac{mE_0}{V_sZ'^2}(KX_TU_s\sin\theta+r_sU_s\cos\theta-KE_0r_s) \tag{7-8}$$

式中

$$Z'=\sqrt{r_s^2+K^2X_T^2}$$

最大电磁推力对应的负载角可用下式求得

$$\frac{\mathrm{d}F_x}{\mathrm{d}\theta}=0 \tag{7-9}$$

由式(7-8)得到

$$\tan\theta=\frac{KX_T}{r_s} \tag{7-10}$$

由式(7-9)可以推出

$$\sin\theta=\frac{KX_T}{Zn} \tag{7-11}$$

$$\cos\theta=\frac{r_s}{Z'} \tag{7-12}$$

将式(7-11)和式(7-12)代入式(7-6),即可得到任何频率下最大电磁推力表达式。

$$\begin{aligned}F_{x\max}&=\frac{mE_0}{V_sZ^2}(U_sZ-KE_0r_s)=\frac{mE_0}{V_s}\left(\frac{U_s}{Z}-\frac{KE_0r_s}{Z^2}\right)\\&=\frac{mE_0}{V_s}\left[\frac{U_s}{\sqrt{r_s^2+K^2X_T^2}}-\frac{KE_0r_s}{r_s^2+K^2X_T^2}\right]\end{aligned} \tag{7-13}$$

由式(7-10)可以看出:当频率很低时,对应最大推力的负载角接近零值。极限情况,频率为零即直流供电时,负载角为零。最大推力可由式(7-13)算出。

$$F_{x\max0}=\frac{mE_0}{V_s}\frac{U_{s0}}{r_s}=\frac{mE_0}{V_s}I_{s0} \tag{7-14}$$

当忽略电阻及电源电压也以 K 的倍率变化时,式(7-13)和式(7-4)有同样结果。

7.3　动力制动特性

定义制动力与产生该制动力的直流电流之间的关系曲线为动力制动特性,即 $F_{brk}=f(I_d)$ 。在这个定义下,式(7-14)就是永磁直线同步电动机的动力制动特性。将零频电流 I_{s0} 换用直流电流 I_d 表示,重写式(7-14)

$$F_{brk}=\frac{mE_0}{V_s}I_d \tag{7-15}$$

式(7-15)可用来计算给定永磁直线同步电动机任意制动电流下的制动力。取 I_d 值等于电枢每相额定电流值 I_e 时产生的制动力为制动力基值,则

$$F_{brke}=\frac{mE_0}{V_s}I_e \tag{7-16}$$

$$\frac{F_{brk}}{F_{brke}}=\frac{I_d}{I_e} \tag{7-17}$$

很明显，动力制动特性为一直线，如图 7.2 所示。

将式(7-15)适当变换后，它的物理意义会更加明显。把式(4-3)E_0 的表达式和 $V_s=2\pi f$ 代入式(7-15)并整理后得

$$F_{brk}=\sqrt{2}(N_wK_w)b_EB_{(y3p)\mathrm{av}}I_d \quad (7\text{-}18)$$

式(7-18)表明，制动力本质上就是载流导体在磁场中受到的电磁力，它与频率无关。

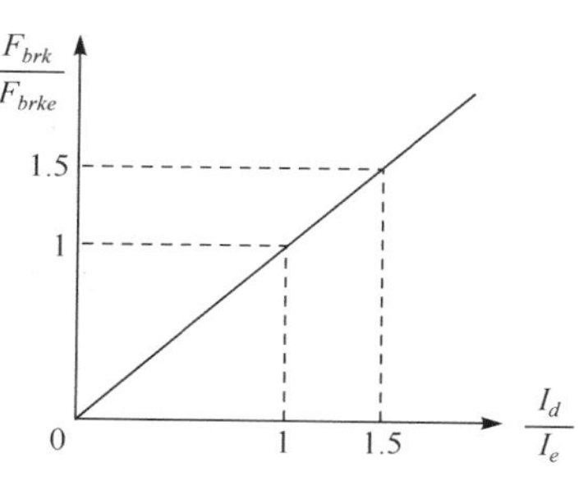

图 7.2　动力制动特性

7.4　发电制动特性

垂直运动的永磁直线同步电动机运行过程中突然失去供电电源，在重力作用下，动子会以很高的速度下降，若此时将电枢绕组短接或外串电阻后形成闭合回路，电机将变成荷载的发电机运动状态，有可能将下降速度限制到某个低速，即实现发电制动。发电制动对应的等效电路如图 7.3 所示，向量图如图 7.4 所示。

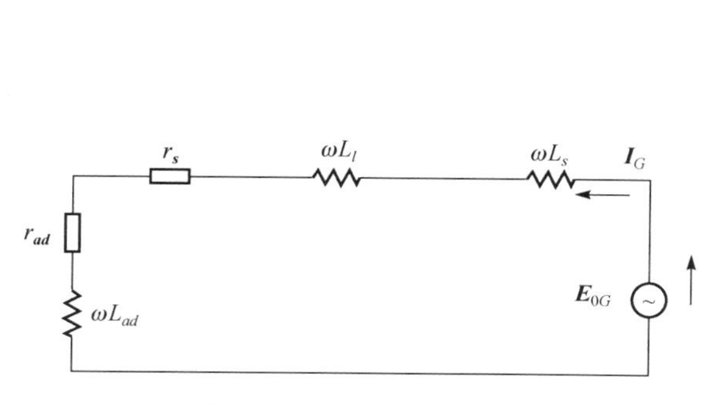

图 7.3　发电制动等效电路

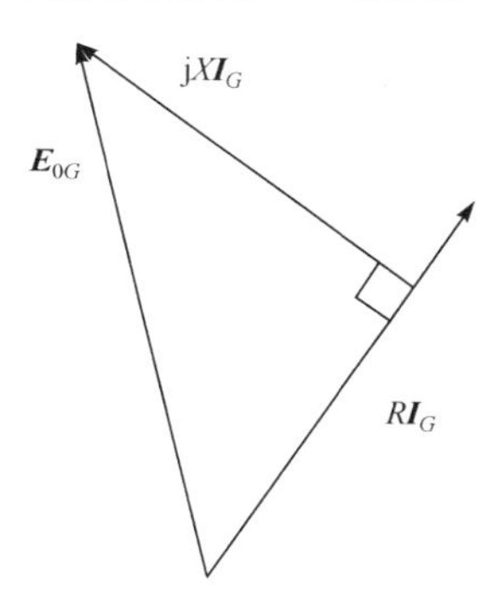

图 7.4　发电制动向量图

图 7.3 中 L_l 和 L_s 分别是电枢漏感和电枢反应电感，r_{ad} 和 L_{ad} 为外串电阻和电感，$\boldsymbol{I}_G$ 表示发电制动电流，$\boldsymbol{E}_{0G}$ 表示发电制动励磁电势。

$$R=r_s+r_{ad},\quad X=\omega(L_l+L_s+L_{ad})$$

显然，如果把电机的额定频率 f_e 作基值，并令发电制动频率 f 与 f_e 比值为 K，即

$$K=\frac{f}{f_e} \tag{7-19}$$

则图 7.3 的等效电路可以改画成图 7.5 的形式

图 7.5 的等效电路使发电制动问题的分析变得异常简单，它实际上成了 7.2 节所讨论问题的一个特例。因此，将式(7-13)中 r_s 用 R 代换，X_T 用 X 代换并令

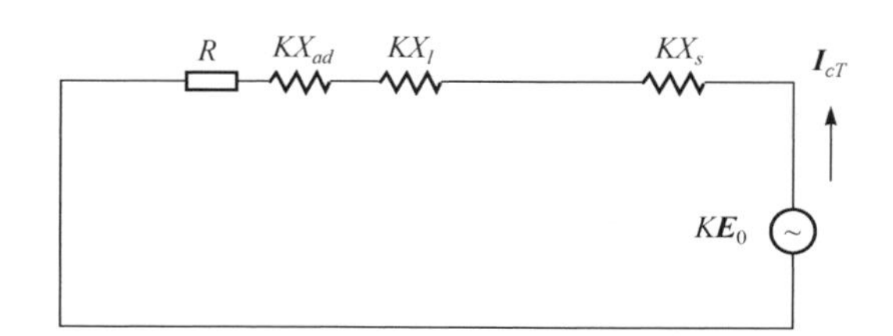

图 7.5　发电制动等效电路(以额定频率作基频)

$U_s=0$,即可得到发电制动时制动力的表达式。

$$F_{xG}=-\frac{mKE_0^2R}{V_s(R^2+K^2X^2)} \tag{7-20}$$

式中,“—”号表示制动力与推力反方向。

最大制动力出现时的频率(或速度)用下式导出:

$$\frac{\mathrm{d}F_{xG}}{\mathrm{d}K}=0 \tag{7-21}$$

由式(7-21)得到

$$K_{\max}=\frac{R}{X} \tag{7-22}$$

将式(7-22)代入式(7-20),即可求得发电制动最大制动力。

$$F_{G\max}=-\frac{mE_0}{2V_sX} \tag{7-23}$$

为了分析方便,认为式(7-20)中 R 和 X 都是可任意取值的量,并且取额定频率时对应式(7-20)中各量的值为基准量,则用标幺值表示的式(7-20)有式(7-24)的形式,式(7-23)有式(7-25)的形式。

$$F_{xG}^*=-\frac{KR^*}{R^{*2}+K^2X^{*2}} \tag{7-24}$$

$$F_{G\max}=-\frac{1}{2}\frac{1}{X^*} \tag{7-25}$$

定义 $F_{XG}^*=f(K)$ 为垂直运动永磁直线同步电动机的发电制动特性。由式(7-24)可知,发电制动特性随 R^* 和 X^* 的不同可以有许多条。由式(7-25)可知,最大制动力大小与电枢回路电阻无关,但最大制动力出现的位置却与回路电阻有关(式(7-24))和(图 7.6)。最大制动力与回路电抗成反比关系。比较式(7-23)和电机正常最大电磁推力公式,可以看出,发电制动时若不串加附加电抗,发电制动时最大制动力接近为正常最大电磁推力的一半,这一点在电机的运行设计中应特别注意。

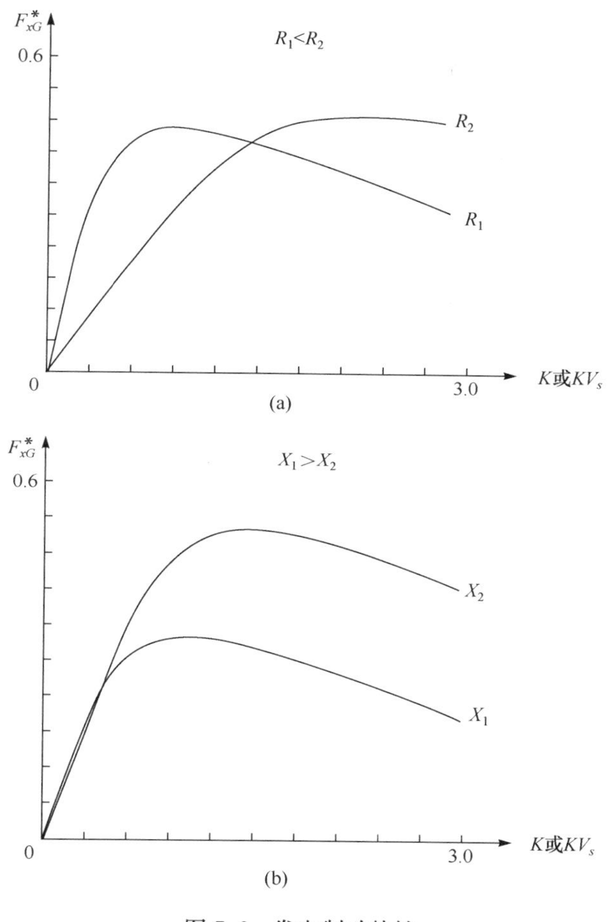

图 7.6　发电制动特性

7.5　发电反馈制动特性

永磁直线同步电动机垂直运输系统下放物体时，在重力作用下，电动机的负载角变负，此时电动机处于发电反馈制动状态。如果按照电动机惯例写这种状态的电压平衡方式，则方程式同式(4-2)一样。

$$\boldsymbol{U}_s=-\boldsymbol{E}_0+\boldsymbol{I}_s r_s+\mathrm{j}\,\boldsymbol{I}_s X_l+\mathrm{j}\,\boldsymbol{I}_s \boldsymbol{X}_s \tag{7-26}$$

但这时电枢电流 $\dot{I}_s$ 与电源电压 $\dot{U}_s$ 之间的夹角(功率因数角 φ)大于90°。对应的向量图如图 7.7 所示，等效电路和图 4.1 相同。即可得到发电反馈制动时的制动力表达式，它仅仅与电动状态电磁推力表达式相差一负号。

$$F_{GF}=-\frac{mE_0U_s}{V_sX_T}\sin\theta \tag{7-27}$$

最大制动力出现在负载角为$-90°$时,即

$$F_{GF\max}=-\frac{mE_0U_s}{V_sX_T} \tag{7-28}$$

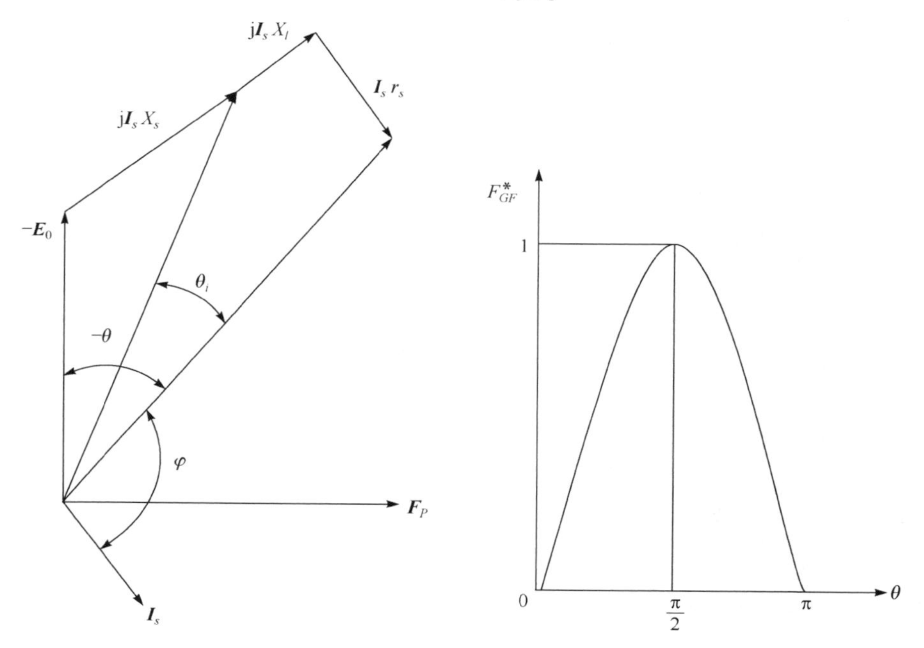

图 7.7　发电反馈制动向量图(电动机惯例)　　图 7.8　发电反馈制动特性

将负的负载角($-\theta$)替换式(4-67)中 θ,得

$$F_{GF}^*=\frac{F_{GF}}{F_{GF\max}}=\sin\theta \tag{7-29}$$

定义 $F_{GF}^*=f(\theta)$为发电反馈制动特性,则特性曲线和力角特性相同,如图 7.8 所示。

7.6　加速度特性

设运动体(输送物体及动子本体)的质量为 M,根据运动力学基础,可以写出永磁直线同步电动机垂直运输系统加速度特性表达式。

$$a=\frac{F_x}{M}-g \tag{7-30}$$

式中,a 为加速度;F_x 为推力;g 为重力加速度。

定义加速度特性为

$$a=f(F_x) \tag{7-31}$$

很明显,它为一直线,如图 7.9 所示。

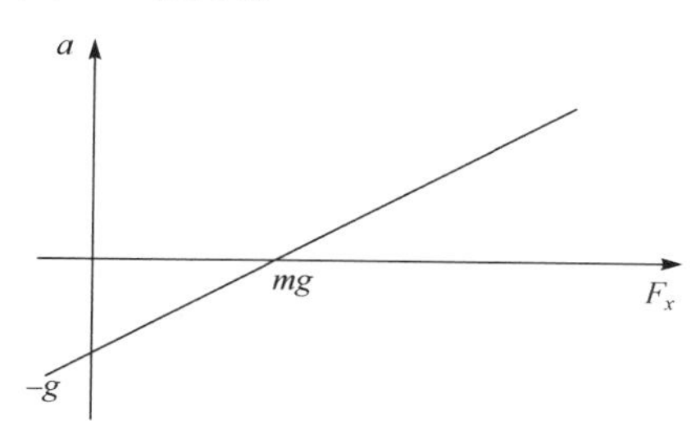

图 7.9　加速度特性

7.7　恒流供电对电动机运行特性的影响

前面导出的许多方程都是建立在恒压供电的基础上,因为这是正常的稳态运行条件。如果采用恒流源供电,并用自动调压配合,则将产生不同的特性。除了可能因饱和而引起参数变化外,等效电路参数不变化。任何频率和速度的改变都可视为正常状态。恒流源供电方式时的等效电路可以通过把励磁电势$\boldsymbol{E}_0$(电压源)转换到一个电流源$\boldsymbol{I}_p$($-E_0/(\mathrm{j}X_s)$)而得到,如图 7.10 所示。$\boldsymbol{I}_p$ 实质上就是通过电枢绕组表达的永磁磁极的等效励磁电流。物理意义上,$\boldsymbol{I}_i$相当于气隙磁通的励磁电流。

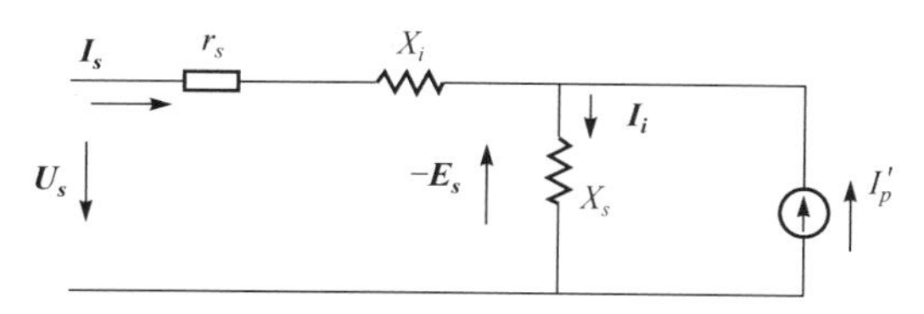

图 7.10　电流源等效电路

各电流的相位关系可以从图 7.11 的向量看出。

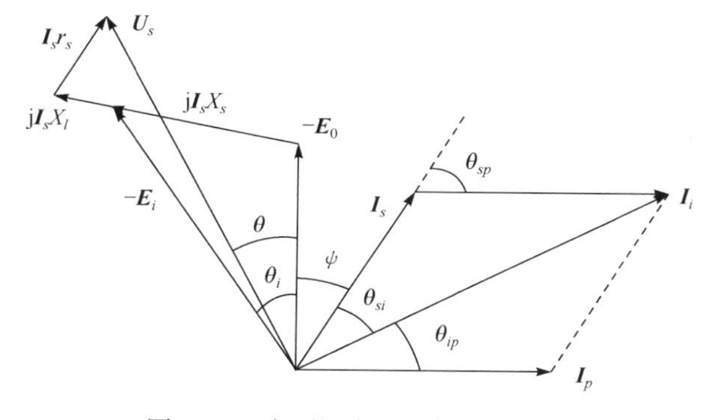

图 7.11　电压源电流源供电向量图

推导恒流源供电电机特性时，可以不考虑电枢漏阻抗 $Z_l=r_s+jx_l$ 的影响，仅仅是在确定电流下计算需要的 U_s 值时，才用到 Z_l。

推导恒流源供电条件下的电磁推力表达式。根据式(4-46)

$$P_m=mE_iI_s\cos(\psi+\theta_i)=mE_0I_S\cos\psi$$

和电流源供电时

$$I_i=\frac{E_i}{X_s} \tag{7-32}$$

$$I_p'=\frac{E_0}{X_s} \tag{7-33}$$

并依据图 7.11 向量图相角关系，可以导出

$$\begin{aligned}F_{XI}&=\frac{P_m}{V_s}=\frac{m}{V_s}X_s\frac{E_i}{X_s}I_s\cos(\psi+\theta_i)\\&=\frac{m}{V_s}X_sI_iI_s\sin[90°-(\psi+\theta_i)]\\&=\frac{m}{V_s}X_sI_iI_s\sin\theta_{si}\end{aligned} \tag{7-34}$$

或

$$F_{XI}=\frac{m}{V_s}X_s\frac{E_0}{X_s}I_s\cos\psi=\frac{m}{V_s}X_sI_sI_p'\sin\theta_{sp} \tag{7-35}$$

磁路不饱和或对应某一特定饱和度，X_s 有唯一确定的值，因此，电流源供电时电磁推力 F_{XI} 与电枢电流、电流源电流(或气隙励磁电流)及相应夹角正弦的乘积成正比的关系。当两电流夹角为90° 时，电磁推力为最大推力。

$$F_{XI\max}=\frac{m}{V_s}X_sI_sI_p'=\frac{m}{V_s}X_sI_sI_i \tag{7-36}$$

对于永磁直线同步电动机，永磁体等效励磁电流一定($\boldsymbol{I}_p$ 一定)，各电流之间的角度是负载、电压以及频率的函数。正常电压供电的电机，每极气隙磁通近似恒定 ($\phi_i\propto E_i/f\approx U_s/f$)，当 $\boldsymbol{U}_s$ 和 $\boldsymbol{E}_0$ 之间的负载角为90°时，将得到最大推力。若忽略漏阻抗($\boldsymbol{U}_s=-\boldsymbol{E}_i$)，$\theta$ 角和 $\boldsymbol{I}_i$ 与 $\boldsymbol{I}_p$ 之间的夹角 θ_{ip} 相同，如图 7.12 所示。

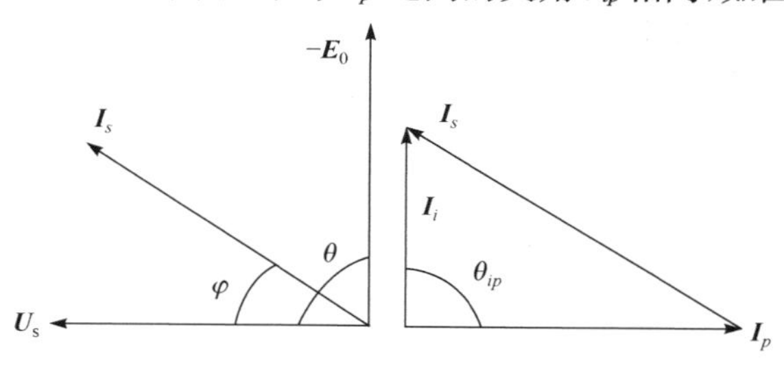

图 7.12　$\theta=\theta_{ip}=90°$

图 7.12 说明的意思是：由于 $\boldsymbol{I}_i$ 与 $\boldsymbol{I}_p$ 的值都为恒定，因此只能通过改变 $\boldsymbol{I}_s$ 实现最大推力，并且从磁势的角度，在达到最大推力时，$\boldsymbol{I}_s$ 将高于 $\boldsymbol{I}_i$ 与 $\boldsymbol{I}_p$。

对于一个特定的 $\boldsymbol{I}_i$ 和气隙磁通（这个磁通可能形成也可能不形成明显饱和），并且假定 $\boldsymbol{I}_p$ 也可变，$\boldsymbol{I}_p$ 与 $\boldsymbol{I}_s$ 之间的角度 θ_{sp} 为一定值，从图 7.13 几何关系可以推出，当 $\boldsymbol{I}_p$ 和 $\boldsymbol{I}_s$ 大小相等时，推力最大（因三角形面积最大）。比较控制对策的一个准则是总电流每安培产生的推力，在这种情况下，每安培电流产生的推力是

$$\frac{F_{XI}}{A}=\frac{m}{V_s}\frac{X_s I_s I_p \sin\theta}{I_s+I_p}=\frac{m}{V_s}\frac{X_s I^2 \sin\theta}{2I}=\frac{m}{V_s}\frac{X_s I \sin\theta}{2} \tag{7-37}$$

式中，$I_s=I_p'=I$，对于最佳负载角，即 θ_{sp}（$=180°-\theta'$）为90°时，则式(7-37)成为

$$\frac{F_{XI}}{A_I}=\frac{m}{V_s}\frac{X_s I}{2}\propto I \tag{7-38}$$

即每安培产生的最大推力正比于 I。

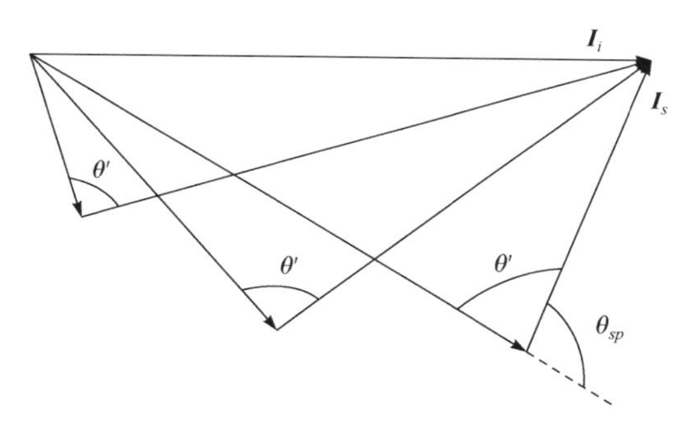

图 7.13　θ' 为恒值

事实上对于永磁直线同步电动机，$\boldsymbol{I}_p$ 为恒值，从而在恒值 θ' 条件下，$\boldsymbol{I}_p$ 与 $\boldsymbol{I}_s$ 值相等确定的 $\boldsymbol{I}_i$ 值可能和规定的 $\boldsymbol{I}_i$ 值不完全相同，从运行角度只要 ϕ_i 不明显饱和也是可行的。但这实质上成了 $\boldsymbol{I}_i$（气隙磁通）为可变量的情况。

第8章 试验研究

8.1 试验装置介绍

实验装置有水平和垂直两种形式，由本体及控制系统组成。本体包括机械构架，提升容器、机械制动器、防坠器、永磁体动子及单/双边型初级。图2.1是试验本体结构示意图，图8.1是实物照片。

(a) 直线电机驱动的垂直运输系统综合实验装置（双边，载荷50kg，3m高）(1995年)

(b) 直线电机驱动的垂直运输系统综合实验装置（双边，载荷1000kg，10m高）(2000年)

(c) 直线电机驱动的水平运输系统综合实验装置（凸极式，3m长）(1995年)

(d) 直线电机驱动的水平运输系统综合实验装置（隐极式，3m长）(1995年)

图8.1 试验装置实物照片

图8.2表示的试验装置是一台单边型凸极永磁直线同步电动机的试验装置，该装置中，永磁直线同步电动机的动子是通过螺栓固定在小车底部的铁心线圈，定子为平铺在水平轨道之间的永磁体，小车的车板压在四个压力传感器上，压力传感器固定在两边轮子之间的轴上，轮子放在轨道上，拉力传感器一端固定在小车的尾部，另一端通过一个水平滑轮和一个悬挂的滑轮用钢丝绳与负载重物相连，光电编码器的橡胶滚轮紧贴水平滑轮安装。

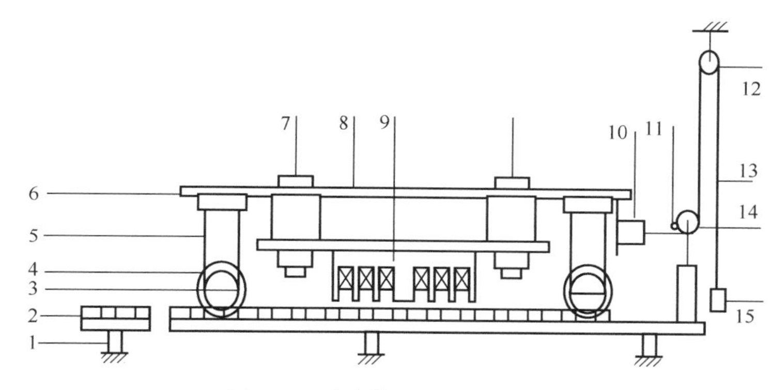

图8.2　试验装置原理图(水平)

1—试验台；2—永磁体；3—轮轴；4—轮子；5—压力传感器；6—小车车顶板；
7—固定电机动子的螺栓；8—小车；9—电机的铁心线圈(即电机的动子)；
10—拉力传感器；11—光电编码器；12—悬挂滑轮；
13—钢丝绳；14—水平滑轮；15—重物

控制系统核心是电流型变频器与位置传感器、推力传感器、可编程控制器及计算机它们共同实现控制调速、监测、试验数据采集等功能。

8.2　试验测试系统

与试验装置配套的测试系统是一套永磁直线同步电动机微机试验测试系统，该测试系统利用微机采集数据，可以同时进行永磁直线同步电动机的三相瞬态电压、电流、压力、拉力和速度的多通道测试，并且可以进行数据存储、数据处理、曲线显示和各种波形分析。其硬件组成如图8.3所示，其中电机的驱动电路主要是通过FREQROL-A200变频器给电机提供一定频率的电压，电机运行的电压、电流和频率都可以通过对变频器的参数进行设定来确定。电压传感器选用量程为0～400V，输出为40mA电流，精度为0.5级的霍尔电压传感器，电压传感器并在每相与地之间测量各相的电压。电流传感器选用量程为20A，输出为0～20mA电流、精度为0.5级的霍尔电流传感器，电流传感器串在各相中测量三相电流。压力传感器选用四个量程为0～200kg非线性度为0.05的BK-2Y型电阻应变式测力传感器并起来，通过放大器输出 4～20mA 的电流。由图 8.2 可以看出压力传感器反映的为电机产生的压力和小车车顶板的重力之和。拉力传感器选用量程为 0～100kg 非线性度为 0.02 的 BK-2Y 型电阻应变式测力传感器，通过放大器输出 4～20mA的电流。小车运动时，传感器测出的为电机产生的拉力与车轮与轨道的摩擦力之和。光电编码器选用 E6B2 型旋转编码器，这种编码器的橡胶滚轮的直径为 15mm，每转发出 600 个脉冲，这样当电机运动时就将永磁直线同步电动机的线速度转化为橡胶滚轮的转速，速度测量仪选用 XSM 系列线速度测量控制仪，这种仪表通过参数设定，把编码器输出的信号转换为频率，经过数字滤波，用公式：

线速度＝频率 * 橡胶轮周长/每转脉冲数

计算出速度，然后经过修正显示出速度，同时变送输出 4～20mA 的电流信号送出。A/D 转换板卡选用 STD9416 系列 16/8 通道同时采样 12 位的 A/D 光隔高速转换板，量程选用双极性－5V～＋5V，各传感器的输出通过 I/V 转换板变为电压信号送给 A/D 转换板卡，A/D 转换板卡直接插在 PC 机的扩展槽中，这样计算机就可以采集各路通道的数据了。

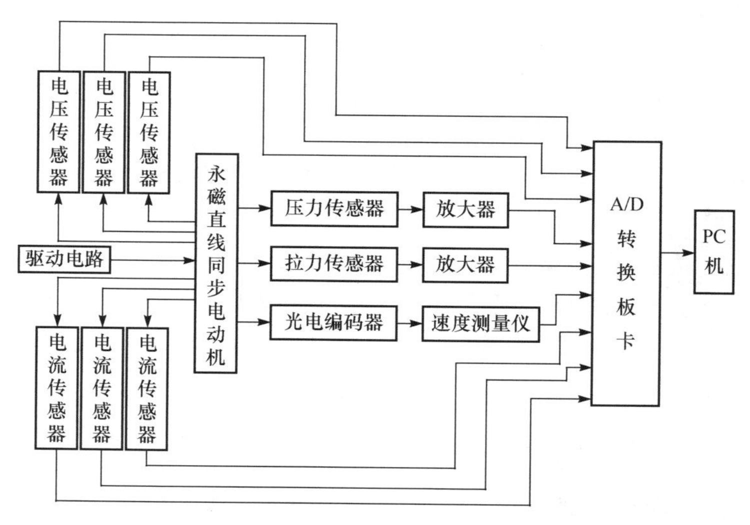

图 8.3　永磁直线同步电动机微机试验测试系统的硬件组成

本试验测试系统的软件是用 C 语言编制的，它可以方便地利用键盘判断指令进行测试前的传感器校验和测试中的数据采集、显示、存储以及数据处理。软件的程序流程图如图 8.4 所示。

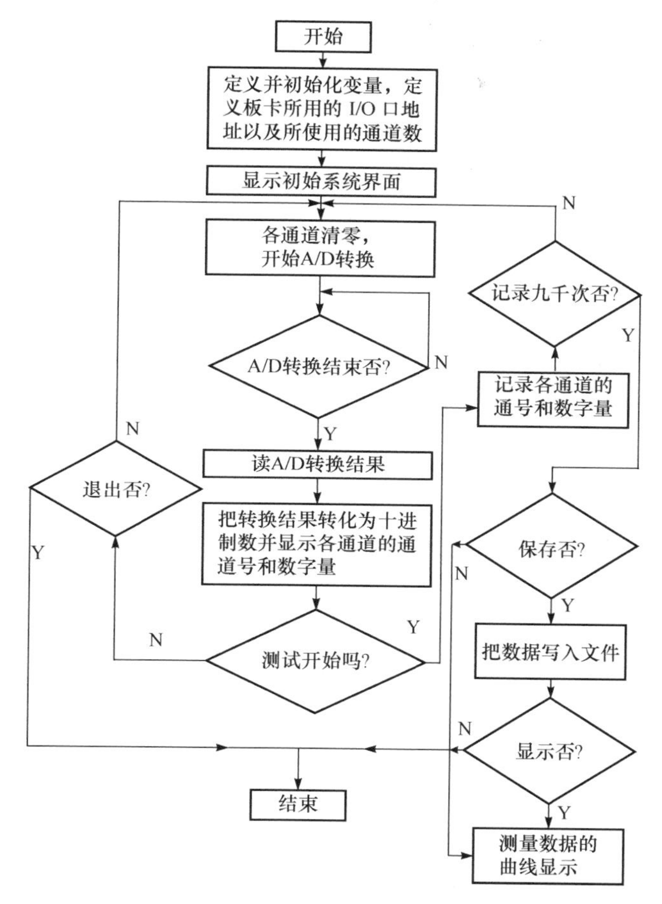

图 8.4　永磁直线同步电动机微机试验测试系统的程序流程图

8.3　试验测试的原理

利用 A/D 高速转换板卡将各路通道的模拟量转换为数字量，然后计算机对转化成的数字量进行实时采集，由于 A/D 转换和微机数据采集的速度都非常快，并且数字量和模拟量之间存在线性关系，所以数字量可以反映模拟量的变化趋势，另外将数字量乘以一个线性系数就可计算出具体的模拟信号量。具体的转化公式如下：

$$u=(N_u-N_{u\min})\cdot\frac{k_u\cdot b_u}{N_{u\max}-N_{u\min}} \tag{8-1}$$

式中，u 为电压的瞬时值，N_u 为测得的电压对应的数字量，$N_{u\min}$ 为电压为 0V 时对应的数字量 2026，$N_{u\max}$ 为电压为最大量程时对应的数字量 4054，即 A/D 转换板卡输入电压为 5V 时输出的数字量，k_u 为电压传感器的量程 400V，b_u 为电压修正系数，取 0.965。

$$U=\sqrt{\frac{\sum (N_u-N_{umin})^2}{N_T}}\cdot\frac{k_u\cdot b_u}{N_{umax}-N_{umin}} \tag{8-2}$$

式中，U 为电压的有效值，N_T 为一个周期的采样点数，其他的参数与式(8-1)含义相同。

$$i=(N_i-N_{imin})\cdot\frac{k_i\cdot b_i}{N_{imax}-N_{imin}} \tag{8-3}$$

式中，i 为电流的瞬时值，N_i 为测得的电流对应的数字量，N_{imin} 为电流为 0A 时对应的数字量 2026，N_{imax} 为电流为最大量程时对应的数字量 4054，即 A/D 转换板卡输入电压为 5V 时输出的数字量，k_i 为电流传感器的量程 20A，b_i 为电流修正系数，取 1.70～1.73(因原边的匝数不同而影响)。

$$I=\sqrt{\frac{\sum (N_i-N_{imin})^2}{N_T}}\cdot\frac{k_i\cdot b_i}{N_{imax}-N_{imin}} \tag{8-4}$$

式中，I 为电流的有效值，N_T 为一个周期的采样点数，其他的参数与式(8-3)含义相同。

$$v=(N_v-N_{vmin})\cdot\frac{k_v\cdot b_v}{N_{vmax}-N_{vmin}} \tag{8-5}$$

式中，v 为速度的瞬时值，N_v 为测得的速度对应的数字量，N_{vmin} 为速度为零时对应的数字量 2430(因速度传感器在速度为零时输出电流为 4mA，经 I/V 转换后输入给 A/D 转换板卡的电压是 1V，所以初始数字量较大)，N_{vmax} 为速度为最大量程时对应的数字量 4054，即 A/D 转换板卡输入电压为 5V 时输出的数字量，k_v 为速度传感器的量程 0.77m/s，b_v 为速度修正系数，取 1.0。

$$FN=(N_{FN}-N_{FNmin})\cdot\frac{k_{FN}\cdot b_{FN}}{N_{FNmax}-N_{FNmin}}-(N_G-N_{FNmin})\cdot\frac{k_{FN}\cdot b_{FN}}{N_{FNmax}-N_{FNmin}} \tag{8-6}$$

式中，FN 为压力的瞬时值，N_{FN} 为测得的压力对应的数字量，N_{FNmin} 为压力传感器所受压力为零时对应的数字量 2448(因压力传感器在所受压力为零时输出电流为 4mA，经 I/V 转换后输入给 A/D 转换板卡的电压是 1V，所以初始数字量较大。)，N_G 为小车车顶板压在压力传感器上时的数字量 2939，即小车车顶板的重量对应的数字量，N_{FNmax} 为压力为最大量程时对应的数字量 4053，即 A/D 转换板卡输入电压为 5V 时输出的数字量，k_{FN} 为压力传感器的量程 800kg，b_{FN} 为压力修正系数，取 1.0。

$$F=(N_F-N_{Fmin})\cdot\frac{k_F\cdot b_F}{N_{Fmax}-N_{Fmin}}+(N_{FN}-N_{FNmin})\cdot\frac{k_{FN}\cdot b_{FN}\cdot p}{N_{FNmax}-N_{FNmin}} \tag{8-7}$$

式中，F 为拉力的瞬时值，N_F 为测得的拉力对应的数字量，$N_{F\min}$ 为拉力为零时对应的数字量 2448(因拉力传感器在拉力为零时输出电流为 4mA，经 I/V 转换后输入给 A/D 转换板卡的电压是 1V，所以初始数字量较大。)，$N_{F\max}$ 为拉力为最大量程时对应的数字量 4053，即 A/D 转换板卡输入电压为 5V 时输出的数字量，k_F 为拉力传感器的量程 100kg，b_F 为拉力修正系数，取 1.0，p 为摩擦系数取 0.005，其他的参数与式(8-6)相同。

8.4 试验用永磁直线同步电动机

8.4.1 电机等值电路参数计算值

以双边型隐极式永磁直线同步电动机为例，从计算和分析角度看，每一台这样的电机都可以看做是两台单边型电机，若两侧电枢共用同一永磁体，则计算气隙为两边气隙之和。试验电机结构数据如表 8.1 所列。

表 8.1 试验电机结构数据

相数	3	类型	双层短距迭绕
计算气隙 δ	2×4mm	N_wK_w	624×0.67
有效极数 $2p$	12	槽数	39
极距 τ	24mm	槽距 t	8mm
铁心长	321mm	槽高 h_s	14mm
铁心迭厚	80mm	槽宽 b_s	5mm
铁心迭高	35mm	槽满率	0.6
永磁体纵长 L_m	15mm	槽导体数	104
永磁体高 h_m	8mm	导线直径	0.4mm
永磁体横宽 b_E	80mm	槽内线圈高 h_w	8mm
永磁体材料	钕铁硼，H_c=800kA/m	端齿宽	6mm

1) E_0 的计算值

1.1) $F_p=H_c h_m=800\text{kA/m}\times 8\times 10^{-3}\text{m}=6.4\text{kA}$

1.2) $K_1=\dfrac{4}{\pi}\sin\left(\dfrac{\pi\alpha}{2}\right)=\dfrac{4}{\pi}\sin\left(\dfrac{\pi}{2}\dfrac{15}{24}\right)=1.03\approx 1$

$$\alpha=\frac{l_m}{\tau}=\frac{15}{24}$$

1.3) $\dfrac{\sqrt{\mu_x\mu_y}}{\mu_0}=60$

$\gamma=0.027\pi$

$$\gamma_0=\frac{\pi}{\tau}=\frac{\pi}{24}$$

$$T''=\mathrm{ch}\left[\pi\left(\frac{h_m}{\tau}+\frac{\delta}{\tau}\right)\right]+60\mathrm{sh}\left[\pi\left(\frac{h_m}{\tau}+\frac{\delta}{\tau}\right)\right]\cdot\mathrm{cth}\gamma\frac{h_s}{\tau}$$

$$=\mathrm{ch}\left(\pi\frac{16}{24}\right)+60\mathrm{sh}\left(\pi\frac{16}{24}\right)\cdot\mathrm{cth}\left(0.027\pi\frac{14}{24}\right)$$

$$=3.9987+60\times4.1218\times20.2267=5006.22$$

$$\mathrm{sh}\frac{\pi h_m}{\tau}=\mathrm{sh}\frac{8\pi}{24}=1.2494$$

$$\mathrm{sh}\left(0.027\pi\frac{8}{24}\right)=0.0283;$$

$$\mathrm{sh}\left(0.027\pi\frac{14}{24}\right)=0.0495;$$

$$K_2=0.289$$

1.4) $E_0=\sqrt{2}\omega\mu_0(N_wK_w)b_EF_pK_1K_2$

$$=\sqrt{2}\times2\pi\times10\times4\pi\times10^{-7}\times418\times80\times10^{-3}\times6.4\times10^3\times1\times0.289$$

$$=6.91(\mathrm{V})$$

2) X_s 的计算值

2.1) $T'=\mathrm{ch}\left(\gamma_-\frac{h_s}{\tau}\right)+\frac{\mu_0}{\sqrt{\mu_x\mu_y}}\mathrm{sh}\left(\gamma_-\frac{h_s}{\tau}\right)\mathrm{cth}\left[\pi\left(\frac{h_m}{\tau}+\frac{\delta}{\tau}\right)\right]$

$$=\mathrm{ch}\left(0.027\pi\frac{14}{24}\right)+\frac{1}{60}\mathrm{sh}\left(0.027\pi\frac{14}{24}\right)\mathrm{cth}\left[\pi\left(\frac{8}{24}+\frac{8}{24}\right)\right]=1.00085$$

2.2) $K_4=\dfrac{1}{T\pi\dfrac{h_m}{\tau}}\dfrac{\mathrm{sh}\left(\gamma-\dfrac{h_w}{\tau}\right)}{\gamma_-\dfrac{h_w}{\tau}}\dfrac{\mathrm{sh}\left(\pi\dfrac{h_m}{\tau}\right)}{\mathrm{sh}\left[\pi\left(\dfrac{h_m+\delta}{\tau}\right)\right]}=\dfrac{1}{\pi\dfrac{8}{24}}\dfrac{\mathrm{sh}\left(0.027\pi\dfrac{8}{24}\right)}{0.027\pi\dfrac{8}{24}}\dfrac{\mathrm{sh}\left(\pi\dfrac{8}{24}\right)}{\mathrm{sh}\left(\pi\dfrac{16}{24}\right)}$

$$=0.289$$

2.3) $X_s=\dfrac{2}{\pi}\dfrac{m}{p}\omega\mu_0(N_wK_w)^2b_EK_4$

$$=\frac{2}{\pi}\times\frac{3}{6}\times2\pi\times10\times4\pi\times10^{-7}\times418^2\times80\times10^{-3}\times0.289$$

$$=0.346\times0.289=0.1(\Omega)$$

3) X_{l1} 的计算值

3.1) $K_3=\dfrac{\sqrt{\mu_x\mu_y}}{\mu_0}\dfrac{1}{\gamma h_w}\left\{1-\dfrac{\mathrm{sh}(rh_w)}{T\gamma h_w}\left[\mathrm{ch}(\gamma(h_s-h_w))\right.\right.$

$$+\frac{\mu_0}{\sqrt{\mu_x\mu_y}}\text{ch}\gamma(h_s-h_w)\text{cth}\gamma_0(h_m+\delta)\Big]\Big]\Big\}$$

$$=60\times\frac{1}{0.027\times\frac{8}{24}}\left\{1-\frac{\text{sh}\left(0.027\pi\times\frac{8}{24}\right)}{1.00085\times0.027\pi\times\frac{8}{24}}\left[\text{ch}\left(0.027\pi\frac{6}{24}\right)\right.\right.$$

$$\left.\left.+\frac{1}{60}\text{ch}\left(0.027\pi\frac{6}{24}\right)\text{cth}\left(\pi\frac{16}{24}\right)\right]\right\}=1.8$$

3.2) $X_{l1}=\frac{2}{\pi}\omega m(N_wK_w)2\mu_0\frac{b_E}{p}(K_3-K_4)=0.346\times(1.8-0.289)$

$=0.52(\Omega)$

4) X_{l2}的计算值

4.1) $c_x=\frac{\tau}{2\pi^2}\left(\frac{1}{4}+\ln\frac{2(b_E+2c_{s1})}{h_w}\right)=\frac{24\times10^{-3}}{2\pi^2}\left(\frac{1}{4}+\ln\frac{2(3.3+0.54)}{0.33}\right)$

$=4.13\times10^{-3}$

4.2) $c=\frac{1}{\gamma_0h_w}\left\{1-\frac{\text{sh}(\gamma_0h_w)}{\gamma_0h_wT_0}[\text{ch}(\gamma_0(h_s-h_w))\right.$

$\left.+\text{sh}(\gamma_0(h_s-h_w))\text{cth}(\gamma_0(h_m+\delta))]\right\}$

$$=\frac{1}{\pi\frac{8}{24}}\left\{1-\frac{\text{sh}\left(\pi\frac{8}{24}\right)}{\pi\frac{8}{24}\times6.349}\left[\text{ch}\left(\pi\frac{6}{24}\right)+\text{sh}\left(\pi\frac{6}{24}\right)\text{cth}\left(\pi\frac{16}{24}\right)\right]\right\}$$

$$=0.9549\left\{1-\frac{1.2494}{6.6487}[1.3246+0.8687\times1.031]\right\}$$

$=0.5565$

其中

$$T_0'=\text{ch}\left(\pi\frac{14}{24}\right)+\text{sh}\left(\pi\frac{14}{24}\right)\text{cth}\left(\pi\frac{16}{24}\right)=3.21+3.05\times1.031=6.349$$

4.3) $c_z=\frac{4cc_s}{\beta\pi}\frac{1-\cos\frac{\beta\pi}{2}}{\sin\frac{\beta\pi}{2}}=\frac{4\times0.5565\times23\times10^{-3}}{\pi}=16.396\times10^{-3}$

4.4) $X_{l2}=\frac{2}{\pi}\omega(N_wK_w)^2\mu_0\frac{m}{p}(c_x+c_z)=0.346\times\frac{4.13+16.396}{80}=0.089$

5）X_l 的计算值

$$X_l=X_{l1}+X_{l2}=0.52+0.089=0.61$$

6）r_s 的计算值

$$r_s=\rho\frac{2l_{av}N_w}{s_1N_1a_1}=\frac{1}{56}\cdot\frac{2(0.08+1.5\times0.024)\times624}{0.1257}=20(\Omega)$$

根据计算出的数据，绘出的等效电路参数如图 8.5 所示，图中参数对应的频率为 10Hz。

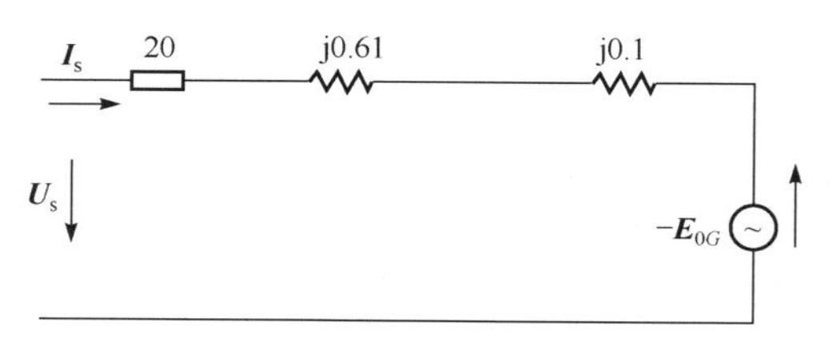

图 8.5　试验电机等效电路

8.4.2　电机的性能数据

1）I_s 的计算值

(1) $A_s=j_s\dfrac{b_s}{t}h_sK_s=5\times\dfrac{5}{8}\times14\times0.6=26.25$

(2) $I_s=\dfrac{p\tau}{mN_W}A_s=\dfrac{6\times24}{3\times624}\times26.25=2(\text{A})$

2）电磁功率的计算值

取 $\psi=0$，得最大电磁功率

$$p_{max}=mE_0I_s\cos\psi=3\times6.91\times2=41.5(\text{W})$$

3）最大电磁力的计算值

$$F_{xmax}=\frac{p_m}{V_s}=\frac{41.5}{2\times0.024\times10}=86(\text{N})$$

4）$\boldsymbol{U}_s$ 的计算值

根据等效电路算得$\boldsymbol{U}_s=47\angle1.73°$，计算以$\boldsymbol{E}_0$ 作参考相量。

8.4.3　试验电机参数评价

试验电机参数选择的一个明显特点是导线直径选择得很小，即电枢电阻很大，这使低频时电阻的作用十分突出。若按所选电密 5A/mm^2 计算导线截面积，应当是

$$S_1=\frac{I_s}{j_s}=\frac{2}{5}=0.4(\text{mm}^2)$$

则电枢电阻应当是

$$r_s=\frac{20\times0.1257}{0.4}=6.29(\Omega)$$

按试验电机实际导线截面和相电流，实际电密为 15.9A/mm^2。

由于大电枢电阻，不能采用式(4-67)和式(4-68)计算推力和最大推力。

试验电机 $\theta_{max}=1.73°$的计算结果证明了由式(7-9)得出的结论，即当频率很低时(X_T/r_s 值很低)对应的最大推力的负载角很小。

8.4.4 试验电机工作在 50Hz 电压源时性能分析

1) 电压值不变条件下

(1) 电磁推力

$$K=\frac{50}{10}=5$$

$$Z'^2=r_s^2+K^2X_T^2=412.6$$

$$\begin{aligned}F_x&=\frac{mE_0}{V_sZ^2}(KX_TU_s\sin\theta+r_sU_s\cos\theta-KE_0r_s)\\&=\frac{3\times6.91}{0.48\times412.6}(5\times0.71\times47\sin1.73+20\times47\cos1.73-5\times6.91\times20)\\&=26.55(\text{N})\end{aligned}$$

(2) 最大电磁推力

$$\begin{aligned}F_{x\max}&=\frac{mE_0}{V_s}\left(\frac{U_s}{Z}-\frac{KE_0r_s}{Z^2}\right)=\frac{3\times6.91}{0.48}\left(\frac{47}{20.31}-\frac{5\times6.91\times20}{412.6}\right)\\&=27.6(\text{N})\end{aligned}$$

对应最大电磁推力的负载角

$$\theta_{max}=\arctan\frac{KX_T}{r_s}=\arctan\frac{5\times0.71}{20}=10.1°$$

2) 电压值同时变为 KU_s

(1) 电磁推力

$$F_x=\frac{KmE_0}{V_sZ^2}(KX_TU_s\sin\theta+r_sU_s\cos\theta-\Psi E_0r_s)=422\text{N}$$

(2) 最大电磁推力

$$F_{x\max}=\frac{KE_0m}{V_s}\left(\frac{U_s}{Z}-\frac{E_0r_s}{Z^2}\right)=\frac{5\times3\times6.91}{0.48}\left(\frac{47}{20.31}-\frac{6.91\times20}{412.6}\right)=427(\text{N})$$

最大推力对应的负载角与电压值无关，仍然是 $\theta_{max}=10.1°$。

3）两种情况下的电枢电流

（1）第一种情况

$$p_{\max}=F_{x\max}V_s=27.6\times5\times0.48=66.24(\mathrm{W})$$

$$I_{s\max}=\frac{p_{\max}}{mE_0K}=\frac{66.24}{3\times6.91\times5}=0.64(\mathrm{A})$$

（2）第二种情况

$$p_{\max}=F_{\max}V_s=427\times5\times0.48=1024.8(\mathrm{W})$$

$$I_{s\max}=\frac{P_{\max}}{mE_0K}=\frac{1024.8}{3\times6.91\times5}=9.9(\mathrm{A})$$

4）保持最大推力不变时应有的电压值

$$U_s=\frac{F_{\max}V_sZ}{mE_0}+\frac{KE_0r_s}{Z}=\frac{86\times0.48\times20.31}{3\times6.91}+\frac{5\times6.91\times20}{20.31}=74.5(\mathrm{V})$$

结论:频率变化(电机速度变化)对推力产生重大影响,若要保持电机推力不变,必须相应改变供电电压值,当电枢电阻不能忽略时,电压值变化量与频率变化量不存在比例关系。试验电机由于电枢电阻远大于同步电抗,这种效果特别明显,例如,保持电机原最大推力86N不变,频率变化为原频率的5倍,而电压变化倍数为1.59(=74.5/47)倍。

8.4.5　试验电机的恒流源运行特性

1）等效电路(图8.6)

$$\dot{I}_p=\frac{E_0}{\mathrm{j}X_s}=\frac{6.91}{\mathrm{j}0.1}=69.1\angle90^\circ(\mathrm{A})$$

$$E_i=E_0+\mathrm{j}X_s\dot{I}_s=6.91+\mathrm{j}0.1\times2=6.913\angle1.66^\circ$$

$$\dot{I}_i=\frac{\dot{E}_i}{\mathrm{j}X_s}=\frac{6.913\angle1.66^\circ}{\mathrm{j}0.1}=69.13\angle-88.34^\circ(\mathrm{A})$$

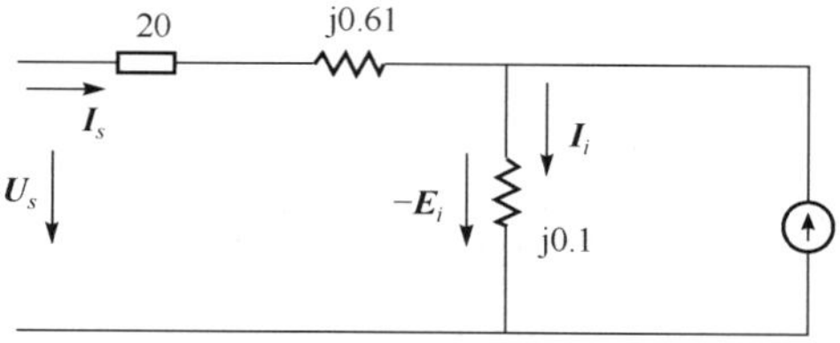

图8.6　试验电机电流源等效电路

2）电磁推力

$$F_{XI}=\frac{m}{V_s}X_sI'_pI_i\sin\theta_{sp}=\frac{3\times0.1}{0.48}\times69.13\times69.1\sin1.66^\circ=86(\mathrm{N})$$

3）最大电磁推力

$$F_{x\max}=\frac{m}{V_s}X_sI_sI'_p=\frac{3\times0.1}{0.48}\times2\times69.1=86(\mathrm{N})$$

4）两种情况下电枢电流

第一种情况

$$\dot{I}_s=\dot{I}_i-\dot{I}_p=69.13\angle-88.34°-69.1\angle-90°=2\angle0°(\mathrm{A})$$

第二种情况

$$\dot{I}_s=2\angle0°\mathrm{A}$$

结论：计算数据证明，恒流源供电运行时，在恒定供电电流下，只要实现下述两条件中任一条件，即可出现最大推力。

条件 1：任意两电流相隔90°相位角。

条件 2：某一确定相位差角下，对应两电流数值相等。

8.4.6 试验电机发电制动特性

1）制动力数值上等于最大电磁推力时的 K 值（下降速度）

变换式（7-19）可以得到

$$K^2+\frac{mE_0^2RK}{V_sF_{XG}X^2}+\frac{R^2}{X^2}=0$$

令

$$b=\frac{mE_0^2R}{V_sF_{XG}X^2},\qquad c=\frac{R^2}{X^2}$$

原式成为

$$K^2+bK+c=0$$

则解为

$$K=-\frac{b}{2}\pm\sqrt{\left(\frac{b}{2}\right)^2-c}$$

代入试验电机数据

$$b=\frac{3\times6.91^2\times20}{0.48\times86\times0.71^2}=137.67$$

$$c=\frac{R^2}{X^2}=\left(\frac{20}{0.71}\right)^2=793.49$$

解得

$$K_1=-6$$

$$V_{G1}=-60.48=-2.88(\mathrm{m/s})$$

$$K_2=-131.6(\text{舍去})$$

2）最大制动力

$$F_{Gmax}=-\frac{mE_0^2}{2V_sX}=-\frac{3\times6.91^2}{2\times0.48\times0.71}=-210.2(\mathrm{N})$$

最大制动力出现时的速度

$$K_{max}=\frac{R}{X}=\frac{20}{0.71}=28.17$$

$$V_{Gmax}=28.17\times0.48=13.5(\mathrm{m/s})$$

3）特性评价

由于试验电机 $r_s\gg X_T$，所以下降速度低于同步速度的发电制动不能实现。事实上由式(7-21)也可看出，只有在电枢回路总电阻小于总电抗时才可能实现低于同步速度下降。

8.5 试验分析

8.5.1 空载与荷载行走试验

动子体自重 15kg，变化电源频率 0～5Hz(对应同步速度 0～0.24m/s)，电机上升、下降、调速等运行平衡，动力制动反应快速，可靠。

荷载罐笼重 14kg，加上动子自重共 29kg。变化电源频率 0～5Hz，电机上升、下降、调速等运行平稳，推力稳定，行程中任意位置施加动力制动反应快速，可靠。

行走时，同时有四台电机(相当于两台双边型电机)作用，计算最大推力为

$$96\times4=384(\mathrm{N})$$

行走试验充分显示用永磁直线同步电动机驱动的垂直运输系统的新颖、独特与巧妙。也显示了永磁直线同步电动机应用在这一领域的突出优点。

8.5.2 等效电路参数试验验证

试验时室温为 21℃。

1）用伏安法测电枢电阻

两相绕组串联，加直流电压 80V，试验数据如表 8.2 所示。

表 8.2 电阻计算值与实测值比较

串联相			平均电流值/A	平均电阻/Ω	计算电阻/Ω	误差/(%)
A-B 表测电流/A	A-C 表测电流/A	B-C 表测电流/A				
2.0	2.05	2.1	2.05	19.5	20	2.5

2）永磁励磁电势试验

试验方法：两台电机作电动机行走，行走速度 $v_s=0.192\text{m/s}$（对应频率 4Hz），另两台电机电枢绕组开路，用电压表测电枢绕组开路电势，试验数据如表 8.3 所示。

表 8.3 励磁电势计算值与实测值比较

A 相表测值/V	B 相表测值/V	C 相表测值/V	平均值/V	换算到10Hz 值/V	计算值/V	误差/(%)
2.8	2.8	2.8	2.8	7.0	6.91	1.3

3）同步电抗试验

试验方法：两台电机作电动机行走，行走速度 $v_s=0.192\text{m/s}$（对应频率 4Hz），另两台电机电枢绕组并联，串毫安表后短接，由毫安表读取电枢绕组短路电流，试验数据如表 8.4 所示。

表 8.4 同步电抗试验计算值与实测值比较

上行方式表测值/mA	下行方式表测值/mA	平均值/mA	阻抗/Ω	同步电抗/Ω	换算到10Hz 值/Ω	计算值/Ω	误差/(%)
287.1	287.2	287.15	9.751	0.279	0.698	0.71	1.7

4）由 X_T 分离 X_s 和 X_l

根据恒流源概念。已知永磁磁极励磁磁势基波幅值为

$$F_{m1}=\frac{4}{\pi}F_p\sin\left(\frac{\pi}{2}\alpha\right)=\frac{4}{\pi}\times 6.4\times 10^3\sin\left(\frac{\pi}{2}\cdot\frac{15}{24}\right)=6775(\text{A})$$

用恒流源电流表达的电枢等效磁势

$$F'_{p1}=\frac{\sqrt{2}}{\pi}m\frac{N_wK_w}{P}I'_p$$

F_{m1} 应等于 F'_{p1}，即

$$F'_{p1}=F_{m1}$$

则

$$I'_p=\frac{F_{m1}\pi P}{\sqrt{2}mN_wK_w}=\frac{6775\times 6\pi}{3\sqrt{2}\times 624\times 0.67}=72(\text{A})$$

$$X_s=\frac{E_0}{I'_p}=\frac{7}{72}=0.097$$

计算值为 0.1，误差 3%。

$$X_l=X_T-X_s=0.698-0.097=0.601(\Omega)$$

计算值 0.61Ω，误差 1.5%。

8.5.3　最大推力试验

调变频电源，保持每台电机电枢电流恒为2A（恒流方式），电机低速行走(0.0048m/s)，慢慢拉紧拉力传感器，电机失步时读取传感器毫伏刻度，并换算成拉力。此时对应的拉力即为电机最大推力。测得最大推力平均值为(356+354+356)/3=355.3N（已减去动子自重15kg×9.81=147N），每台电机最大推力为89N。计算值为86N，误差3.5%。

对比试验值和理论计算值，可见二者有较好的吻合，证明理论计算公式正确、适用。

第9章　直线同步电动机驱动垂直运输系统出入端效应分析

9.1 引　　言

将直线电机应用与垂直运输系统，实现了将机车竖立起来做垂直运动这一设想，但由于PMLSM提升系统采用定子分段积木式结构，每台电机都存在着出入端，系统在运行过程中，由于出入端效应给系统稳定运行带来影响，因此有必要对出入端效应对整个系统性能的影响进行深入分析。

9.2 垂直提升系统机械设计的要求

研究模型如图9.1所示，系统由5段定子(初级)电枢绕组和动子(次级)，轿箱组成，动子由NdFeB永磁体组成，在双边型初级中间做垂直运动，20个初级被分成5组，采用递推方式供电，上升时初级供电组号依次为1#与2#，2#与3#，3#与4#，4#与5#，下降为5#与4#，4#与3#，3#与2#，2#与1#。

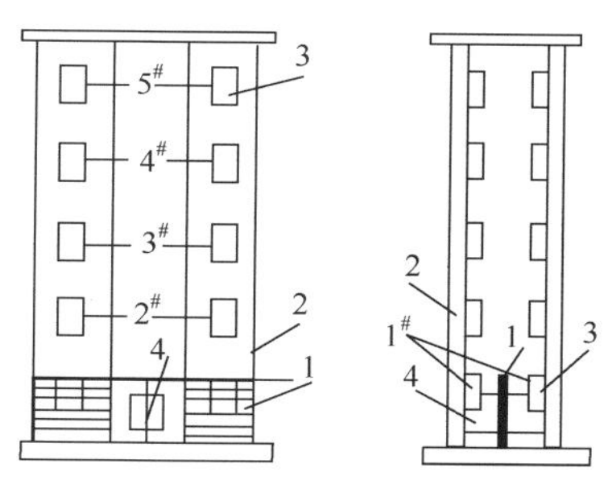

图9.1　PMLSM垂直提升系统试验模型示意图

1—动子；2—支架；3—初级；4—轿箱

当电机采用电流闭环控制方式时，电机在运行过程中，为了获得平稳的推力，必须满足一定的机械设计要求，一方面动子的纵向长度应等于一段定子与一段间隔的纵向长度之和；另一方面动子的极数个数应设计成偶数个。为了分析简便，仅考虑一侧，单边初级切换的情况，如图9.2所示，假设动子离开初级1同时进入2的过程中受力均匀变化，则动子所受的合力将保持不变，受力情况如图9.3所示。在条件1的情况下，动子磁极排列的方式有两种，如图9.4所示，假设动子无限长，由于两定子供电方式相同，在图9.4所示时刻，两定子的各相带必须处于同一磁极下，才能满足动子连续运行的条件，图中只有图9.4(b)才符合，也就是说，动子磁极个数在定子供电方式相同的情况下应设计成偶数。

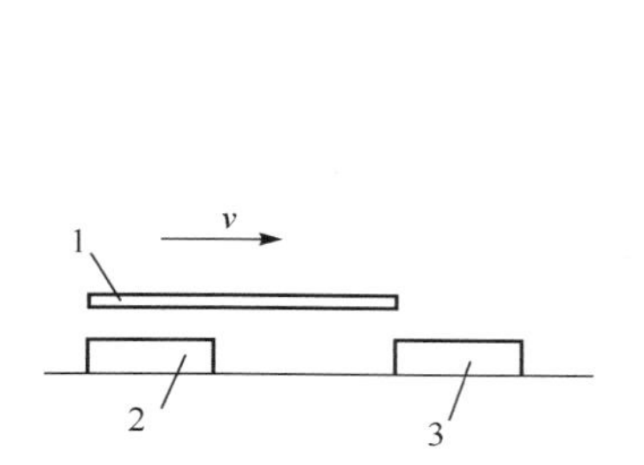

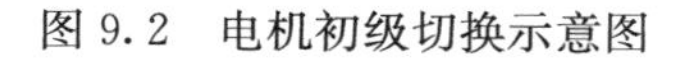

图 9.2　电机初级切换示意图

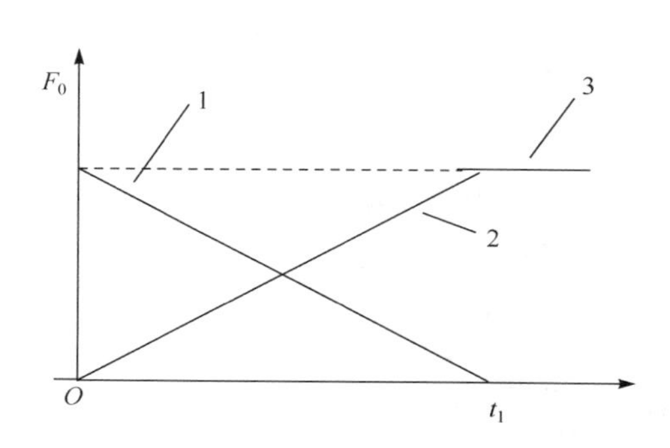

图 9.3　切换时总的合成力

1—初级 1 施加给动子的力；2—初级 2 施加给动子的力；3-总的合成力

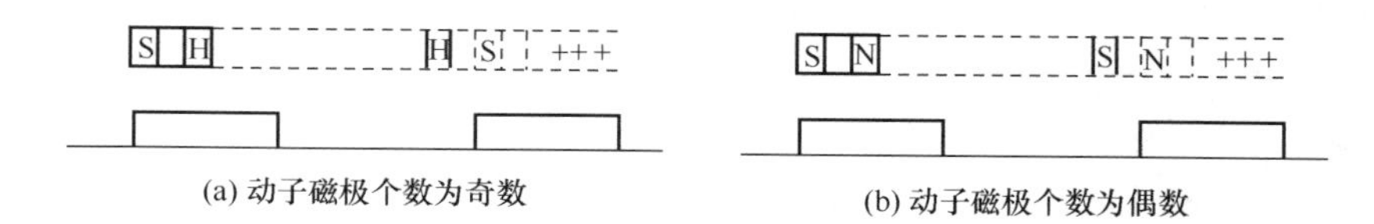

(a) 动子磁极个数为奇数　　(b) 动子磁极个数为偶数

图 9.4　动子排列示意图

9.3　出入端效应分析

上面分析结果是在假设动子进入，离开定子时受力均匀变化条件下进行的，为了更精确地反映出入端对整个系统的影响，需要经过严格的公式推导与证明，不妨考虑具有 N 个磁极的动子在进入，离开单个线圈时，所产生的磁动势变化情况。由于直线电机有效气隙较大，动子产生的气隙磁密分布波形可视为正弦形，如下所示：

$$B(x)=\begin{cases} B_m \sin \dfrac{\pi}{\tau}(x-r), & r \leqslant x \leqslant r+l_m \\ 0, & \text{其他} \end{cases} \tag{9-1}$$

式中，l_m 为动子的长度；r 为动子的位置。

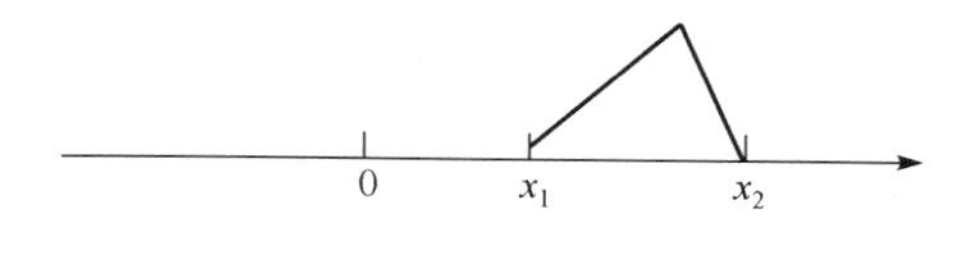

图 9.5　单个线圈空间分布

一个具有 N_c 匝的线圈，空间分布如图 9.5 所示，为了分析方便，可把槽内导体看成集中于槽口正中一点，动子以速度 v 沿 x 轴向负方向运动，由式(9-2)可计算出动子不同位置时线圈中的感应电势，最终推导结果如式(9-3)所示。

$$e=-N_c \frac{\mathrm{d}}{\mathrm{d}t}\Phi=-N_c \frac{\mathrm{d}}{\mathrm{d}t}\int_{x_1}^{x_2} B(x) l \mathrm{d}x \tag{9-2}$$

$$e=\begin{cases}0 & r>x_2\\ -vN_clB_m\sin\dfrac{\pi}{\tau}(x_2-r) & x_1<r\leqslant x_2\\ -vN_clB_m\left[\sin\dfrac{\pi}{\tau}(x_2-r)-\sin(x_1-r)\right] & x_2-l_m<r<x_1\\ vN_clB_m\sin\dfrac{\pi}{\tau}(x_1-r) & x_1-l_m<r<x_2-l_m\\ 0 & r<x_1-l_m\end{cases}\tag{9-3}$$

式中，$v=-\dfrac{\mathrm{d}(r)}{\mathrm{d}t}$。

推导过程如下：

当 $r>0$ 时，动子没有进入线圈，线圈感应电势为零。

当 $x_1<r<x_2$ 时，

$$\begin{aligned}e&=-N_c\frac{\mathrm{d}\Phi}{\mathrm{d}t}=-N_c\frac{\mathrm{d}}{\mathrm{d}t}\int_{x_1}^{x_2}B(x)l\mathrm{d}x\\&=-N_c\frac{\mathrm{d}}{\mathrm{d}t}\int_{r}^{x_2}B_ml\sin\frac{\pi}{\tau}(x-r)\mathrm{d}x\\&=-N_cB_ml\frac{\mathrm{d}}{\mathrm{d}t}\left[\left(-\frac{\tau}{\pi}\cos\frac{\pi}{\tau}(x-r)\right)\Bigg|_{r}^{x_2}\right]\\&=-N_cB_ml\frac{\mathrm{d}}{\mathrm{d}t}\left[-\frac{\tau}{\pi}\cos\frac{\pi}{\tau}(x_2-r)+\frac{\tau}{\pi}\right]\\&=-vN_cB_ml\sin\frac{\pi}{\tau}(x_2-r)\end{aligned}\tag{9-4}$$

当 $x_2-l_m<r<x_1$ 时，

$$\begin{aligned}e&=-N_c\frac{\mathrm{d}\Phi}{\mathrm{d}t}=-N_c\frac{\mathrm{d}}{\mathrm{d}t}\int_{x_1}^{x_2}B(x)l\mathrm{d}x\\&=-N_c\frac{\mathrm{d}}{\mathrm{d}t}\int_{x_1}^{x_2}B_ml\sin\frac{\pi}{\tau}(x-r)\mathrm{d}x\\&=-N_cB_ml\frac{\mathrm{d}}{\mathrm{d}t}\left[\left(-\frac{\tau}{\pi}\cos\frac{\pi}{\tau}(x-r)\right)\Bigg|_{x_1}^{x_2}\right]\\&=-N_cB_ml\frac{\mathrm{d}}{\mathrm{d}t}\left[-\frac{\tau}{\pi}\cos\frac{\pi}{\tau}(x_2-r)+\frac{\tau}{\pi}\cos\frac{\pi}{\tau}(x_1-r)\right]\\&=-vN_clB_m\left[\sin\frac{\pi}{\tau}(x_2-r)-\sin(x_1-r)\right]\end{aligned}\tag{9-5}$$

当 $x_1-l_m<r<x_2-l_m$ 时，

$$\begin{aligned} e &= -N_c \frac{\mathrm{d}\Phi}{\mathrm{d}t} = -N_c \frac{\mathrm{d}}{\mathrm{d}t}\int_{x_1}^{x_2} B(x) l \mathrm{d}x \\ &= -N_c \frac{\mathrm{d}}{\mathrm{d}t}\int_{x_1}^{r} B_m l \sin\frac{\pi}{\tau}(x-r)\mathrm{d}x \\ &= -N_c B_m l \frac{\mathrm{d}}{\mathrm{d}t}\left[\left(-\frac{\tau}{\pi}\cos\frac{\pi}{\tau}(x-r)\right)\Big|_{x_1}^{r}\right] \\ &= -N_c B_m l \frac{\mathrm{d}}{\mathrm{d}t}\left[-\frac{\tau}{\pi}+\frac{\tau}{\pi}\cos\frac{\pi}{\tau}(x_1-r)\right] \\ &= vN_c l B_m \sin\frac{\pi}{\tau}(x_1-r) \end{aligned} \tag{9-6}$$

当 $r<x_1-l_m$ 时，动子已经完全离开线圈，线圈感应电势为零。

以整距 A 相绕组为例，绕组连接如图 9.6 所示，图中 t_s 为齿距，令 $3t_s=\tau$，τ 为极距，动子极数设为 8。

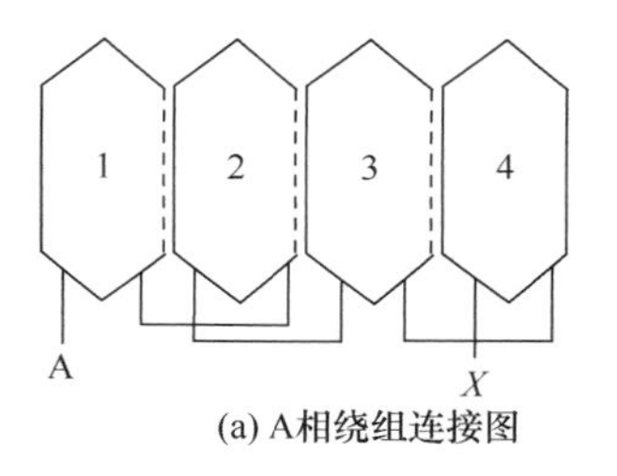

(a) A相绕组连接图

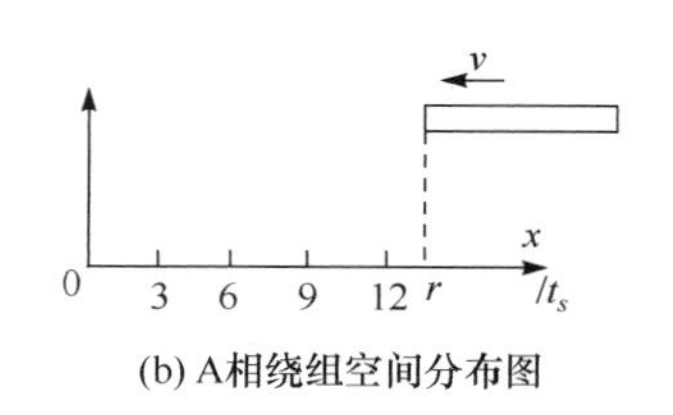

(b) A相绕组空间分布图

图 9.6 A 相绕组

当动子以速度 v 沿 x 轴向负方向移动时，会依次在各线圈内感应出电动势，对于每一个 r 值，各线圈的电动势可由式(9-3)计算出来，设 $e_1(r)$、$e_2(r)$、$e_3(r)$、$e_4(r)$分别代表线圈 1,2,3,4 感应的电动势，则 A 相绕组感应的总电动势为

$$e_{sum}=e_1(r)-e_2(r)+e_3(r)-e_4(r) \tag{9-7}$$

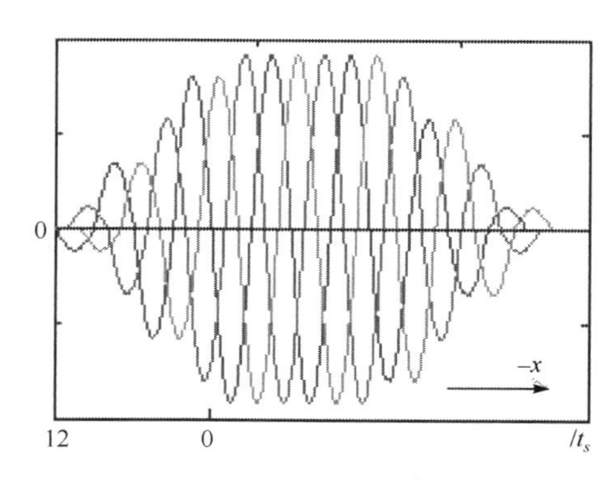

图 9.7 三相电势变化情况

同理，可依次计算出 B,C 相线圈中感应的电动势，三相感应电势波形如图 9.7 所示，由图可见，动子进，出定子时，感应电势不平衡，输出力存在波动。考虑动子退出一定子，同时进入另一定子时动子所受合力变化情况，如图 9.8 所示，动子以速度 v 离开定子 2 同时进入定子 1，设此时的三相电流瞬时值分别为 i_a，i_b，

i_c,定子 1 及定子 2 的感应电动势分别为 $e_{a1},e_{b1},e_{c1},e_{a2},e_{b2},e_{c2}$,则该时刻定子 1,2 分别作用给动子的力为

$$F_1=\frac{1}{2v}(e_{a1}i_a+e_{b1}i_b+e_{c1}i_c) \tag{9-8}$$

$$F_2=\frac{1}{2v}(e_{a2}i_a+e_{b2}i_b+e_{c2}i_c) \tag{9-9}$$

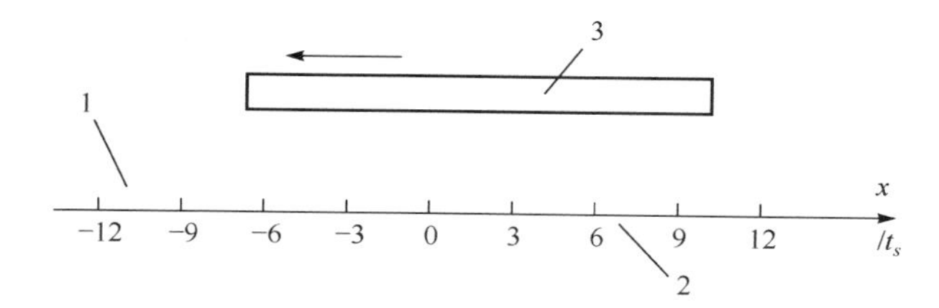

图 9.8　定子切换示意图

1—定子 1;2—定子 2;3—动子

总合力为

$$F_{sum}=\frac{i_a(e_{a1}+e_{a2})+i_b(e_{b1}+e_{b2})+i_c(e_{c1}+e_{c2})}{2v} \tag{9-10}$$

以 A 相绕组为例,e_{a1},e_{a2}的计算公式如下:

$$e_{a1}=e_{a1}^1-e_{a1}^2+e_{a1}^3-e_{a1}^4 \tag{9-11}$$

$$e_{a2}=e_{a2}^1-e_{a2}^2+e_{a2}^3-e_{a2}^4 \tag{9-12}$$

式中,上标代表线圈编号,依据式(9-3)可计算出定子 1,2 中各线圈的感应电势,最终结果为

$$\begin{cases} e_{a1}^1=-2N_c lvB_m\sin\frac{\pi}{\tau}r \\ e_{a1}^2=2N_c lvB_m\sin\frac{\pi}{\tau}r \\ e_{a1}^3=-2N_c lvB_m\sin\frac{\pi}{\tau}r \\ e_{a1}^4=N_c lvB_m\sin\frac{\pi}{\tau}r \end{cases} \tag{9-13}$$

$$\begin{cases} e_{a2}^1=0 \\ e_{a2}^2=0 \\ e_{a2}^3=0 \\ e_{a2}^4=N_c lvB_m\sin\frac{\pi}{\tau}r \end{cases} \tag{9-14}$$

代入式中可求出 e_{a1} 与 e_{a2} 的和，结果如下：

$$e_{a1}+e_{a2}=-8N_c l v B_m \sin\frac{\pi}{\tau}r \tag{9-15}$$

现将动子后部延长，只考虑定子 2 的作用，如图 9.9 所示，由式(9-3)，可解出 A 相所感应出的电动势，最终化简结果如下：

$$e_a=-8N_c l v B_m \sin\frac{\pi}{\tau}r \tag{9-16}$$

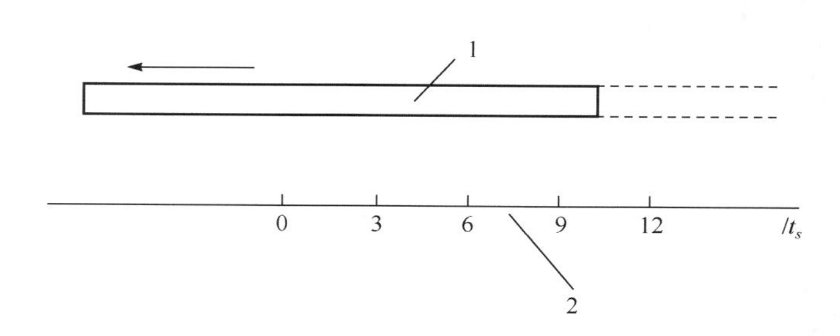

图 9.9　单动子作用下的电机示意图

1—动子；2—定子

式(9-15)与式(9-16)相等，同理可证明 B，C 两相也同样存在上述关系，说明此时刻两定子的作用效果与没有切换时一个定子对动子的作用效果相同，对于动子位于其他部分的分析可依据上述方法进行，所得的结果一致，因此，整个系统可看成一个短动子长定子的永磁直线同步电动机，实际模型在运行过程中也充分印证了以上的分析结果。

从上分析可知：

(1) 为了保证动子能够做垂直运动，动子长度及极数的选择在机械设计时应有所限制。

(2) 在达到一定机械设计精度后，定子切换时所产生的扰动力很小(理论上不产生扰动力)。

第10章　上篇结语

10.1　垂直运动永磁直线同步电动机基础理论体系要点

永磁直线同步电动机驱动的垂直运输系统是一种不同于传统提升机的全新提升模式，其核心是永磁直线同步电动机。关于永磁式直线同步电动机的电磁场分析研究，电磁参数设计计算研究以及其应用在垂直运输系统的各种运行特性研究，在世界范围内还是较新的研究课题。特别是电磁参数的准确计算，结构参数对电磁参数影响的研究，基本上还是空白。本书对上述问题进行了深入分析研究，提出了一些新方法、新见解，得出了该领域研究的新成果，初步建立了比较完整的新模式提升系统用永磁直线同步电动机基础理论体系。现将要点总结如下。

(1) 在合理假定的基础上，建立了永磁直线同步电动机两维物理模型。首次提出了用于研究永磁直线同步电动“四层线性分析模型”。分析模型奠定了既可靠又简便的分析基础。它是物理模型的准确抽象表达。四层线性分析模型自身包含三个新概念和新方法。

① 为了揭示永磁直线同步电动机结构及材料对其电磁参数及性能的影响，在使用电流层概念时采用完全不同于传统的方式，即把电流层的位置由“固定”(初级表面)变为“可变”(作用区内任意位置)。形式上就是不再使用卡氏系数等效方法，而是采用在电流层作用区积分求平均的方法。

② 用等效载流空心线圈代替永磁体基础上，将永磁体进行电流层等效变换，这样使得分析方法完全统一，即电枢磁势作用磁场和磁极磁势作用磁场可用统一方法分析计算。

③ 完全不同于传统方法，把齿槽保留并作重点研究区，为得到线性模型，假定用一均匀线性区代替实际的齿槽磁导率。均匀线性区 Y 方向和 X 方向有不同的磁导率。

(2) 采用四层线性分析模型后，电枢磁场和永磁体励磁磁场都归结于电流层作用磁场，因此分析和计算方法完全一样，为了避免重复分析，书中引入了一个更加数学化的“统一模型”。

(3) 在统一分析模型基础上，利用麦克斯韦方程，建立了所研究区域磁场的统一方程。统一方程含有未知量 X 方向磁场强度 H_x 和 Z 方向电场强度 E_z。根据已知边界条件，经过严格的数学推导，得出了表征永磁直线同步电动机各区域磁场特点的各场量解析表达式。解析表达式包含了区域内导磁性能及结构参数对各场量的影响，包含了电流层(电枢磁势及永磁体磁势)的作用。表达式所含的物理意义明确，数学计算简单。场量方程式构成了永磁直线同步电动机磁场分析的完整而又简明的数学模型。它亦是推导各电磁参数计算式的基础。

(4) 在统一磁场分析的基础上，与永磁直线同步电机磁场有限元分析进行了对比。

(5) 永磁直线同步电动机的电磁参数解析表达式在其磁场数学模型基础上严格推导导出，因此准确可信(经试验证明也的确如此)。电磁参数解析表达式比某些参考文献直接或间接借用旋转电机的计算式更加准确，物理意义更加明确，理论更加严密。

(6) 等效电路法被广泛应用于各类电机的分析与计算中，等效电路实质上就是机能转换装置的电路模拟，等效电路可以十分方便地用于分析和计算电机的电气性能及稳态运行特性，本书对隐极机直接采用旋转电机等效电路的表达形式。凸极机采用了不同于传统的旋转电机等效电路的分析方法，即在永磁直线凸极同步电机等效电路分析法中首次采用一均匀线性区代替磁极区磁导率的方法。在此基础上，利用已建立的永磁直线同步电动机统一分析模型和各区磁密表达式，推导出了永磁直线凸极同步电动机各等效电路参数。用这种方法建立的等效电路、向量图和隐极机有着完全相同的形式，不同的仅仅是因二者结构不同，参数数值不同而已。这种新的分析方法不但避开了传统的交、直轴的概念，给分析和计算永磁直线凸极同步电动机各种性能带来了极大方便，而且凸极电动机和隐极电动机的分析和计算方法完全统一。

(7) 电机的性能计算和分析基本上以永磁直线同步电动机的向量图和等值电路为基础。书中从设计角度和运行角度给出了永磁直线同步电动机的各种性能计算式。还从气隙磁场能量角度导出了一个新的永磁直线同步电动机垂直吸力计算公式。垂直吸力的表达形式保持了本书所建立的永磁直线同步电动机基础理论体系的统一性。

(8) 本书初步建立的永磁直线同步电动机基础理论体系一个非常突出的特点是：导出的各种电磁参数、性能参数表达式都明显包含着结构参数的影响，因此分析电机结构对电磁参数及性能数据的影响时简单明了。书中详细分析了电机结构参数和磁特性对电机电磁参数和性能数据的影响，使用计算机辅助分析方法，绘出了互相之间的关系曲线，曲线进一步直观地显示了影响程度的规律，为永磁直线同步电动机设计和研制提供了部分理论依据。

(9) 不考虑饱和时，本质上是把实际的非线性空载特性线性化，等效电路参数是在这一基础上导出的。在这种情况下，电枢绕组中的感应电势任何时候都与励磁磁势成正比关系。磁路饱和时，这些关系不复存在，也即以线性为基础的等效电路不能再用来分析计算饱和状态的电机性能。本书基于线性与非线性是一对立的统一体这一思想，认为非线性实际上也可看做是无限或有限的线性组合。由此而提出了“饱和点”线性化方法，即把某一饱和程度作为电机饱和程度的依据，而将空载特性线性化。采用这一方法可把任意饱和程度的非线性问题转化成所论问题下的线性问题，分析方法就与以气隙线为基础的分析方法没有什么不同了。书中还给出了电枢反应电抗饱和值与非饱和值的关系式。采用这一方法扩充了等效电路的用途，使永磁直线同步电动机饱和状态下的问题分析与计算简化，并使永磁直线同步电动机基础理论体系简化。

(10) 在忽略电枢作用情况下，用负载角表达的推力公式和力角特性与旋转电机的用功角表达的转矩公式及矩角特性有完全类似的表达形式。

(11) 由于永磁直线同步电动机的同步速度、电抗及励磁电势都正比于频率，因此频率变化将引起它们的相应变化。将与频率有关的量经过适当变换，书中导出的等效电路、电磁功率和推力表达式可应用于任何频率下。当频率变化时，仍然可以忽略电枢电阻作用条件下，得出了如下结论：

① 若电源频率和电压值同时变化 K 倍，则永磁直线同步电动机的最大推力不变，但最大电磁功率变化到 K 倍。

② 若电源电压值不变，电源频率变化 K 倍，则最大电磁功率不变，最大电磁推力变化到$\frac{1}{K}$倍。若电枢电阻作用不能忽略，上述结论不成立。特别是在频率降低较多时，电阻在等效电路中的作用显著增大，直接影响电路电流的计算。

书中还给出了这种情况下的最大电磁推力表达式。当频率很低时，对应最大推力的负载角接近于零值。极限情况，零频供电时，负载角为零，最大推力仅与供电电流值成正比。这实际上揭示了动力制动的本质和方法，即动力制动力本质上就是载流导体在磁场中受到的电磁力，它与频率无关。

(12) 书中定义并采用变频等效电路的方法，导出了垂直运动永磁直线同步电动机的发电制动特性表达式。分析表明，发电制动特性随闭合电枢回路电阻和电抗值不同，可以有许多条，最大制动力大小与电枢回路电阻无关，但最大制动力出现的位置却与回路电阻有关。最大制动力出现时下降速度正比于闭合电枢回路电阻与电抗的比值，低于同步速度下降的条件是电阻与电抗的比值(R/X)小于 1。最大制动力与回路电抗成反比关系。当回路内仅存在固有电枢电抗作用时，最大制动力接近为正常最大电磁推力的一半。

(13) 书中将恒流源供电旋转电机运行特性的分析方法引入永磁直线同步电动机恒流源供电运行特性分析。讨论了电压源供电等效电路和向量图转化为恒流源供电等效电路和向量图的方法。并在此基础上导出了恒流源供电时电磁推力表达式。分析研究和试验证明，电流源供电时永磁直线同步电动机与电枢电流、电流源电流(或气隙励磁电流)及相应夹角正弦的乘积成正比关系。当任意两电流夹角为90°时电磁推力为最大值。电磁推力还与电枢反应电抗存在正比关系。分析表明，对某一恒值夹角，相应两电流值相等时电磁推力最大。书中指出，对于永磁直线同步电动机，由于其电流源电流为恒值，从而在恒值夹角条件下，电流源电流和电枢电流值相等所确定的气隙励磁电流值可能和规定值不完全相同，书中认为只要气隙磁通不明显造成磁路饱和也是可行的。

（14）书中对直线同步电动机驱动垂直运输系统出入端效应进行了分析，得出为了保证动子能够做垂直运动，动子长度及极数的选择在机械设计时应有所限制，在达到一定机械设计精度后，定子切换时理论上不产生扰动力。

（15）书中对试验样机进行了计算分析，并仔细地进行了各种性能测试和运行试验，试验结果支持本书所初步建立的垂直运动永磁直线同步电动机基础理论体系。

10.2　进一步的研究工作

永磁直线同步电动机驱动的垂直运输系统，是具广阔研究前景的全新课题，作为一个系统，这是一个多学科问题，除了电机之外，需要研究的问题还包括其他各方面，例如控制、监测、保护以及机械装置等。该部分所涉及的仅仅是永磁直线电动机部分基础理论，而且限于稳态研究，更加复杂的暂态问题应当是进一步的研究工作的重点。稳态理论和暂态理论的综合，才是完整的永磁直线同步电动机基础理论体系。

上篇参考文献

陈勇,焦留成,王明杰,等. 2007. 低速永磁直线同步电动机电磁场分析. 微电机,40(6):20-23.

程志平,焦留成. 2005. 永磁直线电机驱动的提升系统仿真研究. 矿山机械,33(11):53-55.

付子义,焦留成,夏永明. 2004. 直线同步电动机驱动垂直运输系统出入端效应分析. 煤炭学报,29(2):243-245.

郭红,贾正春,等. 2004. 永磁同步直线电机电磁推力的分析. 电机与控制学报,8(1):1-4.

焦留成,汪旭东,袁世鹰. 1996. 直线感应电动机的电磁设计与参数计算. 焦作工学院学报,15(4):81-88.

焦留成,汪旭东,袁世鹰. 1999. 直线感应电动机的优化设计研究. 中国电机工程学报,19(4):81-84.

焦留成,禹沛,禹涓. 1997. 稀土永磁材料及其在直线电机中的应用展望. 微特电机,(2):32-34.

焦留成,袁世鹰. 2000. 恒流源供电对垂直运动永磁直线同步电动机电磁推力的影响. 煤炭学报,25(4):420-422.

焦留成,袁世鹰. 2002a. 垂直运动永磁直线同步电动机运行特性分析. 中国电机工程学报,22(4):37-40.

焦留成,袁世鹰. 2002b. 永磁直线同步电动机等效电路参数计算. 中国电机工程学报,22(3):12-16.

焦留成,袁世鹰,汪旭东. 1996. 直线异步电动机的计算机优化设计研究. 中国电工技术学会直线电机学术年会论文集(杭州).

焦留成,朱建铭,袁世鹰. 1995. 直线感应电动机结构参数对功率因数及效率的影响研究. 焦作矿业学院学报,14(6):71-77.

焦留成,朱建铭,袁世鹰. 1996. 高速直线电机最佳性能设计准则的研究. 煤炭学报,21(5):553-556.

焦留成,朱建铭,袁世鹰. 1997a. 一个新的边端效应系数及其对直线感应电机性能影响的研究. 应用基础与工程科学学报,5(1):18-23.

焦留成,朱建铭,袁世鹰. 1997b. 直线同步电动机提升系统的研究现状及展望. 焦作工学院学报,(2):32-34.

刘国强,等. 2005. Ansoft 工程电磁场分析. 北京:机械工业出版社.

吕刚,焦留成. 2005. 多模自适应模糊控制器及其在精密伺服系统中的应用控制. 理论与应用,22(1):47-51.

闵次凡,王建华. 1996. 用有限元法计算电机磁场的网格自动剖分问题. 计算机与现代化,(1):33-36.

倪栋,段进,徐久成. 2003. 通用有限元分析 ANSYS 7.0 实例精解. 北京:电子工业出版社.

乔忠寿. 1992a. 直线电机驱动的地下铁道系统. 直线电机技术应用通讯(内刊),1:16-22.

乔忠寿. 1992b. 直线电机驱动的矿井提升系统. 煤炭科学技术,(12):52-54.

乔忠寿. 1993. 列宁格勒矿业学院直线电机研究概况. 直线电机技术应用通讯(内刊),1-2:42-44.

上官璇峰,汪旭东,焦留成. 1997. 单边型直线感应电动机法向力的研究. 焦作工学院学报,16(3):25-27.

司纪凯,汪旭东,等. 2008. 永磁直线同步电机出入端磁阻力齿槽分量分析. 电机与控制学报,12(5):550-554.

汪玉风,付华,臧小杰. 2000. 新结构永磁同步电动机磁场的有限元分析. 煤炭学报,25(4):423-425.

王福忠,焦留成,张向文,等. 2002. 王莉基于神经网络永磁直线同步电动机提升系统动态模型建立与仿真. 系统仿真学报,14(9):1249-1252.

王明杰,焦留成,陈勇,等. 2007. 永磁直线同步电机磁场和力的有限元分析. 矿山机械,35(2):106-108.

王秀和. 2007. 永磁电机. 北京:中国电力出版社.

韦巍. 2001. 智能控制技术. 北京:机械工业出版社.

文代刚,姜可薰. 1999. 应用于电磁场计算的新型叠层三角形单元. 中国电机工程学报,19(1):71-74.

徐月同,傅建中,等. 2005. 永磁直线同步电机推力波动优化及实验研究. 中国电机工程学报,25(12):122-126.

闫照文,李朗如,袁斌. 2000. 电磁场数值分析的新进展. 微电机,33(4):33-35.

杨仕友,倪光正. 1999. 小波-伽辽金有限元法及其在电磁场数值计算中的应用. 中国电机工程学报,19(1):56-60.

杨玉波,王秀和,朱常青. 2012. 基于分块永磁磁极的永磁电机齿槽转矩削弱方法. 电工技术学报,27(3):73-77.

袁世鹰,裴学华,焦留成,等. 1994. 直线感应电动机横向边缘效应分析. 煤炭学报,19(1):71-80.

张宏伟,焦留成,康润生,等. 2004. 永磁直线同步电动机提升系统的模糊 PID 控制. 微电机(伺服技术),37(6):33-36.

张宏伟,焦留成,王新环,等. 2005. 永磁直线同步电动机功角控制策略的研究. 煤炭学报,30(4):529-533.

张榴晨. 1996. 有限元法在电磁计算中的应用. 北京:中国铁道出版社.

张向文. 2002. 永磁直线同步电动机的电磁场及实用模型研究. 焦作:焦作工学院硕士学位论文.

张晓鹃,张春镐. 1996. 用波阵法计算混合式步进电动机的三维静磁场. 太原工业大学学报,(3):5-8.

张振红. 2003. 永磁直线同步电动机的电磁场有限元分析. 焦作:焦作工学院硕士学位论文.

赵新渤,焦留成. 2009a. 低速永磁直线同步电动机起动过程中电磁力的分析. 煤矿机械,30(10):75-77.

赵新渤,焦留成. 2009b. 低速永磁直线同步电机自起动分析. 微电机,42(12):24-27.

Ahn H J,Lee S H. 2008. A study on the characteristics of PMLSM according to permanent magnet arrangement. Industry Applications Society Annual Meeting,2008. IAS'08. IEEE,1-6.

Azukizawa T. 1983. Optimum linear synchronous motor design for high speed ground transportation. IEEE Trans,PAS-102(10):3306-3314.

Bianchi N, Bolognani S, et al. 2005. Reduction of cogging force in PM linear motors by pole-shifting. IEEE Proc. Electr Power Appl. ,152(3):703-709.

Binns K J, Jabbar M A, Barnard W. R. 1975. Computation of the magnetic field of permanent magnets in iron cores. Proc. IEE, 12:1377-1381.

Bohn G, Steimeta G. 1984. The electromagnetic levitation and guidance technology of the transrapid test facility england. IEEE Trans. , Mag-20(5):1666-1678.

Boldea I, Nasar S A. 1978. Field winding drag and normal forces of linear synchonous homopolar motors. Electric Machines and Electromechanics.

Boldea I, Nasar S A. 1979. Linear synchronous hompolar motor(lshm)-a design procedure for propulsion and levitation system. Electric Machines and Electromechanics.

Boldea I, Nasar S A. 1995. Linear Motor Electromagnetic Systems. New York: Wiley Intersience.

Budig P K. 1974. Some remarks on the device of three-phase linear motors for low synchronous speed. Conference on Linear Electic- Machines.

Cassat A, Kawkabani B, Perriard Y, et al. 2008. Modeling of long stator linear motors-Application to the power supply of multi mobile system. Proceedings of the 2008 International Conference on Electrical Machines, ICEM'08.

Cassat A, Perriard Y, Kawkabani B, et al. 2008. Power supply of long stator linear motors application to multi mobile system, Conference Record- IAS Annual Meeting (IEEE Industry Applications Society). 2008 IEEE Industry Applications Society Annual Meeting, IAS'08.

Cruise R J, Landy C F. 1996. Linear synchronous motor propelled hoists for mining applications. Conference Record of the 1996 IEEE Industry Applications 31st IAS Annual Meeting, 4:2514-2519.

Cruise R J, Landy C F. 1997. Linear synchronous motor hoists. Proceedings of the 1997 8th International Conference on Electrical Machines and Drives. IEE Conference Publication, 444: 284-288

Davoine T. Perret R, Le-Huy H. 1983. Operation of A Self-Controlled Synchronous Motor Without A Shaft Position Sensor. IEEE Trans. IA-19(2):217-222.

Donald C B. 1998. Linear-induction motor in transit: a systems view. Elevator World, 46(6): 90-94.

Ebihara D, Kim H J, Tasaki Y, et al. 1993. Development of the rope-less elevator with the linear synchronous motor. ISEM-Saporo, F-17.

Elzawawi A. Baudon Y, Ivanes M. 1981. Dynamic analysis of electromagnetically levtated vehicle using linear synchronous motors. Electricmachines and Electromechanics.

Enrico Levi. 1974. High-Spedd, Iron-Cord, synchronously operating linear motors. Conference on Linear Electic Machines.

Gastli A. 2000. Asymmetrical constants and effect of joints in the secondary conductors of a linear induction motor. IEEE Transactions on Energy Conversion, 15(3): 251-256.

Gieras J F. 1977. Analytical method of calculating the electromagnetic field and power losses in ferromagnetic half space, taking into account saturation and hysteresis. Proc. IEE, 124(11), 11: 1098-1104.

Gieras J E, Hartzenberg D, Magura I J, et al. 1993. Control of an elevator drive with a single-sided linear induction motor. IEE Conference Publication-Control in Power Electronics, 4(377): 353-358,

Herbert W, Nady B. 1980. Field analysis for high-power, high-speed permanent magnet synchronous machines of the disc constrction type. Electric Machines and Electro mechanics, on International Jonvnal, 5: 25-37.

Khong P C, Leidhold R, Mutschler P. 2009. Magnetic guidance of the mover in a long-primary linear motor. 2009 IEEE Energy Conversion Congress and Exposition, ECCE 2009: 2354-2361.

Khong P C, Leidhold R, Mutschler P. 2010. Magnetic guiding and capacitive sensing for a passive vehicle of a long-primary linear motor Proceedings of EPE-PEMC 2010- 14th International Power Electronics and Motion Control Conference, S31-S38.

Kim H J, Muraoka I, Watada M, et al. 1994. The simulation equipment and basic characteristics of the vertical linear synchronous motor. LD-94-7.

Kim H J, Tasaki Y, Tori S, et al. 1993. Study of the rope-less elevator with linear synchronous motor. ICEMA, (2).

Kim S I, Hong J P, Kim Y K, et al. 2006. Optimal design of slotless-type PMLSM considering multiple responses by response surface methodology. IEEE Transactions on Magnetics, 42(4): 1219-1222.

Kliman G B, Plunkett A P. 1979. Deveopment of A Modulation Strategy for A PWM Inverter Drive. IEEE Trans. , IA-95(1): 72-79.

Kolm H H, Thornton R D, Iwasa Y, et al. 1975. The Magneplane System. Cryogenics, 7: 377-383.

Koseki T, Sone S. 1993. Basic study on a linear synchronous motor with permanent magnets for vertical transportation. LD-93-96.

Kroninger H L. 1989. Linear motors for mine hoists. Elektron, 6(2): 18-20.

Kuntz S K, Burke E, Slemon G R. 1978. Active damping of maglev vechivles using supercondting linear sychronous motors. Electric Machine and Electromechanics.

Lateb R, Takorabet N. 2006. Effect of magnet segmentation on the cogging torque in surface-mounted permanent-magnet motors. IEEE Transactions on Magnetics, 42(3): 442-445.

Levi E. 1976. Preliminary design studies of iron-Cord synchronously operating linear motor. Polytechnical Institue of Brooklyn, Report No. 761005, Dot Ord, Wshington, DC.

Lim H S, Krishnan R, Eobo N S D. 2005. Esign and control of a linear propulsion system for an elevator using linear switched reluctance motor drives. 2005 IEEE International Conference on Electric Machines and Drives.

Lim K C, Woo J K, et al. 2002. Detent force minimization techniques in permanent magnet linear synchronous motors. IEEE Transactions on Magnetics, 38(2): 1157-1160.

Lingaya S, Parsch C P. 1979. Characteristics of the force components of an air-Cord linear synchronous motor with superconducting excitation magnets. Electric Machines and Electromechanics.

Liu C T, Kuo J L. 1994. Transient analyses of transverse flux homopolar linear machines with unified prototype. IEEE Trans. ,9(2),7:366-375.

Liu C T, Kuo J L, Wu G S. 1993. A generalized 3-D dynamic modelling for transverse flux homopolar linear machines based on statistical saliency-effect superposition method. IEEE Trans. , 8(2),12:739-749.

Lorenzen H, Wild W. 1976. The synchronous linear motor. Internal Report: Technical University of Munich.

Meyer J L, Ernst R, Durand F. 1985. Stirring an aluminum ingot mold with a linear motor: electromagnetic, hydrodynamic, and thermal effects. Progress in Astronautics and Aeronautics, 100:736-755.

Nasar S A. 1987. Linear Electric Motors. Prentic-Hall, Inc.

Nasar S A, Boldea I. 1976. Linear Motion Electric Machines. New York: John Wiley and Sons.

Nasar S A, Unnewehr I E. 1984. Electromecanics and Electric Machines. Second Edition. New York: John Wiley and Sons.

Neto T R F, Pontes R S T. 2007. Design of a counterweight elevator prototype using a linear motor drive. Proceedings of IEEE International Electric Machines and Drives Conference, IEMDC 2007,1:376-380.

Nishikata S, Muto S, Kataoka T. 1982. Dynamic performance analysis of self-controlled synchronous motor speed control system. IEEE Trans. , IA-08(3):205-212.

Nondahl T A. 1980. Design studies forsingle-sided linear electric motors: homopolar synchronous and induction. Electric Machines and Electromechanics.

Ohsuka T, Kyotani Y. 1979. Superconducting, maglev tests. IEEE Trans. , Mag-15 (9): 1716-1721.

Onat A, Kazan E, Takahashi N, et al. 2010. Design and implementation of a linear motor for multicar elevators. IEEE/ASME Transactions on Mechatronics, 15(5): 685-693.

Parish C P, Diaguer G. 1979. The Air-Cored linear synchronous motor: state of the art in erlangen. Brusselw: International Conf. an Elect Machines, 14/3.

Parsch C P, Raschbichler H G. 1981. The iron cored long stator synchronous motor for the emsland test faciloty. ZEV-Glas. Annalen, 5(7-8): 225-232.

Rabinovovici R. 1994. Eddy current losses of permanent magnet motors. IEEE Proc. Electr. Power Appl. ,141(1) :7-11.

Rentmeister M. 1979. Asynchronous and asynchronous linear motors of short primary construction. Electric machines and Electromechanics.

Ruymmich E. 1972. Linear synchronous machines-theory construction. Bui. A. S. E, 23: 1338-1344.

Saijo T, Koike S, Tadakuma S. 1981. Characteristics of linear synchronous motor drive converter for maglev vehicle MC-500 at Miyazaki test. IEEE Trans. , IA-17(5):533-543.

Schmülling B, Effing O, Hameyer K. 2007. State control of an electromagnetic guiding system for ropeless elevators. 2007 European Conference on Power Electronics and Applications. EPE.

Shalaby M. 1977. Computation of permanent magnet synchronous machine performance. Arch fur Elek, 58:215-223.

Sharifian M B B, Afsharirad H, Galvani S. 2010. A particle swarm optimization approach for optimum design of PID controller in linear elevator. 2010 9th International Power and Energy Conference, IPEC 2010:451-455.

Slemon G R. 1979. An Experimental study of a homopolar linear synchronous motor. Electric Machines and Electromechanics.

Sudo T, Markon S. 2002. The performance of multi-car linear motor elevators. Elevator World, 50(3):81-85.

Thornton R. 2006. Linear synchronous motors for elevators. Elevator World, 54(9): 168-173.

Tsai C C, Hu S M, Chang C K. 2005. Vertical linear motion system driven by a tubular linear induction motor. Proceedings of the 2005 IEEE International Conference on Mechatronics, ICM′05, 162-167.

Wallace A K, Ranawake U A, Xu D, et al. 1987. Magnetic elevator for solids(mes): a tubular linear reluctance motor. IEEE, 45-51.

Watanable T, Yamaguchi H, Takahashi M. 1993. Dynamic braking characteristics of linear synchronous motor for rope-less elevator. LD-93-96.

Weh H. 1979. Linear synchronous motor development for urban and rapid transit systems. IEEE Trans., MAG-15(6), 11:1422-1427.

Weh H, Boules N. 1980. Machine constants and design consideration of a high-speed permanent magnet. Disctype Synchronous Machine. EME, 5: 113-123.

Xi N, Yang J J, et al. 2011. Detent force analysis and structure improvement of PMLSM. Consumer Electronics, Communications and Networks (CECNet), 2011 International Conference on Digital Object Identifier, 260-263.

Zhou P, Rahman M A, Jabbar M A. 1994. Field circuit analysis of permanent magnet synchronous motors. IEEE Trans., 19(2), 7:1350-1359.

Zhu Y W, Kim D S, Kooa D H. et al. 2011. Optimal design of a double-sided slotted iron core type PMLSM with manufacturing considerations. Materials Science Forum, 670:235-242.

Zhu Y W, Koo D H. 2008. Detent force minimization of permanent magnet linear synchronous motor by means of two different Methods. IEEE Transactions on Magnetics, 44(11): 4345-4348.

Zhu Y W, Lee S G. 2009. Investigation of auxiliary poles design criteria on reduction of end effect of detent force for PMLSM. IEEE Transactions on Magnetics, 45(6):2863-2866.

Zhu Y W, Lee S G, Cho Y H. 2010a. Optimal design of slotted iron core type permanent magnet linear synchronous motor for ropeless elevator system. IEEE International Symposium on Industrial Electronics, 1402-1407.

Zhu Y W,Lee S G,Cho Y H. 2010b. Topology structure selection of permanent magnet linear synchronous motor for ropeless elevator system. IEEE International Symposium on Industrial Electronics,1523-1528.

Zhu Z Q,Hor J,et al. 1997. Calculation of cogging force in a novel slotted linear tubular brushless permanent magnet motor. IEEE Transactions on Magnetics,33(5):4098-4100.

下篇　控制策略

第 11 章　基于能量的永磁直线同步电机控制

11.1 概　　述

永磁直线同步电机由于直接获得直线运动，消除了中间传动机构的弹性变形、间隙、摩擦等因素的影响，但同时系统的参数摄动、负载扰动、端部效应、齿槽效应、摩擦力等不确定因素未经衰减直接作用于永磁直线同步电动机，没有任何中间环节的缓冲，因而增加了控制上的难度。对于诸如高精数控机床等应用场合，高性能控制要求与控制算法复杂性的矛盾，对永磁直线同步电动机特别是分段式永磁直线同步电机伺服系统的控制技术提出了更高的要求。目前，为解决永磁直线同步电机伺服系统存在的困难，所采取的研究思路主要包括以下三种：

(1) 传统控制技术。基于该思路，出现了传统控制技术如 PID 控制、反馈控制、解耦控制、矢量控制技术等。由于传统控制技术要求对象模型确定、不变化且是线性的以及操作条件、运行环境是确定不变的，因此，目前在高精度控制系统中大都与其他控制方法相结合。

(2) 现代控制技术。现代控制技术在直线伺服电机控制研究中引起了很大的重视，在永磁直线同步电动机控制研究中得到较为广泛的应用，常用控制方法有：自适应控制、滑模变结构控制、鲁棒控制、定量反馈理论等。对于现代控制理论如鲁棒控制，要求输入必须是能量有限信号，而实际系统的干扰信号，如突加负载产生的阶跃扰动，时变有界负载扰动等一般并不满足 H_∞ 控制理论干扰是平方可积的能量有界信号的假设，H_∞ 控制的鲁棒稳定性和性能鲁棒性之间的矛盾尚需进一步研究。滑模变结构抖振问题还没有很好的解决，所有这些降低了现代控制在伺服系统的有效性。

(3) 智能控制。近年来模糊逻辑控制、神经网络控制等智能控制方法也被引入永磁直线电机伺服系统的控制。但单纯的模糊控制需要较多的控制规则及工作人员的大量经验，使得控制精度相对较低，神经网络智能控制系统，还没有一个统一的控制系统设计方法，对于输入个数、网络层数、阈值的选取，人为因素很大，且算法复杂不易实现，目前智能控制与现有成熟的控制方法相结合，取长补短，可以部分的实现永磁直线同步电机伺服系统的非线性和不确定性的辨识和控制，出现了神经网络 PID、模糊逻辑 PID、模糊滑模变结构等。

从上可看出，各种应用于永磁直线同步电机伺服系统的控制策略，每种控制策略都有它的针对性或出发点，各有所长，同时也存在不同程度的局限性或不足。因此，永磁直线同步电机伺服系统的控制是另一个重要的研究内容。

近年来，新型非线性控制系统的互联与能量成型方法受到高度重视，其主要特征是被控系统具有端口受控哈密顿结构，根据端口受控哈密顿系统特有的反馈镇定方法，使系统（特别是非线性系统）的控制器设计与稳定性分析更加容易。于海生、赵克友、赵光宙、裘君等教授应用该方法对永磁电机的建模与控制进行了研究，取得了较好的控制效果。张静、武俊峰等教授针对磁悬浮系统非线性特点，采用端口受控哈密顿系统理论与无源性控制原理研究了磁悬浮系统的建模和控制。Petrovic V，Ortega R，Stankovicam 对永磁同步电机转矩通常未知的情况，提出了利用观测器的方法进行负载转矩观测，获得了较为理想的控制效果。

Hamilton 函数方法从能量的观点看待受控系统，将其视为具有内部能量耗散与转换，并通过输入输出端口与外部环境进行能量交换的开放系统。能量平衡方程是 Hamilton 函数方法完成系统分析和控制的基础。基于能量的 Hamilton 函数方法能充分利用系统内在结构特点进行稳定性分析和控制器设计。通过将受控系统表示为耗散 Hamilton 系统，可以用表征系统总能量的 Hamilton 函数作为 Lyapunov 函数完成稳定性分析，还可以利用 Hamilton 系统独特的结构特性进行控制器设计。

将模型等效化简与奇异摄动近似方法相结合，Hamilton 函数方法已在永磁直线电机的镇定和鲁棒控制研究中取得了一些研究成果。袁晓磊为解决永磁直线同步电机的非线性变量耦合问题，利用奇异摄动理论解决速度和电流之间存在耦合的系统非线性问题。针对参数不确定性与外部扰动问题，利用滑模变结构控制，为削弱滑模控制给系统带来的抖动，将平滑模切换律应用到永磁直线同步电机伺服系统控制器的设计中，用含有平滑模切换律的滑模控制策略，先分别设计快变与慢变子系统的控制规律，再将两个子系统的控制规律合成，得到永磁直线同步电动机的复合控制，取得了较为理想的结果。

本书在简要介绍端口受控哈密顿（PCH）系统基本形式基础上，建立隐极永磁直线同步电动机的 PCH 系统模型，并在负载已知的条件下，给出了系统的控制规律。仿真结果表明，应用端口受控的哈密顿方法对永磁直线同步电机进行控制不仅物理意义明确，易于实现，而且效果较为理想。

11.2　端口受控哈密顿系统数学基础

用哈密尔顿函数表示的 K 维坐标构架 $x=(q_1,\cdots,q_k)$ 下全激励欧拉-拉格朗日方程为

$$
\begin{aligned}
&\dot{q}=\frac{\partial H}{\partial p}(q,p), \quad p=(p_1,\cdots,p_k)\\
&\dot{p}=\frac{\partial H}{\partial q}(q,p)+u, \quad u=(u_1,\cdots,u_k)\\
&y=\frac{\partial H}{\partial p}(q,p)(=\dot{q}), \quad y=(y_1,\cdots,y_k)
\end{aligned} \tag{11-1}
$$

沿着式(11-1)中的任意轨迹，有

$$
H(q(t_1),p(t_1)) = H(q(t_0),p(t_0)) + \int_0^{t_1} u^{\mathrm{T}}(t)y(t)\mathrm{d}t \tag{11-2}
$$

表明了系统的能量是守恒的，即内部能量 H 的增量等于外界系统所做的功($u^{\mathrm{T}}y$ 为广义力乘以广义速度，即外界系统所做的功)。

系统(11-2)是一个配置有输入输出的哈密顿系统，其更加广义的形式为

$$
\begin{aligned}
&\dot{q}=\frac{\partial H}{\partial p}(q,p), \quad (q,p)=(q_1,\cdots,q_k,p_1,\cdots,p_k)\\
&\dot{p}=\frac{\partial H}{\partial q}(q,p)+B(q)u, \quad u\in R^m\\
&y=B^{\mathrm{T}}(q)\frac{\partial H}{\partial p}(q,p)(=B^{\mathrm{T}}(q)\dot{q}), \quad y\in R^m
\end{aligned} \tag{11-3}
$$

式中，$B(q)$为输入力矩阵；$B(q)u$ 为由控制输入 $u\in R^m$ 产生的广义力。

将式(11-3)进一步扩展，在局部坐标下可以表示为

$$
\begin{aligned}
&\dot{x}=J(x)\frac{\partial H}{\partial x}(x)+g(x)u, \quad x\in X, \quad u\in R^m\\
&y=g^{\mathrm{T}}(x)\frac{\partial H}{\partial x}(x), \quad y\in R^m
\end{aligned} \tag{11-4}
$$

式中，$J(x)$为 $n\times n$ 反对称矩阵，且满足矩阵中每一个元素都是 x 的光滑函数。

$$
J(x)=-J(x) \tag{11-5}
$$

而 $x=(x_1,\cdots,x_n)$是 n 维状态空间流形 X 的局部坐标。根据式(11-5)，可以得到

$$
H(x(t_1)) = H(x(t_0)) + \int_0^{t_1} u^{\mathrm{T}}(t)y(t)\mathrm{d}t, \quad \forall\, t_0, t_1, \forall\, u(\cdot) \tag{11-6}
$$

如果 $H(x)\geqslant 0$ 表明式(11-4)为保守系统。当式(11-4)中的 J 满足条件式(11-6)时，系统(11-4)为结构矩阵为 J 的端口受控哈密顿系统(PCH)。

11.3　端口受控耗散哈密顿系统

不少 PCH 系统(11-4)的端口上接有阻性元件，起到了能量耗散作用，因此将能量耗散的概念引入 PCH 系统框架中，式(11-4)中的 $g(x)u$ 变成

$$[g(x) \quad g_R(x)]\begin{bmatrix} u \\ u_R \end{bmatrix}=g(x)u+g_R(x)u_R \tag{11-7}$$

输出方程

$$y=g^{\mathrm{T}}(x)\frac{\partial H}{\partial x}(x)$$

成为

$$\begin{bmatrix} y \\ y_R \end{bmatrix}=\begin{bmatrix} g^{\mathrm{T}}(x)\dfrac{\partial H}{\partial x} \\ g_R^{\mathrm{T}}(x)\dfrac{\partial H}{\partial x} \end{bmatrix} \tag{11-8}$$

如果耗散系统式(11-4)接入了线性阻性原件

$$u_R=-Sy_R \tag{11-9}$$

式中，$S=S^{\mathrm{T}}\geqslant 0$ 为对称半正定矩阵。

将式(11-9)代入式(11-7)得到如下的系统：

$$\begin{aligned} &\dot{x}=[J(x)-R(x)]\frac{\partial H}{\partial x}(x)+g(x)u, \quad x\in X, \quad u\in R^m \\ &y=g^{\mathrm{T}}(x)\frac{\partial H}{\partial x}(x), \quad y\in R^m \end{aligned} \tag{11-10}$$

式中，$R(x)$为光滑依赖于 x 的半正定对称矩阵 $R(x)=g_R(x)Sg_R^{\mathrm{T}}(x)$。

式(11-10)为称为端口受控的耗散哈密顿系统(PCHD) 。PCHD 系统中两个重要的几何结构为 $J(x)$和 $R(x)$。

$J(x)$为反映了系统内部的互联结构。

$R(x)$为表示在端口上附加的阻性结构。$R(x)$由端口结构的 $g_R(x)$和阻性元件的线性基本关系 $u_R=-Sy_R$ 决定，因此 PCHD 给出了系统内部和外界控制结构的数学表达，勾画出了系统的能量构成与交换。

11.4 端口受控哈密顿(PCH)系统基本形式

根据前面所述，端口受控哈密顿(PCH)系统可用式(11-11)表示的非线性系统描述：

$$\begin{aligned} &\dot{x}=f(x)+g(x)u=J(x)\frac{\partial H}{\partial x}(x)+g(x)u \\ &y=h(x)=g^{\mathrm{T}}(x)\frac{\partial H}{\partial x}(x) \end{aligned} \tag{11-11}$$

将能量耗散的概念引入到 PCH 系统中，可得耗散的 PCH 模型如下：

$$
\begin{aligned}
\dot{x}&=[J(x)-R(x)]\frac{\partial H}{\partial x}(x)+g(x)u \\
y&=g^{\mathrm{T}}(x)\frac{\partial H}{\partial x}(x)
\end{aligned}
\tag{11-12}
$$

式中，$x\in R^n$；$u,y\in R^m$；$R(x)$为半正定对称矩阵；$R(x)=R^{\mathrm{T}}(x)\geqslant 0$，它反映了端口上的附件阻性结构；$J(x)$为反半对称矩阵；$J(x)=-J^{\mathrm{T}}(x)$，它反映了系统内部的互联结构。

对端口受控耗散哈密顿系统进行控制，可以通过将两个端口受控的耗散哈密顿系统进行互联，通过互联和阻尼配置的无源控制方法(IDA-PBC)进行。

11.5　永磁直线同步电动机的数学建模型

11.5.1　电机的基本方程

为分析方便，做如下假设：

(1) 定子绕组为三相对称绕组；

(2) 不计磁路的饱和效应；

(3) 不计电动机中的涡流和磁滞损耗。

于是，可以得到如下的电压、磁链、电磁推力和机械运动方程。

磁链方程：

$$
\begin{cases}
\psi_a=L_{aa}i_a+M_{ab}i_b+M_{ac}i_c+M_0\cos\left(\dfrac{\pi}{\tau}vt\right)I_f \\
\psi_b=M_{ba}i_a+L_{bb}i_b+M_{bc}i_c+M_0\cos\left(\dfrac{\pi}{\tau}vt-\dfrac{2\pi}{3}\right)I_f \\
\psi_c=M_{ca}i_a+M_{cb}i_b+L_{cc}i_c+M_0\cos\left(\dfrac{\pi}{\tau}vt+\dfrac{2\pi}{3}\right)I_f
\end{cases}
\tag{11-13}
$$

电压方程：

$$
\begin{cases}
u_a=ri_a+\dfrac{\mathrm{d}\psi_a}{\mathrm{d}t} \\
u_b=ri_b+\dfrac{\mathrm{d}\psi_b}{\mathrm{d}t} \\
u_c=ri_c+\dfrac{\mathrm{d}\psi_c}{\mathrm{d}t}
\end{cases}
\tag{11-14}
$$

电磁推力方程：

$$
F_x=M_0I_f\frac{\pi}{\tau}\left[i_a\cos\left(\frac{\pi}{\tau}vt\right)+i_b\cos\left(\frac{\pi}{\tau}vt-\frac{2\pi}{3}\right)+i_c\cos\left(\frac{\pi}{\tau}vt+\frac{2\pi}{3}\right)\right]
\tag{11-15}
$$

机械运动方程：

$$m\frac{\mathrm{d}v}{\mathrm{d}t}=F_x-F_L+F_d+f \tag{11-16}$$

式中，m 为动子质量；u_a,u_b,u_c 为定子绕组的三相相电压；i_a,i_b,i_c 为定子绕组的三相相电流；I_f 为永磁体等效电流；ψ_a,ψ_b,ψ_c 为定子绕组的三相磁链；L_{aa},L_{bb},L_{cc} 为定子绕组的三相轴自感和漏感的和；$M_{ab},M_{ac},M_{ba},M_{bc},M_{ca},M_{cb}$ 为定子绕组相间互感；M_0 为定子动子间互感的幅值；v 为电机的实际运行速度；F_x 为电机的电磁推力；F_L 为电机的负载阻力；f 为摩擦力；F_d 为外部扰动力。

由于引起对摩擦力的因素和外部扰动的因素是不确定的，虽然在此将二者分开，是考虑到在实际当中摩擦力是个变化相对较小的量，在此作为一个恒量处理，而外部扰动是个不定量，可看做是直线电机的端部效应等引起的量，在分析中可用一个扰动信号加以模拟。

由于电机本身结构的原因，从理论上讲，电机在运行过程中会出现抖动现象，但由于实际实验条件的限制，运行速度较低，因此，抖动现象不考虑。

对于该类永磁直线同步电动机，由于动子上不存在阻尼绕组，且永磁体的励磁作用由等效电流来反映。因此，其电压、磁链方程均为三维方程组。

11.5.2 模型参数的确定

由“四层线形”磁场模型计算可得

$$\begin{cases}L_s=\dfrac{4}{3\pi p}b_e m\mu_0(n_w k_w)^2 k_4\\ L_{11}=\dfrac{4}{3\pi p}b_e m\mu_0(n_w k_w)^2(k_3-k_4)\\ L_{12}=\dfrac{4}{3\pi p}b_e m\mu_0(n_w k_w)^2(c_x+c_z)\end{cases} \tag{11-17}$$

$$L_{aa}=L_{bb}=L_{cc}=L_s+L_{11}+L_{12} \tag{11-18}$$

$$M_{ab}=M_{bc}=M_{ca}=-\frac{L_s}{2} \tag{11-19}$$

$$I_f=H_c h_m \tag{11-20}$$

$$M_0=\frac{E_0}{\omega I_f} \tag{11-21}$$

式中，p 为极对数；μ_0 为真空磁导率；$n_w k_w$ 为电枢绕组每相串联有效匝数；L_s 为单相绕组自感系数；L_{11} 为槽漏电感；L_{12} 为考虑边端效应的端部漏感；c_x,c_z,k_3,k_4 为经由“四层线性”磁场模型计算所得参数；E_0 为励磁电势幅值。

11.6　永磁直线同步电机矢量坐标变换及变换矩阵

11.6.1　永磁直线同步电机坐标系与空间矢量

永磁直线同步电机坐标系如下所述：

（1）电枢坐标系（a-b-c 和 α-β 坐标系）。

永磁直线同步电机三相电枢绕组轴线 a，b，c，彼此互差 120°，构成一个 a-b-c 坐标系。在电枢坐标系中定义 α-β 直角坐标系，使 α 轴与 a 轴重合，β 轴超前 α 轴 90°。由于 α 轴与 a 轴固定在绕组 a 相的轴线上，因此，两坐标系在空间上静止，称为静止坐标系，如图 11.1 所示。矢量 i_s 在静止坐标系各轴上的投影表示该矢量在各绕组的分量。

（2）永磁体坐标系（d-q 坐标系）。如图 11.1 所示，以永磁体 N 极轴线为 d 轴，超前 d 轴 90°方向为 q 建立的坐标系，称为 d-q 坐标系，该坐标轴固定在永磁体上，在空间以同步速度 ω_s 旋转。设 d 轴与电枢坐标系 a 轴的夹角为 θ，假设初相角为则 θ_0，则永磁体运动时，$\theta = \int \omega_s \mathrm{d}t + \theta_0$，当电枢运动时，$\theta = -\int \omega_s \mathrm{d}t + \theta_0$。

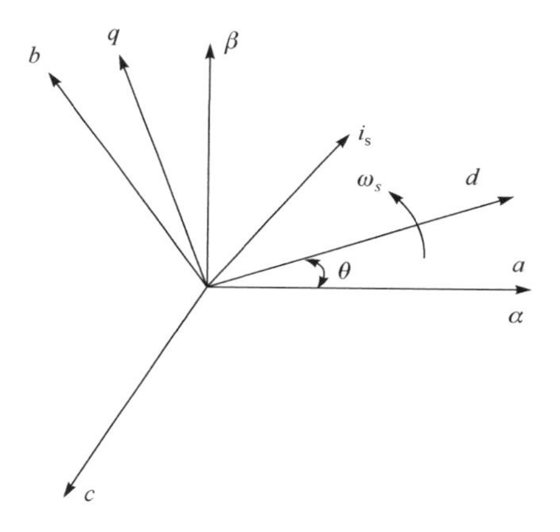

图 11.1　永磁直线同步电机坐标系

11.6.2　空间矢量

永磁直线同步电机的电枢三个绕组 a-b-c 分别通入电流 i_a、i_b、i_c 时，在相应空间将产生磁动势 F_a、F_b、F_c。若磁动势矢量和用 F_s 表示，合成磁通矢量用 Q_s 表示，则 F_s 和 Q_s 两者同轴同方向。同样，永磁直线同步电机永磁体在空间产生的磁势用 F_{pm} 表示，产生的相应磁通用 ϕ_{pm} 表示，电枢、永磁体的合成磁势用 F_m 表示，合成磁通用 ϕ_m 表示。

11.6.3　变换矩阵确定原则

变换矩阵是矢量从一个坐标系变换到另一个坐标系的一种数学运算，其目的是根据系统特点，使系统在数学处理上更加方便，物理意义能更加明确。因此，无论采用什么样的变换，必须遵循以下基本原则：

（1）磁场等效原则，即系统变换前后所产生的磁场效果是一样的。

（2）功率不变原则，即在坐标变换前后，由电源输入的电机功率应保持不变。

11.6.4　永磁直线同步电机矢量变换

设 a-b-c 三相电枢绕组中的对称电流为

$$\begin{cases} i_a = I_m\cos(\omega_s t + \lambda_0) = I_m\cos\gamma \\ i_b = I_m\cos\left(\gamma - \dfrac{2\pi}{3}\right) \\ i_c = I_m\cos\left(\gamma + \dfrac{2\pi}{3}\right) \end{cases} \tag{11-22}$$

式中，$\omega_s t + \lambda_0$ 为电流的角速度；λ_0 为初相角。

式(11-22)的三相电流可以用一个幅值为 I_m，角速度为 ω_s，旋转综合矢量 i_s 表示，如图 11.2 所示，它在时间轴 t_a，t_b，t_c 上的投影，即为三相电流的瞬时值。

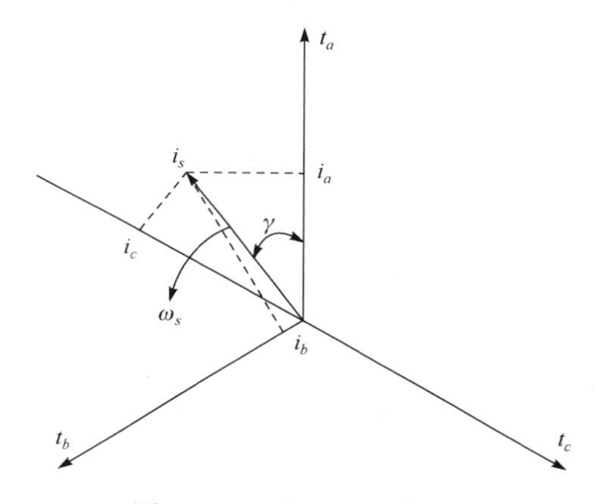

图 11.2　三相电流综合矢量

将时间轴与三相电枢绕组轴线 a-b-c 重合，则电流旋转综合矢量 i_s 可与d-q轴表示在同一图上，如图 11.3 所示。i_s 与 d 轴的夹角为 $\gamma-\theta$，它在 d-q 轴上的分量可表示为

$$\begin{cases} i_d = I_m\cos(\gamma - \theta) \\ i_q = I_m\sin(\gamma - \theta) \end{cases} \tag{11-23}$$

由交流电机原理知，当电机三相绕组流过式(11-22)的电流时，产生的合成磁势是一个旋转速度为 ω_s 空间正弦分布磁势。当某一相电流的瞬时值达到最大时，旋转磁势与该相绕组的轴线重合。

因此，空间矢量 F_s 与电流旋转综合矢量 i_s 重合在一起，如图 11.3 所示。

三相合成磁势的幅值为每相绕组脉动磁势幅值的 1.5 倍，每相绕组脉动磁势幅值与电流的幅值 I_m 成正比，可用 $I_m N_3$ 表示，比例系数 N_3 为每相绕组的等效匝数，所以三相合成旋转磁势的幅值为

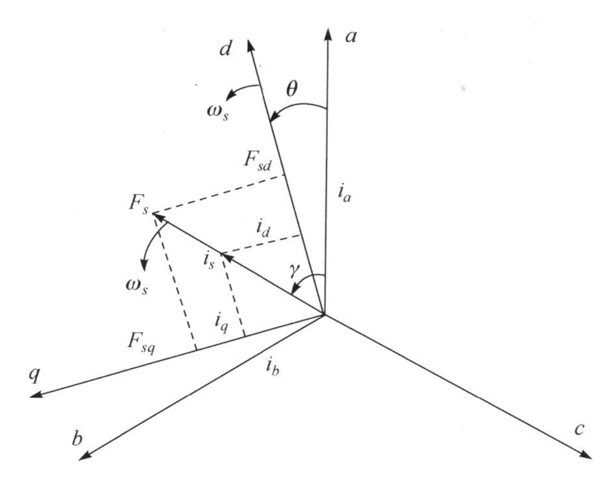

图 11.3　空间磁势与电流综合矢量

$$F_s=\frac{3}{2}N_3I_m \tag{11-24}$$

同理，当 d-q 坐标系绕组流过式(11-13)的电流时，合成旋转磁势的幅值为

$$F_s=N_2I_m \tag{11-25}$$

式中，比例系数 N_2 为 d-q 坐标系中每相绕组的等效匝数。

根据旋转磁场等效原则，式(11-24)与式(11-25)应相等，通过计算可得

$$\frac{N_3}{N_2}=\frac{2}{3}$$

即从 a-b-c 坐标系变换到 d-q 坐标系时，引入了变换系数。所以，由图 11.3可得从 a-b-c 坐标到 d-q 坐标电流旋转磁场等效变换公式：

$$\begin{bmatrix} i_d \\ i_q \\ i_0 \end{bmatrix}=\frac{2}{3}\begin{bmatrix} \cos\theta & \cos\left(\theta-\frac{2\pi}{3}\right) & \cos\left(\theta+\frac{2\pi}{3}\right) \\ -\sin\theta & -\sin\left(\theta-\frac{2\pi}{3}\right) & -\sin\left(\theta+\frac{2\pi}{3}\right) \\ \frac{1}{2} & \frac{1}{2} & \frac{1}{2} \end{bmatrix}\begin{bmatrix} i_a \\ i_b \\ i_c \end{bmatrix} \tag{11-26}$$

式中，$i_0=\frac{1}{3}(i_a+i_b+i_c)$为零序电流。

由于三相零序电流对气隙合成磁场没有贡献，只产生漏磁，所以不用综合矢量表示。“0”坐标轴是为了式(11-26)逆运算方便而做的一个数学处理。

根据矩阵表示的一般表达式，式(11-26)用矩阵表示

$$\boldsymbol{i}_{dq0}=\boldsymbol{P}\boldsymbol{i}_{abc} \tag{11-27}$$

式中

$$\boldsymbol{i}_{dq0}=\begin{bmatrix} i_d \\ i_q \\ i_0 \end{bmatrix},\qquad \boldsymbol{i}_{abc}=\begin{bmatrix} i_a \\ i_b \\ i_c \end{bmatrix}$$

$$\boldsymbol{P}=\frac{2}{3}\begin{bmatrix} \cos\theta & \cos\left(\theta-\frac{2\pi}{3}\right) & \cos\left(\theta+\frac{2\pi}{3}\right) \\ -\sin\theta & -\sin\left(\theta-\frac{2\pi}{3}\right) & -\sin\left(\theta+\frac{2\pi}{3}\right) \\ \frac{1}{2} & \frac{1}{2} & \frac{1}{2} \end{bmatrix} \tag{11-28}$$

变换式(11-28)同样适用于电枢三相电压及磁链的变换，电压变换定义为

$$\boldsymbol{u}_{dq0}=\boldsymbol{P}\boldsymbol{u}_{abc} \tag{11-29}$$

磁链变换定义为

$$\boldsymbol{\psi}_{dq0}=\boldsymbol{P}\boldsymbol{\psi}_{abc} \tag{11-30}$$

根据奇异矩阵特性，可求出变换矩阵 $\boldsymbol{P}$ 的逆矩阵为

$$\boldsymbol{P}=\begin{bmatrix} \cos\theta & -\sin\theta & 1 \\ \cos\left(\theta-\frac{2\pi}{3}\right) & -\sin\left(\theta-\frac{2\pi}{3}\right) & 1 \\ \cos\left(\theta+\frac{2\pi}{3}\right) & -\sin\left(\theta+\frac{2\pi}{3}\right) & 1 \end{bmatrix} \tag{11-31}$$

三相电枢电流逆变换定义为

$$\boldsymbol{i}_{abc}=\boldsymbol{P}^{-1}\boldsymbol{i}_{dq0} \tag{11-32}$$

电压逆变换定义为

$$\boldsymbol{u}_{abc}=\boldsymbol{P}^{-1}\boldsymbol{u}_{dq0} \tag{11-33}$$

磁链逆变换定义为

$$\boldsymbol{\psi}_{abc}=\boldsymbol{P}^{-1}\boldsymbol{\psi}_{dq0} \tag{11-34}$$

三相电机功率为

$$\boldsymbol{P}_{abc}=\boldsymbol{u}_{abc}^{\mathrm{T}}\boldsymbol{i}_{abc}=\boldsymbol{u}_{dq0}^{\mathrm{T}}(\boldsymbol{P}^{-1})^{\mathrm{T}}\boldsymbol{P}^{-1}\boldsymbol{i}_{dq0} \tag{11-35}$$

由于

$$(\boldsymbol{P}^{-1})^{\mathrm{T}}\boldsymbol{P}^{-1}=\begin{bmatrix} \frac{2}{3} & 0 & 0 \\ 0 & \frac{2}{3} & 0 \\ 0 & 0 & \frac{2}{3} \end{bmatrix}$$

代入式(11-35)，根据变换原则(2)，得电机在 d-q-0 坐标下的功率表达式

$$P_{dq}=\frac{3}{2}u_d i_d+\frac{3}{2}u_q i_q+\frac{3}{2}u_0 i_0 \tag{11-36}$$

当三相电流对称时

$$i_0=0$$

式(11-36)可简化为

$$P_{dq}=\frac{3}{2}u_d i_d+\frac{3}{2}u_q i_q \tag{11-37}$$

从式(11-37)可知,从 a-b-c 坐标到 d-q 坐标,电机总功率发生改变。根据变换原则(2),在 d-q 坐标进行电磁功率计算时,引入了系数 3/2。

11.7　永磁直线同步电动机的数学(d-q 轴控制)模型

当 $i_d=0$ 及电压给定的情况下,永磁直线同步电动机推力-速度特性与直流(DC)串励电动机类似。理想无负载推力与速度关系如图 11.4 所示。由于区饱和现象,在低速区限制了磁通,而且可以获得几乎为线性的特性。因此,可采用 d-q 轴模型,对电机进行 $i_d=0$ 的矢量控制,为一种简单易行的控制方法。

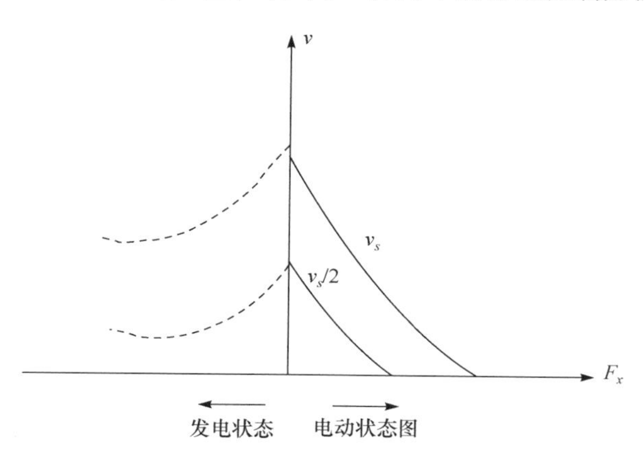

图 11.4　$i_d=0$ 时推力与速度的关系

考虑仅有基波分量的情况 ,使用 d-p 轴模型设计电机的伺服控制系统。由于永磁体产生的磁动势为定值,而且在次级上也不存在阻尼绕组,根据前面有关公式,可整理出如下的方程式

$$\begin{bmatrix} u_d \\ u_q \end{bmatrix}=\begin{bmatrix} r+\frac{\mathrm{d}L}{\mathrm{d}t} & 0 \\ 0 & r+\frac{\mathrm{d}L}{\mathrm{d}t} \end{bmatrix}\begin{bmatrix} i_d \\ i_q \end{bmatrix}+\begin{bmatrix} -Li_q \\ \psi_{PM}+Li_d \end{bmatrix}\frac{\pi}{\tau}v \tag{11-38}$$

式中，L 为电枢电感；τ 为极距；ψ_{PM} 为永磁体有效磁通；v 为动子运动速度。

由式(11-37)知电机总功率为

$$\begin{aligned}P_{dq}&=\frac{3}{2}u_d i_d+\frac{3}{2}u_q i_q\\&=\frac{3}{2}\left[(i_d^2 R_s+i_q^2 R_s)+\left(i_d\frac{\partial\psi_d}{\partial t}+i_q\frac{\partial\psi_q}{\partial t}\right)+\omega(\psi_d i_q-\psi_q i_d)\right]\end{aligned}\tag{11-39}$$

式中，$i_d^2 R_s+i_q^2 R_s$ 为电机热损耗；$i_d\dfrac{\partial\psi_d}{\partial t}+i_q\dfrac{\partial\psi_q}{\partial t}$ 为无功功率；$\omega(\psi_d i_q-\psi_q i_d)$ 为电机的电磁功率 P_e。

由于

$$P_e=Fv\tag{11-40}$$

$$v=\frac{\tau}{\pi}\omega\tag{11-41}$$

$$\psi_d=L_d i_d+\psi_{PM}\tag{11-42}$$

$$\psi_q=L_q i_d\tag{11-43}$$

$$L_d=L_q\tag{11-44}$$

联立式(11-40)～式(11-44)，得电磁推力表达式为

$$F=\frac{3\pi}{2\tau}\psi_{PM}i_q\tag{11-45}$$

电机有 p 对极时，可得总电磁推力表达式为

$$F=\frac{3\pi}{2\tau}p\psi_{PM}i_q\tag{11-46}$$

所以，永磁直线同步电机的电磁推力取决于绕组的交轴电流分量，故可采用转子磁链定向方式来控制永磁直线同步电机。

运动方程为

$$m\frac{\mathrm{d}v}{\mathrm{d}t}=F-mg\mp F_r\tag{11-47}$$

式中，m 为动子质量；F_r 为滑动摩擦力。

由于是频率自控式，动子运动速度与电压电流角频率一致，又因为 d-q 坐标选在相对于动子静止的空间上，因此电压电流量在 d-q 坐标中均为直流。且式中 F_r 及 Mg 均为常数或慢变数。经整理，受控对象的方程如下：

$$L_d\frac{\mathrm{d}i_d}{\mathrm{d}t}=u_d-ri_d+\frac{\pi}{\tau}vL_q i_q\tag{11-48}$$

$$L_q\frac{\mathrm{d}i_q}{\mathrm{d}t}=u_q-ri_q-\frac{\pi}{\tau}v\psi_{PM}\frac{\pi}{\tau}vL_d i_d\tag{11-49}$$

$$m\frac{\mathrm{d}v}{\mathrm{d}t}=\frac{\pi}{\tau}\psi_{PM}i_q-F_L+F_d+f \tag{11-50}$$

式中，m 为动子质量；L 为电枢电感；τ 为极距；ψ_{PM} 为永磁体有效磁通；v 为动子运动速度；F 为电机的电磁推力；F_L 为电机的负载阻力；f 为摩擦力；F_d 为外部扰动力。

定义如下形式：

$$x=\begin{bmatrix}x_1\\x_2\\x_3\end{bmatrix}=\begin{bmatrix}L_di_d\\L_qi_q\\mv\end{bmatrix}=\begin{bmatrix}L_d&0&0\\0&L_q&0\\0&0&m\end{bmatrix}\begin{bmatrix}i_d\\i_q\\v\end{bmatrix}=D\begin{bmatrix}i_d\\i_q\\v\end{bmatrix} \tag{11-51}$$

$$u=\begin{bmatrix}u_d\\u_q\\F_d-F_L+f\end{bmatrix} \tag{11-52}$$

$$y=g^{\mathrm{T}}(x)\frac{\partial H(x)}{\partial x}=\begin{bmatrix}i_d\\i_q\\v\end{bmatrix} \tag{11-53}$$

取永磁直线同步电动机 Hamilton 函数为电能与机械能总和

$$H(x)=\frac{1}{2}x^{\mathrm{T}}D^{-1}x=\frac{1}{2}\left[\frac{1}{L_d}x_1^2+\frac{1}{L_q}x_2^2+\frac{1}{L_q}x_3^2\right] \tag{11-54}$$

则可将永磁直线同步电机系统写成 PCH 形式如下：

$$\begin{bmatrix}\dot{x}_1\\\dot{x}_2\\\dot{x}_3\end{bmatrix}=\begin{bmatrix}-r&0&\frac{\pi}{\tau}L_qi_q\\0&-r&-\frac{\pi}{\tau}(L_di_d+\psi_r)\\0&\frac{\pi}{\tau}\psi_r&0\end{bmatrix}\begin{bmatrix}i_d\\i_q\\v\end{bmatrix}+\begin{bmatrix}1&0&0\\0&1&0\\0&0&1\end{bmatrix}\begin{bmatrix}u_d\\u_q\\F_d-F_L+f\end{bmatrix} \tag{11-55}$$

$$R(x)=\begin{bmatrix}-r&0&0\\0&-r&0\\0&0&0\end{bmatrix} \tag{11-56}$$

$$J(x)=\begin{bmatrix}0&0&\frac{\pi}{\tau}L_qi_q\\0&0&-\frac{\pi}{\tau}(L_di_d+\psi_r)\\0&\frac{\pi}{\tau}\psi_r&0\end{bmatrix} \tag{11-57}$$

$$g(x)=\begin{bmatrix}1 & 0 & 0\\0 & 1 & 0\\0 & 0 & 1\end{bmatrix} \tag{11-58}$$

构造一个加入控制后的闭环期望能量函数 $H_d(x)$，以使系统在期望平衡点 x_0 附近渐近稳定，该能量函数在 x_0 处取极小值，即寻找反馈控制 $u=\alpha(x)$ 使闭环系统为

$$\dot{x}=[J_d(x)-R_d(x)]\frac{\partial H_d}{\partial x}(x) \tag{11-59}$$

式中，$J_d(x)$ 为期望的互联矩阵；$R_d(x)$ 为期望的阻尼矩阵；且有

$$J_d(x)=J(x)+J_a(x)=-J_d^{\mathrm{T}}(x) \tag{11-60}$$

$$R_d(x)=R(x)+R_a(x)=R_d^{\mathrm{T}}(x)\geqslant 0 \tag{11-61}$$

引入定理　给定 $J_d(x)$、R、$H(x)$、g 期望镇定的平衡 x_0，若能找到反馈控制 $u=\alpha(x)$、$R_a(x)$、$J_a(x)$、$K(x)$ 满足偏微分方程：

$$\dot{x}=[J_d(x)-R_d(x)]\frac{\partial H_d}{\partial x}(x) \tag{11-62}$$

$$[J_d(x)-R_d(x)]K(x)=-[J_a(x)-R_a]\frac{\partial H}{\partial x}(x)+g\alpha(x) \tag{11-63}$$

并且

$$\frac{\partial H}{\partial x}(x)=\left[\frac{\partial H}{\partial x}(x)\right]^{\mathrm{T}} \tag{11-64}$$

$$K(x_0)=-\frac{\partial H}{\partial x}(x_0) \tag{11-65a}$$

即

$$\frac{\partial H_d}{\partial x}(x_0)=0 \tag{11-65b}$$

$$K(x_0)>-\frac{\partial^2 H}{\partial x^2}(x_0) \tag{11-66a}$$

即

$$\frac{\partial^2 H_d}{\partial x^2}(x_0)>0 \tag{11-66b}$$

则闭环系统(11-59)为一耗散的 PCH 系统，x_0 为闭环系统一个稳定的平衡点。

$$H_d(x)-H(x)=H_a(x) \tag{11-67}$$

$$\frac{\partial H_a}{\partial x}(x)=K(x) \tag{11-68}$$

$$\left\{x\in R^n \,\middle|\, \left[\frac{\partial H_d}{\partial x}(x)\right]^{\mathrm{T}} R_d\,\frac{\partial H_d}{\partial x}(x)=0\right\} \tag{11-69}$$

式中，$H_a(x)$为待定函数，它表示通过控制注入系统的能量。

$$\left\{x\in R' \middle| \left[\frac{\partial H_d}{\partial x}(x)\right]^{\mathrm{T}} R_d \frac{\partial H_d}{\partial x}(x)=0\right\} \tag{11-70}$$

另外，如果包含在式(11-70)中的闭环系统最大不变集等于$\{x_0\}$，那么系统将是渐近稳定的。吸引域的估计由最大有界水平集$\{x\in R^n \mid H(x)\leqslant c\}$给出。

11.8　系统控制器设计与稳定性分析

永磁直线同步电动机的控制实质是保证实际速度和希望速度的误差在允许的范围之内。现对隐极式永磁直线同步电动机进行分析与设计，对隐极式永磁直线同步电动机存在 $L_d=L_q$，于是对于期望的 v_0，根据式(11-55)得期望平衡点为

$$x_0=\begin{bmatrix} x_{10} \\ x_{20} \\ x_{30} \end{bmatrix}=\begin{bmatrix} 0 \\ \dfrac{L_q(F_L-F_d-f)}{\dfrac{\pi}{\tau}\psi_r} \\ mv_0 \end{bmatrix} \tag{11-71}$$

取期望的哈密顿函数为

$$H_d(x)=\frac{1}{2}(x-x_0)^{\mathrm{T}}D^{-1}(x-x_0) \tag{11-72}$$

因

$$\frac{\partial H_d(x)}{\partial x}=D^{-1}(x-x_0)\frac{\partial^2 H_d(x)}{\partial x^2}=D^{-1} \tag{11-73}$$

$$\begin{aligned} &\frac{\partial H(x)}{\partial x}=D^{-1}(x) \\ &K(x)=\frac{\partial_a H(x)}{\partial x}=\frac{\partial_d H(x)}{\partial x}-\frac{\partial H(x)}{\partial x}=-D^{-1}(x_0) \end{aligned} \tag{11-74}$$

当 $x=x_0$ 时，

$$\frac{\partial H_d(x)}{\partial x}=0$$

且 $H_d(x)$的海森矩阵

$$\frac{\partial^2 H_d(x)}{\partial x^2}>0$$

正定，式(11-73)、式(11-74)成立，因此所设计的闭环系统在平衡点是稳定的。取

$$\boldsymbol{J}_a(x)=\begin{bmatrix} 0 & -J_{12} & -J_{13} \\ J_{12} & 0 & -J_{23} \\ J_{13} & J_{23} & 0 \end{bmatrix} \tag{11-75}$$

$$\boldsymbol{R}_a(x)=\begin{bmatrix} r_1 & 0 & 0 \\ 0 & r_2 & 0 \\ 0 & 0 & 0 \end{bmatrix} \tag{11-76}$$

式中，J_{12}、J_{13}、J_{23}为待定的互联参数；R_1、R_2 为待定的阻尼参数。

将式(11-74)带入式(11-63)得

$$-[J_d(x)-R_d(x)]D^{-1}x_0=-[J_a(x)-R_a(x)]D^{-1}x+g(x)\alpha(x) \tag{11-77}$$

由式(11-57)知

$$\boldsymbol{u}=\alpha(x)=\begin{bmatrix} u_d \\ u_q \\ -\tau_L \end{bmatrix} \tag{11-78}$$

因此，式(11-60)、式(11-62)、式(11-75)代入式(11-77)，并利用式(11-71)即可推导出

$$-[J_d(x)-R_d(x)]D^{-1}x_0=-[J_a(x)-R_a(x)]D^{-1}x+g(x)\alpha(x) \tag{11-79}$$

由于

$$u=\alpha(x)=\begin{bmatrix} u_d \\ u_q \\ F_d-F_L+f \end{bmatrix} \tag{11-80}$$

$$\left\{\begin{bmatrix} 0 & 0 & \frac{\pi}{\tau}L_q i_q \\ 0 & 0 & -\frac{\pi}{\tau}(L_d i_d+\psi_r) \\ 0 & \frac{\pi}{\tau}\psi_r & 0 \end{bmatrix}+\begin{bmatrix} 0 & -J_{12} & -J_{13} \\ J_{12} & 0 & -J_{23} \\ J_{13} & -J_{23} & 0 \end{bmatrix}\right.$$
$$\left.-\begin{bmatrix} -r & 0 & 0 \\ 0 & -r & 0 \\ 0 & 0 & 0 \end{bmatrix}-\begin{bmatrix} -r_1 & 0 & 0 \\ 0 & -r_2 & 0 \\ 0 & 0 & 0 \end{bmatrix}\begin{bmatrix} \frac{1}{L_d} & 0 & 0 \\ 0 & \frac{1}{L_q} & 0 \\ 0 & 0 & \frac{1}{m} \end{bmatrix}\right\}\begin{bmatrix} x_{10} \\ x_{20} \\ x_{30} \end{bmatrix}$$
$$=\left\{\begin{bmatrix} 0 & -J_{12} & -J_{13} \\ J_{12} & 0 & -J_{23} \\ J_{13} & J_{23} & 0 \end{bmatrix}-\begin{bmatrix} r_1 & 0 & 0 \\ 0 & r_2 & 0 \\ 0 & 0 & 0 \end{bmatrix}\right\}$$

$$\times\begin{bmatrix}\frac{1}{L_d} & 0 & 0\\ 0 & \frac{1}{L_q} & 0\\ 0 & 0 & \frac{1}{m}\end{bmatrix}\begin{bmatrix}x_1\\x_2\\x_3\end{bmatrix}-\begin{bmatrix}1&0&0\\0&1&0\\0&0&1\end{bmatrix}\begin{bmatrix}u_d\\u_q\\F_d-F_L+f\end{bmatrix} \tag{11-81}$$

由式(11-81)可得

$$\frac{J_{13}}{L_d}x_{10}+\frac{J_{23}+\frac{\pi}{\tau}\psi_r}{L_q}x_{20}=\frac{J_{13}}{L_d}x_1+\frac{J_{23}}{L_q}x_2-(F_d-F_l+f) \tag{11-82}$$

将 x_0 值代入整理可得

$$J_{23}=-\frac{L_q x_1}{L_d(x_2-x_{20})}J_{13} \tag{11-83}$$

取

$$\begin{aligned}&J_{13}=\frac{L_d}{L_q}(x_2-x_{20})\\&J_{23}=-x_1\\&J_{12}=-Kx_3\end{aligned} \tag{11-84}$$

K 为任意参数(易证 K 不影响系统的稳定性),因此推导的控制器为

$$\begin{aligned}u_d&=-r_1 i_d+kmvi_q-\left(\frac{\pi L_q}{m\tau}+\frac{\tau K L_q(F_l-F_d-f)}{\pi\psi_{PM}}i_q\right)\\u_q&=\left(\frac{\pi v_0 L_d}{\tau}-L_d v_0\right)i_d+(L_d-km)vi_d-r_2 i_q+\frac{\pi\psi_{PM}v_0}{\tau}\end{aligned} \tag{11-85}$$

11.9　系统仿真

如图 11.5 所示为永磁直线同步电动机伺服系统的端口受控耗散哈密顿无源控制框图,从图中可看出,系统主要包括稳态点计算,端口受控耗散哈密尔顿耗散无源控制器,PWM 逆变器,坐标变换,永磁直线同步电机等构成。系统初步计算的平衡点输入到端口受控耗散哈密尔顿耗散无源控制器,控制器的输出经 2/3 变换后获得 PWM 逆变器需要的信号,其输出驱动控制对象,检测输出的实际电流和负载,经过相关计算作为反馈信号进入控制器的输入,以调节控制器输出。同时,可通过调整增益参数 r_1、r_2 可以使系统达到满意的运行性能。

在 Matlab 2010 的 Simulink 环境中,进行了系统仿真实验,取永磁直线同步电机参数如下:定子电阻 R_s:3.27Ω,极对数 n_p:3;永磁磁链 ϕ:0.78Wb;定子电感 L_d、L_q:0.0072H。在仿真过程中,所有微变负载都等效为恒负载。

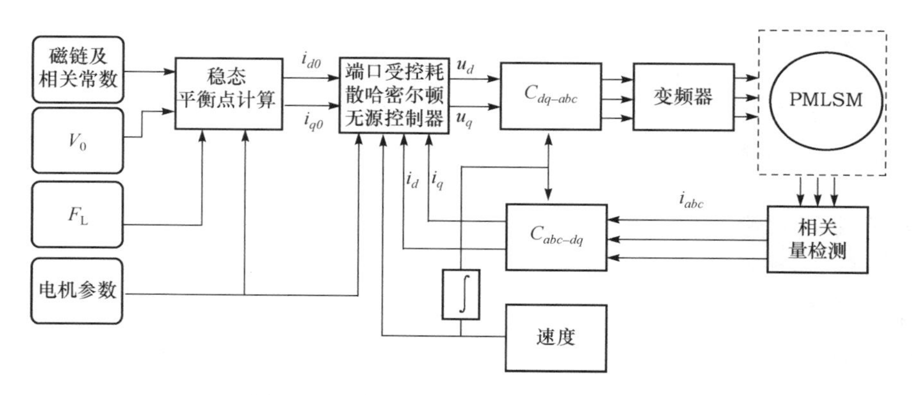

图 11.5 端口受控耗散哈密顿实现框图

图 11.6 中，$r_1 = r_2 = 1.3$ 条件下系统的速度启动曲线图，从图中可以看出，速度最大超调小于 3.5% ，启动时间在 0.1s 内完成。

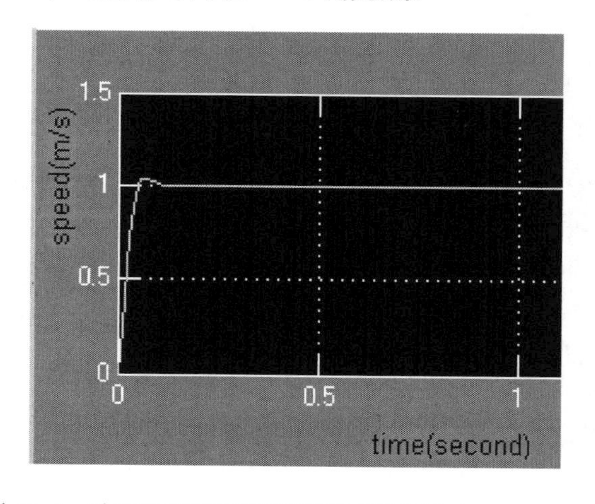

图 11.6 哈密尔顿控制器下启动速度曲线（$r_1 = r_2 = 1.3$）

在 2s 时，给系统突加 60N 的负载扰动，如图 11.7 所示，从图中可以得出在系统突加负载的情况下，系统能够快速响应负载转矩的变化，具有良好的鲁棒性。利用端口受控耗散哈密顿系统无源控制方法实现的永磁直线同步电机控制器与传统 PID 控制相比，结构简单，调节参数少，减少了系统的复杂性，且利用能量整型方法设计的控制器，能够保证系统的渐进稳定性。

上述控制器设计是考虑恒负载条件下进行的，实际系统受到外界扰动因素很多，主要包括负载阻力扰动、动子质量变化扰动、端部效应、纹波推力扰动、齿槽推力扰动、永磁体磁链谐波扰动、摩擦力扰动、风阻阻力扰动，电阻变化扰动、时滞扰动等，对于影响直线电机伺服控制因素当中，既有机械设计方面的因素，也有外界

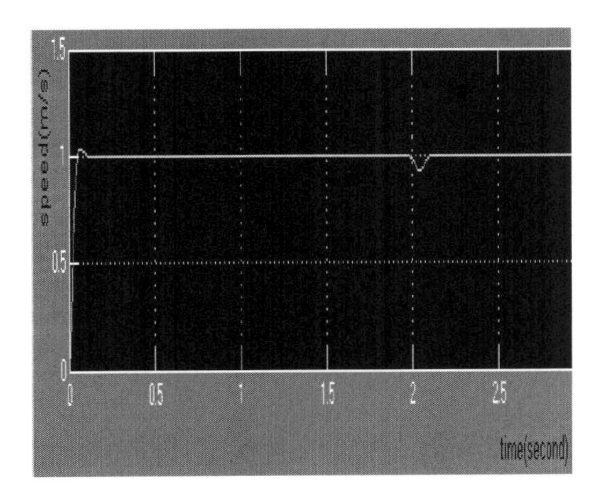

图 11.7 速度曲线(负载扰动条件下)

无法克服的客观因素和有些可以克服或减小的因素,对于不同的扰动,在实际控制系统设计过程中,需要采用不同的处理方法和手段,如对于负载扰动未知的情况,可通过设计负载扰动观测器提高系统的鲁棒性。另外,系统的不同的增益,对于系统性能影响较大,有关该方面的内容,可参考相关资料。

第 12 章　其他控制方式

12.1　永磁直线同步电动机伺服系统的非线性控制

永磁直线同步电动机是一个存在相互耦合的非线性系统，本节在简要叙述直接反馈线性化理论的基础上，通过对永磁直线同步电动机数学建模、坐标变换得到所需的永磁直线同步电动机系统的输入输出线性化，仿真结果表明该方法具有良好的控制性能。

12.1.1　引言

由于永磁体的引入，使得永磁直线电机成为多变量，强耦合的多输入多输出的复杂系统，如何使速度、电流进行解耦是研究人员研究内容之一。基于反馈线性化的非线性化的非线性理论通过坐标变换和状态反馈，可以把非线性系统化为线性系统，为解决非线性系统问题提供了有效方法。将直接反馈线性化方法应用于异步电机非线性控制取得较好的仿真结果。本节根据直接反馈线性化原理，从推导永磁直线电动机动态方程出发，进行永磁直线同步电动机控制所需的坐标变换和状态反馈，完成了永磁直线同步电动机的线性化，仿真结果令人满意。

12.1.2　直接反馈线性化原理

1981 年，中国韩京清教授首先提出直接反馈线性化(DFL)理论，其基本思想是对于单输入单输出非线性系统的输入-输出高阶微分方程具有如下形式：

$$\begin{aligned} &y^{(n)}+a_1y^{(n-1)}+\cdots+a_{n-1}y'+a_ny \\ &=f(y^{(n-1)},\cdots,y',y,u^{(m)},\cdots,u',u) \end{aligned} \tag{12-1}$$

式中，$u(t)$为系统的输入；$y(t)$为系统输出；且 $n>m$。则系统的相对次数(Relative-degree)定义为 $r=n-m$。

当系统的相对次数 r 等于系统阶数 n 时，非线性系统的直接反馈线性化原理由定理 1 来描述。

定理 12.1　对于某一类能控的单输入非线性系统，如果其运动方程消去中间变量以后，可以写成如下的形式：

$$y^{(n)}+a_1y^{(n-1)}+\cdots+a_{n-1}y'+a_ny=f(y^{(n-1)},\cdots,y',y,u,t) \tag{12-2}$$

而且对于任意时间函数 $v(t)$，非线性方程

$$f(y^{(n-1)},\cdots,y',y,u,t)=v(t) \tag{12-3}$$

均有有界解

$$u(t)=g(y^{(n-1)},\cdots,y',y,v,t) \tag{12-4}$$

则对系统(12-2)施加形如式(12-4)的非线性反馈补偿以后，就可以化为线性化的新的受控对象

$$y^{(n)}+a_1y^{(n-1)}+\cdots+a_{n-1}y'+a_ny=v(t)$$

这就是 DFL 法的基本定理。

当系统的相对次数 r 小于系统阶数 n 及多输入多输出时，有关内容可参考相关文献。

12.1.3　永磁直线同步电动机的数学建模

1. 电机的基本方程

为分析方便，作如下假设：

(1) 定子绕组为三相对称绕组；

(2) 不计磁路的饱和效应；

(3) 不计电动机中的涡流和磁滞损耗。

于是，可以得到如下的电压、磁链、电磁推力和机械运动方程。

磁链方程：

$$\begin{cases}\psi_a=L_{aa}i_a+M_{ab}i_b+M_{ac}i_c+M_0\sin\left(\dfrac{\pi}{\tau}vt\right)I_f\\ \psi_b=M_{ba}i_a+L_{bb}i_b+M_{bc}i_c+M_0\sin\left(\dfrac{\pi}{\tau}vt-\dfrac{2\pi}{3}\right)I_f\\ \psi_c=M_{ca}i_a+M_{cb}i_b+L_{cc}i_c+M_0\sin\left(\dfrac{\pi}{\tau}vt+\dfrac{2\pi}{3}\right)I_f\end{cases} \tag{12-5}$$

电压方程：

$$u_a=ri_a+\frac{\mathrm{d}\psi_a}{\mathrm{d}t}$$

$$u_b=ri_b+\frac{\mathrm{d}\psi_b}{\mathrm{d}t}$$

$$u_c=ri_c+\frac{\mathrm{d}\psi_c}{\mathrm{d}t} \tag{12-6}$$

电磁推力方程：

$$F_x=M_0I_f\frac{\pi}{\tau}\left[i_a\cos\left(\frac{\pi}{\tau}vt\right)+i_b\cos\left(\frac{\pi}{\tau}vt-\frac{2\pi}{3}\right)+i_c\cos\left(\frac{\pi}{\tau}vt+\frac{2\pi}{3}\right)\right] \tag{12-7}$$

机械运动方程：

$$m\frac{\mathrm{d}v}{\mathrm{d}t}=F_x-F_L+F_d+f \tag{12-8}$$

式中，m 为动子质量；u_a, u_b, u_c 为定子绕组的三相相电压；i_a, i_b, i_c 为定子绕组的三相相电流；I_f 为永磁体等效电流；ψ_a, ψ_b, ψ_c 为定子绕组的三相磁链；L_{aa}, L_{bb}, L_{cc} 为定子绕组的三相轴自感和漏感的和；$M_{ab}, M_{ac}, M_{ba}, M_{bc}, M_{ca}, M_{cb}$ 为定子绕组相间互感；M_0 为定子动子间互感的幅值；v 为电机的实际运行速度；F_x 为电机的电磁推力；F_L 为电机的负载阻力；f 为摩擦力；F_d 为外部扰动力。

由"四层线形"磁场模型计算可得

$$\begin{cases} L_s = \dfrac{4}{3\pi p} b_e m \mu_0 (n_w k_w)^2 k_4 \\ L_{11} = \dfrac{4}{3\pi p} b_e m \mu_0 (n_w k_w)^2 (k_3 - k_4) \\ L_{12} = \dfrac{4}{3\pi p} b_e m \mu_0 (n_w k_w)^2 (c_x + c_z) \end{cases} \tag{12-9}$$

$$L_{aa} = L_{bb} = L_{cc} = L_s + L_{11} + L_{12} \tag{12-10}$$

$$M_{ab} = M_{bc} = M_{ca} = -\frac{L_s}{2} \tag{12-11}$$

$$I_f = H_c h_m \tag{12-12}$$

$$M_0 = \frac{E_0}{\omega I_f} \tag{12-13}$$

式中，p 为极对数；μ_0 为真空磁导率；$n_w k_w$ 为电枢绕组每相串联有效匝数；L_s 为单相绕组自感系数；L_{11} 为槽漏电感；L_{12} 为考虑边端效应的端部漏感；c_x, c_z, k_3, k_4 为经由"四层线性"磁场模型计算所得参数；E_0 为励磁电势幅值。

2. 永磁直线同步电动机的数学(d-q 轴控制)模型

考虑仅有基波分量的情况，使用 d-q 轴模型设计电机的伺服控制系统。考虑到永磁体产生的磁动势为定值，而且在次级上也不存在阻尼绕组，则可整理出如下的电压方程式：

$$\begin{bmatrix} u_d \\ u_q \end{bmatrix} = \begin{bmatrix} r + \dfrac{\mathrm{d}L}{\mathrm{d}t} & 0 \\ 0 & r + \dfrac{\mathrm{d}L}{\mathrm{d}t} \end{bmatrix} \begin{bmatrix} i_d \\ i_q \end{bmatrix} + \begin{bmatrix} -L i_q \\ \psi_r + L i_d \end{bmatrix} \frac{\pi}{\tau} v \tag{12-14}$$

式中，L 为电枢电感；τ 为极距；ψ_r 为永磁体有效磁通；v 为动子运动速度。

电磁推力表达式为

$$F = \frac{\pi}{\tau} \psi_r i_q \tag{12-15}$$

运动方程为

$$M\dot{v} = F \mp F_r \tag{12-16}$$

式中，M 为动子质量；F_r 为滑动摩擦力。

完整的运动系统由式(12-14)～式(12-16)组成，由于动子运动速度与电压电流角频率一致，且 d-q 坐标选在相对于动子静止的空间上，因此电压电流量在 d-q 坐标中均为直流，可整理如下方程：

$$\frac{\mathrm{d}i_d}{\mathrm{d}t}=-\frac{r}{L}i_d+\frac{\pi}{\tau}vi_q+\frac{1}{L}u_d \tag{12-17}$$

$$\frac{\mathrm{d}i_q}{\mathrm{d}t}=-\frac{r}{L}i_q-\frac{\pi}{\tau L}v\psi_r-\frac{\pi}{\tau}vi_q+\frac{1}{L}u_q \tag{12-18}$$

$$\frac{\mathrm{d}v}{\mathrm{d}t}=\frac{\pi}{\tau M}\psi_r i_q+\frac{F_r}{M} \tag{12-19}$$

该系统为三阶系统，同时由于存在状态变量的乘积项 vi_d、vi_q，故此系统实际上是非线性的。

12.1.4　坐标变化

通过上面的介绍，选择系统的输出

$$y_1=v$$

$$y_2=i_d$$

则

$$y_1=v \tag{12-20}$$

$$y_1'=v'=\frac{\pi}{\tau M}\psi_r i_q+\frac{F_r}{M} \tag{12-21}$$

$$y_1''=v''=\frac{\pi}{\tau M}\psi_r\left(-\frac{r}{L}i_q-\frac{\pi}{\tau L}v\psi_r-\frac{\pi}{\tau}vi_q+\frac{1}{L}u_q\right) \tag{12-22}$$

$$y_2=i_d \tag{12-23}$$

$$y_2'=i_d'=-\frac{r}{L}i_d+\frac{\pi}{\tau}vi_q+\frac{1}{L}u_d \tag{12-24}$$

永磁直线同步电动机是三阶系统，上面新系统的相对阶是 $p=1+2=3$，即阶数之和等于系统的阶数，所以系统可反馈化。

令虚拟控制量为

$$c_1=-\frac{r}{L}i_d+\frac{\pi}{\tau}vi_q+\frac{1}{L}u_d \tag{12-25}$$

$$c_2=\frac{\pi}{\tau M}\psi_r\left(-\frac{r}{L}i_q-\frac{\pi}{\tau L}v\psi_r-\frac{\pi}{\tau}vi_q+\frac{1}{L}u_q\right) \tag{12-26}$$

则线性化系统为

$$y_2'=c_1 \tag{12-27}$$

$$y_1''=c_2 \tag{12-28}$$

这是一线性系统，利用极点配置理论设计状态反馈控制：

$$c_1 = -k_0(i_d - i_{dref}) \tag{12-29}$$

$$c_2 = -k_1(v - v_{ref}) - k_2(v' - v'_{ref}) + v''_{ref} \tag{12-30}$$

由设计的极点配置可得到 u_d，u_q 为

$$u_d = -ri_d + \frac{\pi L}{\tau} v i_q + c_1 \tag{12-31}$$

$$u_q = \frac{\tau M}{\pi}\psi_r\left(-ri_q - \frac{\pi}{\tau} v\psi_r - \frac{\pi L}{\tau} v i_q + c_2\right) \tag{12-32}$$

12.1.5　系统仿真

永磁直线同步电动机直接反馈线性化控制框图如图 12.1 所示。

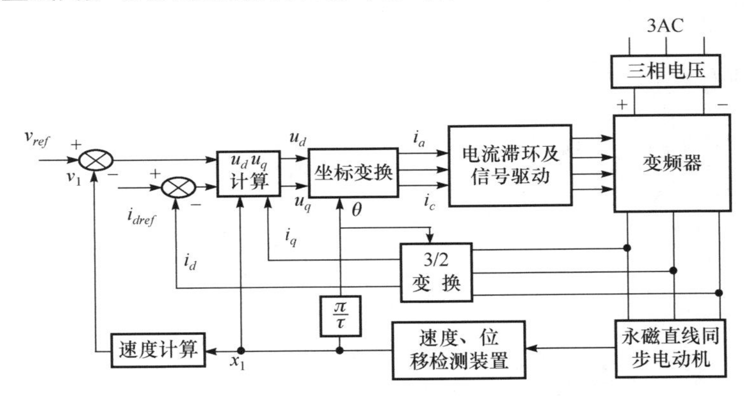

图 12.1　系统框图

参数为：线电压 47V，变频器的额定频率 4Hz，运行速度 0.2m/s，负载 20kg，定子自感为 0.032H，定子互感为 0.0027H，滞环精度设为 0.025。在 0.3s 处突加 2kg 扰动。由仿真图 12.2 可以看出，速度受扰动影响较小。

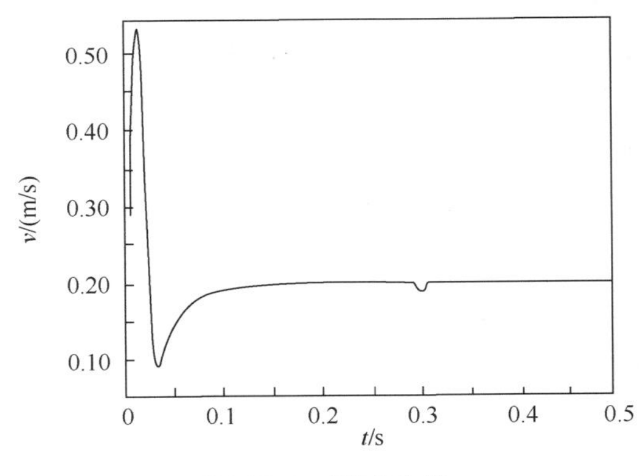

图 12.2　速度曲线

12.2　永磁直线同步电动机逆系统控制——模型参考逆方法控制

12.2.1　引言

为了获得永磁直线同步电动机(PMLSM)高精度控制,必须采取有效的控制策略来抑制系统自身参数及外界环境变化产生的扰动，这就要求控制方法有很强的鲁棒性，目前已有不少控制策略应用于PMLSM控制中，取得了良好的控制效果。为了增强系统抗干扰能力，增加反应速度，许多复杂的环节不得不应用到控制算法中，采用模型参考自适应控制及逆系统控制等方案在达到同一性能要求下,显得简单,更具有一定的实用性。

12.2.2　永磁直线同步电动机的数学模型

经过矢量变换,由三相静止坐标系转换成 d-q 轴同步旋转坐标系,永磁直线同步电动机的数学模型可写为

$$F_e=K_qI_q \tag{12-33}$$

$$M\frac{\mathrm{d}v}{\mathrm{d}t}+Bv=F_e-F_L \tag{12-34}$$

$$S=\int v\mathrm{d}t \tag{12-35}$$

式中,F_e 为电磁推力;K_q 为推力常数;I_q 为 q 轴电流;M 为动子质量;B 为系统黏滞摩擦系数;v 为动子移动速度;F_L 为负载阻力;S 为移动位移;t 为时间。

实际运行过程中,永磁直线同步电动机受到很多扰动力,主要有摩擦阻力,负载阻力,风阻阻力,文波推力扰动,齿槽推力扰动,电阻变化扰动,动子质量变化扰动,永磁体磁链谐波扰动,时滞扰动,端部效应等,要想精确的表示出各扰动力的大小是不可能的,也没有必要的,这里定义永磁直线同步电动机广义扰动力如下式:

$$f=F_L+\Delta M\frac{\mathrm{d}v}{\mathrm{d}t}+\Delta Bv+f' \tag{12-36}$$

式中,f'为其他扰动力总和。

负载推力及系统参数变化范围为

$$F_{L\min}\leqslant F_L\leqslant F_{L\max} \tag{12-37}$$

$$M_{\min}\leqslant M_r\leqslant M_{\max} \tag{12-38}$$

$$B_{\min}\leqslant B_r\leqslant B_{\max} \tag{12-39}$$

式中,B_r,M_r分别是各量的额定值。

经过上述处理后,永磁直线同步电动机可看做一个单输入单输出一阶系统,其

相应的状态方程为

$$\begin{aligned}\dot{x}&=-ax+bu\\ y&=x\end{aligned} \tag{12-40}$$

式中，x 为速度；u 为 I_q；y 为系统输出。

经过拉氏变换后得到其传递函数如下

$$G_p(s)=\frac{b}{s+a} \tag{12-41}$$

式中

$$a=\frac{B}{M};\quad b=\frac{K_q}{M} \tag{12-42}$$

12.2.3　模型参考逆方法基本原理

王庆林、付梦印、刘喜梅较早提出该控制策略，该方法以模型参考自适应，控制系统设计逆系统方法及自抗扰控制器理论为基础而建立起来的，具有实时性强，计算简单，无稳态误差等优点，由于该控制策略能够避免控制器参数的在线调整，使系统设计变得简单，此外，该控制方案具有很强的抗干扰能力，非常适合于永磁直线同步电动机这类多扰动非线性系统控制，详细的推导可以参见王庆林、付梦印等学者的相关文献，这里仅简述其主要内容。

设一个非线性时变系统为

$$y(t)=g(x_0,t,u(t)) \tag{12-43}$$

式中，y 为系统输出；x_0 为初始条件；t 为时间；u 为系统输入。

系统的参考模型如下：

$$y_m(t)=g_m(x_0,t,u(t)) \tag{12-44}$$

原系统与期望系统的输出之差为

$$e(t)=y(t)-y_m(t) \tag{12-45}$$

系统原理如图 12.3 所示。图中，G_m^{-1} 为 G_m 的逆系统；d 为原系统的扰动。

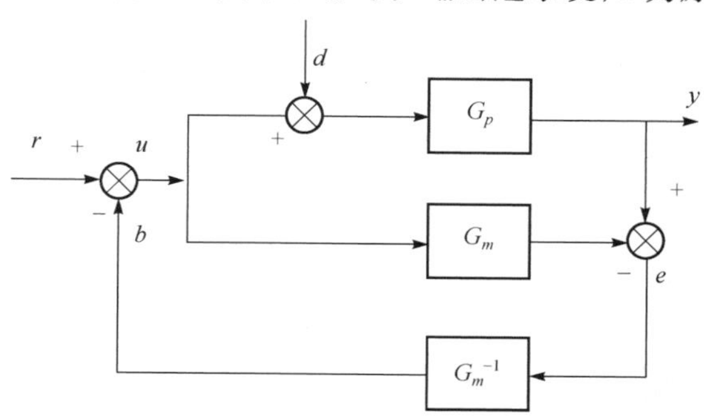

图 12.3　参考模型逆方法原理图

对于线性定常系统，其输入 $r(t)$ 至输出 $y(t)$ 间的闭环传递函数 G_{yr} 及扰动 $d(t)$ 到输出 $y(t)$ 间的闭环传递函数 G_{yr}，G_{yd} 分别为

$$G_{yr}=\frac{Y(s)}{R(s)}=G_m(s) \tag{12-46}$$

$$G_{yd}=\frac{Y(s)}{D(s)}=0 \tag{12-47}$$

由式(12-46)、式(12-47)可以看出：系统的输出只与参考模型有关且扰动输出为零，说明该方法抑制扰动能力很强。

12.2.4 永磁直线同步电动机参考模型逆方法

为了使速度上升较快，瞬态响应好，应选择 T 较小的一阶参考模型，根据实际的要求可选择相应的 T 值。

本节中，取调节时间 $t_s<0.5\text{s}$，误差带宽取 $\pm2\%$，则有

$$4T=0.5 \tag{12-48}$$

$$T=1/8\ (\text{s}) \tag{12-49}$$

参考模型递函数可写为

$$G_m(s)=\frac{8}{s+8} \tag{12-50}$$

由于一阶系统较为简单，对于上述参考模型的逆系统求取只要展开上述公式反求即可得出。结果如下：

$$G_m^{-1}(s)=\frac{R(s)}{Y(s)}=0.125s+1 \tag{12-51}$$

12.2.5 仿真结果

利用Matlab下的Simulink工具箱可以方便地建立起上述结构的仿真图，仿真系统参数如表12.1所示。图12.4为负载和扰动变化曲线。图12.5和图12.6分别为不同控制方法下的速度响应曲线，从图中可知，参考模型逆方法控制系统速

表12.1 永磁同步直线电动机系统参数

M	K_q	v	B
12kg	28.50N/A	1m/s	8.00N·s/kg

度响应快，平稳，对负载突变，外在扰动，及系统自身参数变化，具有很强的鲁棒性。

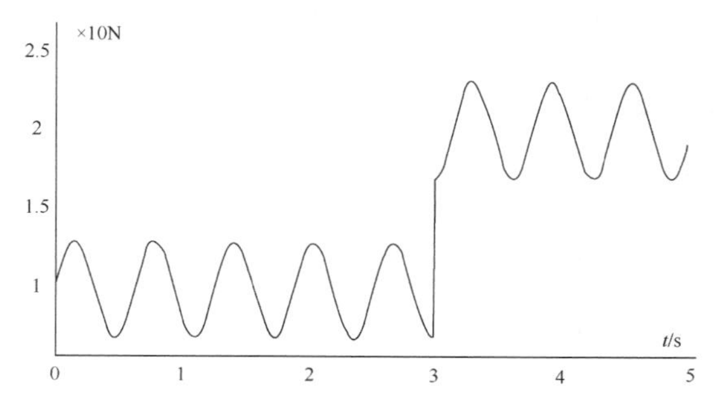

图 12.4　负载扰动

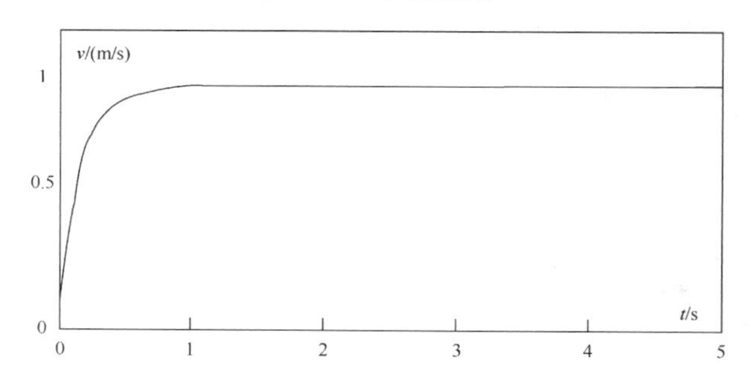

图 12.5　参考模型逆方法控制

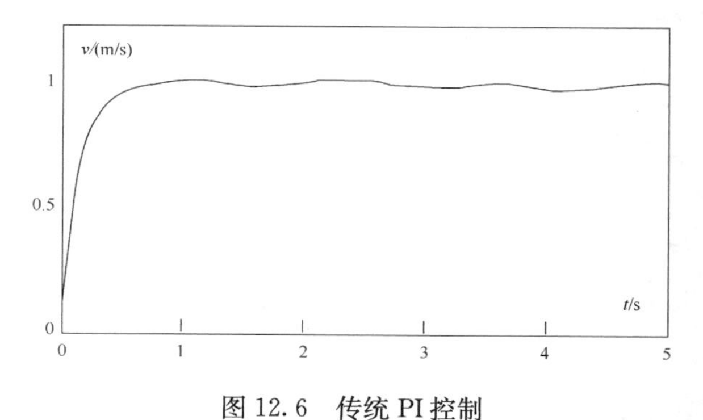

图 12.6　传统 PI 控制

12.2.6　小结

(1) 模型参考逆方法对扰动具有极强的抑制能力，通过选择最优参考模型即可实现 PMLSM 最优控制。

(2) 控制器设计简单，不必对参数进行在线调整，能够增强系统的反映快速性和实时性，适合于 PMLSM 高精度控制。

关于直线电机控制研究，成果较多，读者可参考相关文献。

下篇参考文献

曹文霞. 2009. RBF 神经网络整定 PID 控制直线永磁同步电机的研究. 合肥:合肥工业大学硕士学位论文.

陈伯时. 2000. 电力拖动自动控制系统. 北京:机械工业出版社.

陈峰. 2001. 永磁直线同步电动机垂直运输系统建模与仿真研究. 焦作:焦作工学院硕士学位论文.

陈渊睿,吴捷. 2003. 永磁直线电机的模型参考自适应控制. 华南理工大学学报,(6):31-35.

仇翔,俞立,南余荣. 2005. 永磁同步直线电机控制策略综述. 微特电机,(10):39-42.

郭庆鼎,王成元,周美文,等. 2001. 直线交流伺服系统的精密控制技术. 北京: 机械工业出版社.

侯俊. 2008. 基于哈密顿方法的交流电机能量形控制. 青岛:青岛大学硕士学位论文.

焦留成. 1998. 提升运动永磁直线同步电动机电磁参数及特性研究. 北京:中国矿业大学博士学位论文.

蓝益鹏. 2007. 永磁直线电机伺服系统鲁棒控制的研究. 沈阳:沈阳工业大学博士学位论文.

雷进波,胡旭晓,李家赓. 2003. 最优控制策略在直线直流电机中的应用研究. 组合机床与自动化加工技术,(9):48-51.

李华德. 2003. 交流调速控制系统. 北京:电子工业出版社.

李立毅,马明娜,寇宝泉,等. 2010. 集中绕组分段式永磁同步直线电机. 哈尔滨:哈尔滨工业大学硕士学位论文.

李立毅,吴红星,洪俊杰. 2008. 初级绕组分段结构永磁同步直线电机的控制装置. 哈尔滨:哈尔滨工业大学硕士学位论文.

李明,朱美强,马勇. 2005. Matlab/Simulnk 通用异步电机模型的分析与应用. 工矿自动化,(6):9-13.

林春,邱建琪. 2004. 永磁同步直线电机驱动控制技术研究. 中小型电机,(6):41-44.

陆华才,徐月同,杨伟民. 2007. 永磁直线同步电机进给系统模糊 PID 控制. 电工技术学报,(04):59-63.

马幼捷. 1997. 直接反馈线性化(DFL)的理论体系研究. 青岛大学学报(自然科学版),10(4):86-91.

马幼捷,程大海. 1998. 直接反馈线性化理论的归纳与拓展. 青岛大学学报(工程技术版),13(3):21-25.

门博. 2010. 基于迭代学习的永磁直线同步电机扰动抑制. 沈阳:沈阳工业大学硕士学位论文.

穆海华,周云飞,严思杰. 2007. 基于 PID 与 cogging 力补偿的直线电动机控制. 微电机,40(10):48-51.

裘君. 2009. 基于耗散哈密顿系统的永磁同步电机控制研究. 杭州:浙江大学博士学位论文.

裘君,赵光宙,齐冬莲. 2009. 基于反馈耗散方法的永磁同步电机最大转矩/电流控制. 煤炭学报,34(9):1285-1289.

上官璇峰,励庆孚,袁世鹰. 2006a. 多段初级永磁直线同步电动机驱动系统整体建模和仿真. 电工技术学报，(03)：52-57.
上官璇峰，励庆孚，袁世鹰. 2006b. 多段初级永磁直线同步电动机系统建模及制动仿真. 西安交通大学学报，40(6)： 694-698.
宋杨. 2008. 基于 1_1 控制的 XY 平台直线伺服系统轮廓跟踪控制. 沈阳：沈阳工业大学硕士学位论文.
宋亦旭，王春洪，尹文生，等. 2005. 永磁直线同步电动机自适应学习控制. 中国电机工程学报，25(20)：151-156.
孙宜标，郭庆鼎，孙艳娜. 2001. 基于模糊自学习的交流直线伺服系统滑模变结构控制. 电工技术学报，(01)：52-56.
孙宜标. 2007. 基于滑动模态的永磁直线同步电动机鲁棒速度控制. 沈阳：沈阳工业大学博士学位论文.
田艳丰. 2010. 永磁直线同步电动机鲁棒控制策略研究. 沈阳：沈阳工业大学博士学位论文.
王道成，高有存，陈建峰. 2005. 直线电机的应用. 煤矿机械，(2)：104-105.
王建峰. 2003. 伺服用永磁直线同步电动机的研究. 太原：太原理工大学硕士学位论文.
王丽梅，黄飞. 2009. 双直线电机同步驱动技术的研究. 电气传动，(06)：51-54.
王淑红，熊光煜. 2009. 垂直运动分段式永磁直线同步电动机建模. 中国电机工程学报(增刊)，29： 204-209.
王兆安，黄俊. 2001. 电力电子技术. 北京：机械工业出版社.
武轲. 2012. 永磁直线同步电机的建模及控制方法研究. 长春：长春工业大学硕士学位论文.
夏永明. 2003. 永磁直线同步电动机机理分析及逆系统控制. 焦作：焦作工学院硕士学位论文.
徐月同. 2004. 高速精密永磁直线同步电机进给系统及控制技术研究. 杭州：浙江大学博士学位论文.
徐祖华，黄智伟，盛义发. 2003. 永磁同步电机直接转矩控制理论基础与仿真研究. 微特电机，(5)：6-9.
薛定宇. 2005. 控制系统仿真与计算机辅助设计. 北京：机械工业出版社.
叶云岳. 2006. 直线电机原理与应用. 北京：机械工业出版社.
叶云岳. 2008. 国内外直线电机的发展与应用综述. 2008 全国直线电机学术年会论文集. 杭州，1-6.
叶云岳，陆凯元. 2001. 直线电机的 PID 控制与模糊控制. 电工技术学报，16(3)：11-15.
于海生，王海亮，赵克友. 2006. 永磁同步电机的哈密顿建模与无源性控制. 电机与控制学报，10(3)： 229-233.
于海生，赵克友，郭雷，等. 2006. 基于端口受控哈密顿方法的 PMSM 最大转矩/电流控制. 中国电机工程学报，26(8)：82-86.
袁晓磊. 2008. 基于奇异摄动的永磁直线同步电动机滑模控制. 沈阳：沈阳工业大学硕士学位论文.
张春朋，林飞，宋文超，等. 2003. 基于直接反馈线性化的异步电动机非线性控制. 中国电机工程学报，23(2)：99-103.
张纯明，郭庆鼎. 2002. 直线永磁伺服电机机电子系统解耦的速度跟踪控制. 沈阳工业大学学报，

24(5):411-414.

张代林. 2007. 永磁同步直线电机伺服系统的控制策略和实验研究. 武汉:华中科技大学博士学位论文.

张代林,陈幼平,艾武,等. 2007. 永磁直线电机保证稳态精度的模糊控制. 电工技术学报,(04):64-68.

张静,武俊峰. 2008. 磁悬浮系统的哈密顿建模和无源控制. 电机与控制学报,(04):464-468.

张永,徐善纲. 1999. 次级分段直线磁阻电动机的分析. 中国电机工程学报,19 (9):62-65.

赵广元. 2009. MATLAB与控制系统仿真实践. 北京:北京航空航天大学出版社.

赵希梅,郭庆鼎. 2005. 磁直线同步电动机的变增益零相位鲁棒跟踪控制. 中国电机工程学报,25(20):132-136.

支长义,朱晓东. 2007. 永磁直线同步电动机伺服系统的非线性控制. 微电机,(02):22-24.

朱晓东,程志平,焦留成. 2006. 永磁同步直线电机仿真模型的研究. 矿山机械,34(7):84-87.

朱晓东,曾庆山,焦留成. 2006. 永磁直线同步电机直接转矩控制的研究及仿真. 矿山机械,34(5):88-91.

朱晓东,曾庆山,王茜,等. 2006. 永磁直线同步电机矢量控制模型及仿真的研究. 煤矿机械,27(3):417-419.

邹积浩. 2005. 永磁直线同步电机控制策略的研究. 杭州:浙江大学博士学位论文.

Norhisam M, Wong K C, Mariun N, et al. 2005. Double side interior permanent magnet linear synchronous motor and drive system. Proceedings of the International Conference on Power Electronics and Drive Systems, 2:1370-1373.

Cheng D Z, Spurgeon S. 2001. Stabilization of Hamiltonian systems with dissipation. Int. J. Control, 74(5):465-473.

Cheng D, Xi Z, Lu Q, et al. 2000. Geometric structure of generalized controlled Hamilton systems and its application. Science in China. Series E, 43(4): 365-379.

Chung M J, Lee M G. 2000. A Method of optimal design for minimization of force ripple in linear brushless permanent magnet motor. IEEE Conf.

Cruise R J, Landy C F. 1997. Linear synchronous motor hoists. Eighth International Conference on Electrical Machines and Drives, 284-288.

Depenbrock M. 1988. Direct Self Control (DSC) of inverter induction machine power electronics. IEEE Trans. on P. E, (3): 420-429.

Hao J, Chen C, Shi L B, et al. 2007. Nonlinear decentralized disturbance attenuation excitation control for power systems with nonlinear loads based on the Hamiltonian theory. IEEE Transactions on Energy Conversion, 22(2):316-324.

Ortega R, Galaz M, Astol A, et al. 2005. Transient stabilization of multi-machine power systems with nontrivial transfer conductances. IEEE Transactions on Automatic Control, 50(1): 60-75.

Petrovic V, Ortega R. 2001. Stankovic A M. Intercon-nection and damping assignment approach to contro of PM synchronous motors. IEEE Transactions on Control Systems Technology, 9 (6): 811-820.

Rahman M F. 1997. Analysis of Direct Torque Control in permanent magnet Synchronous Motor Drives. IEEE Trans. on P. E, 12:528-536.

Seki K, Watada M, Torii S. 1997. Discontinuous arrangement of long stator linear synchronous motor for transportation system. International Conference on Power Electronics and Drive Systems, 2:697-702.

Srinivasu B, Prasad V N, Ramana Rao M V, 2006. Adaptive controller design for permanent magnet linear synchronous motor control system. PEDES 2006, 12: 12-15.

Wang F G, Park S K, Ahn H K. 2009. Linear matrix inequality-based fuzzy control for interior permanent magnet synchronous motor with integral sliding mode control. The 12th International Conference on Electrical Machines and Systems, ICEMS 2009.

Wang Y Z, Cheng D Z, Li C W, et al. 2003. Dissipative Hamilton realization and energy-based 12-disturbance attenuation control of multi-machine power systems. IEEE Transactions on Automatic Control, 48(8): 1428-1433.

Wang Y Z, Feng G, Cheng D Z, et al. 2006. Adaptive L_2 disturbance attenuation control of multi-machine power systems with SMES units. Automation, 42(7):1121-1132.

Xi Z, Cheng D, Lu Q, et al. 2002. Nonlinear decentralized controller design for multi-machine power systems using Hamilton function method. Automation, 38(3): 527-534.

附录　永磁直线同步电机电磁场求解的有限元方法

A.1　麦克斯韦方程组

永磁直线电机由于特殊的结构导致磁场分布不同于传统旋转电机磁场，模型复杂，为精确求解该种电机磁场分布，可采用数值求解。

目前电磁场的数值求解已发展为涉及电磁场理论，数值分析，计算方法，计算机等多领域交叉学科，也给计算形式上带来了多样性，有限元是一种常用的数值方法，它是将整个区域分割成若干子区域，并将求解边界问题原理应用到每个子区域，通过选取适当的尝试函数，使得对每一个单元的计算变得非常简单，经过对每个单元进行重复而简单的计算，再将其结果综合起来，便可以得到用整体矩阵表达的整个区域的解，这一整体矩阵又常常是稀疏矩阵，可以进一步简化和加快求解过程。由于计算机非常适合重复性的计算和处理过程，因此整体矩阵的形成过程很容易使用计算机处理来实现。

将前述麦克斯韦方程组重写如下

$$\begin{cases}\nabla\times\boldsymbol{H}=\boldsymbol{J}+\dfrac{\partial\boldsymbol{D}}{\partial t}\\\nabla\times\boldsymbol{E}=-\dfrac{\partial\boldsymbol{B}}{\partial t}\\\nabla\boldsymbol{D}=\rho\\\nabla\boldsymbol{B}=0\end{cases}\tag{A-1}$$

式中，$\boldsymbol{H}$ 为磁场强度矢量（单位 A/m）；$\boldsymbol{J}$ 为电流密度矢量（单位 A/m^2）；$\boldsymbol{D}$ 为电位移矢量（单位 C/m^2）；$\boldsymbol{H}=\varepsilon\boldsymbol{E}$；$\boldsymbol{B}$ 为磁感应强度矢量（单位 T）；$\boldsymbol{B}=\mu\boldsymbol{H}$；$\rho$ 为电荷密度（单位 C/m^3）；μ 为介质磁导率；ε 为介电常数；δ 为电导率；$\boldsymbol{J}=\delta\boldsymbol{E}$；$\boldsymbol{E}$ 为电场强度矢量。

对线性介质，μ,ε,δ 它们是常数，对非线性介质，μ,ε,δ 随场强的变化而变化。这些方程适用于各种正交坐标系，一般选用直角坐标系。麦克斯韦方程组适用于稳定磁场、稳定电场、似稳电磁场等不同情况，稳定磁场和稳定电场的场强都不随时间变化，似稳电磁场满足似稳条件，即场强随时间的变化充分慢，从场源到观察点之间的距离比波长短得多，从而在电磁波传播所需要的时间内，场源强度的变化极其微小，和稳定情况相似。与传导电流相比，位移电流可以忽略不计。电机中的交变电磁场属于似稳电磁场，所以不考虑位移电流的作用，并且在电机中一般不存在静自由电荷，因而麦克斯韦方程组能做相应的简化：

$$
\begin{cases}
\nabla\times\boldsymbol{H}=\boldsymbol{J}\\
\nabla\times\boldsymbol{E}=-\dfrac{\partial\boldsymbol{B}}{\partial t}\\
\nabla\boldsymbol{D}=0\\
\nabla\boldsymbol{B}=0
\end{cases}
\tag{A-2}
$$

A.2 位函数的微分方程

麦克斯韦方程组是场矢量之间的关系表达式，如果直接用来求解电磁场问题，在数学上存在较大困难，因此，在分析电磁场问题时，常常引用一定的位函数作为求解的辅助量。在稳定磁场的无电流区域，磁场强度的旋度为零，这时可引入标量磁位 φ_m作为待求量。

$$
H=-\nabla\varphi_m=-\frac{\partial\varphi_m}{\partial x}\boldsymbol{i}-\frac{\partial\varphi_m}{\partial y}\boldsymbol{j}
\tag{A-3}
$$

将式(A-3)代入稳定磁场的基本方程式中，即可导出标量磁位满足的偏微分方程，它是一个拉普拉斯方程

$$
\nabla^2\varphi_m=\frac{\partial^2\varphi_m}{\partial x^2}+\frac{\partial^2\varphi_m}{\partial y^2}=0
\tag{A-4}
$$

在稳定磁场的有电流区域，磁场强度矢量的旋度不为零，因此，不能采用标量磁位进行求解，但考虑到磁通密度矢量的散度恒为零，而对于任一矢量函数，其旋度的散度也恒为零，因此可引入矢量磁位 A 来描述场域中有电流存在时的稳定磁场问题。

$$
B=\nabla\times A=\frac{\partial A_z}{\partial y}\boldsymbol{i}-\frac{\partial A_z}{\partial x}\boldsymbol{j}=B_x\boldsymbol{i}+B_y\boldsymbol{j}
\tag{A-5}
$$

$$
B_x=\frac{\partial A_z}{\partial y},\quad B_y=-\frac{\partial A_z}{\partial x}
\tag{A-6}
$$

在平面稳定磁场中，电流密度矢量 J 与矢量磁位 A 沿着 z 轴方向分别只有一个分量 J_z 和 A_z，在平面 xOy 上，J_z 和 A_z 是坐标 x 与 y 的函数，将式(A-5)代入稳定磁场的基本方程式中，得矢量磁位的偏微分方程，该方程为泊松方程。

$$
\nabla^2A_z=\frac{\partial^2A_z}{\partial x^2}+\frac{\partial^2A_z}{\partial y^2}=-\mu J_z
\tag{A-7}
$$

拉普拉斯方程和泊松方程统称为泛定方程。

A.3　位函数的边界条件

边界条件是求解电磁场问题的关键，由于电磁场问题的复杂性，不同的问题有不同的边界条件。所以求解电磁场时必须先确定边界条件。

边界条件分为外部边界条件和分界面上的边界条件。外部边界条件分为第一类边界条件和第二类边界条件。

第一类边界条件是边界上的物理条件规定了物理量 u 在边界 s 上的值：

$$u|_s = f_1(s)$$

当物理量在边界上的值为零时，称为第一类齐次边界条件。

第二类边界条件是边界上的物理条件规定了物理量 u 的法向微商在边界 s 上的值：

$$\left.\frac{\partial u}{\partial n}\right|_s = f_2(s)$$

当 n 的法向微商为零时，称为第二类齐次边界条件。在两种介质分界面上的磁场应满足内部边界条件：

（1）两侧磁通密度的法向分量连续，即 $B_{1n}=B_{2n}$。

（2）在分界面上无面电流时，两侧磁场强度的切向分量连续，即

$$H_{1t}=H_{2t}, \qquad \frac{1}{\mu_1}\frac{\partial A_1}{\partial n}=\frac{1}{\mu_2}\frac{\partial A_2}{\partial n}$$

如果分界面上有无限薄的电流层（称为面电流），则磁场强度的切向分量将发生突变，设与边界面平行的单位长度内的电流是 J_s，即面电流密度是 J_s（实际是线电流密度，而习惯是被称为面电流密度），则

$$H_{1t}-H_{2t}=J_s, \qquad \frac{1}{\mu_1}\frac{\partial A_1}{\partial n}-\frac{1}{\mu_2}\frac{\partial A_2}{\partial n}=J_s$$

对永磁体来说，在永磁体内，内部磁畴经强磁场磁化后，排列在一起，形成内禀磁化力，其磁化强度为 $\boldsymbol{M}$，这样在介质体内和表面形成了束缚电流，束缚体电流密度为 $\boldsymbol{J}_V=\mathrm{rot}\boldsymbol{M}$，束缚面电流密度为 $\boldsymbol{J}_m=\boldsymbol{M}\times\boldsymbol{n}$，$\boldsymbol{n}$ 为表面的单位法向向量，对均匀磁化的介质，因为磁化体内 $\boldsymbol{M}$ 为常数，所以束缚体电流密度为零，仅有束缚面电流，因此可用环绕体表面的空心线圈来等效均匀磁化体，线圈的截面积和长度等于永磁体的截面积和长度，线圈的面电流密度等于永磁体的等效面电流密度，如图 A.1 所示。

永磁直线同步电动机的磁场是静态磁场，表现为泊松形式的矢量场，由于在磁场空间内存在电流，为旋度场，需用矢量磁位来表征。设磁场区域为 Ω，外部边界为 S，满足第一类边界条件，即 $A_z=0$，L_1 为内部介质之间的交界线（除永磁材料与

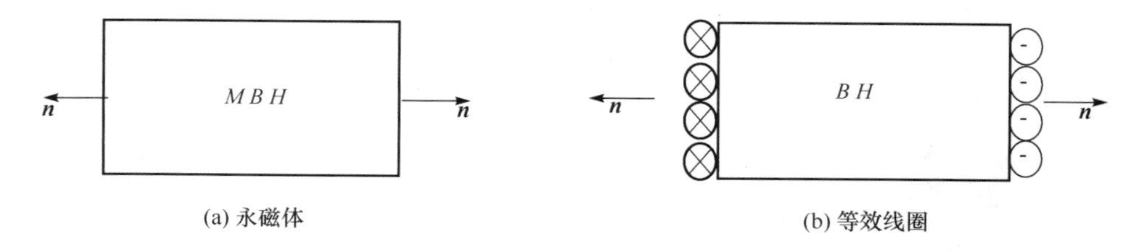

图 A.1　永磁体和等效线圈

气隙的交界线），L_2 为永磁材料与气隙的交界线，因为永磁体可以等效为一个空心线圈，等效线圈的面电流密度为 $J_m=H_c$，永磁体与气隙的交界面满足有源内部边界条件即

$$\frac{1}{\mu_1}\left(\frac{\partial A_z}{\partial n}\right)^- - \frac{1}{\mu_2}\left(\frac{\partial A_z}{\partial n}\right)^+ = J_m \tag{A-8}$$

A.4　边 值 问 题

泛定方程和边界条件合在一起构成了边值问题。对于永磁直线同步电动机的边值问题等价于求解下面的方程组

$$\begin{cases} \Omega: & \dfrac{1}{\mu}\dfrac{\partial^2 A_z}{\partial x^2}+\dfrac{1}{\mu}\dfrac{\partial^2 A_z}{\partial y^2}=-J \\ S: & A_z=0 \\ L_1: & \dfrac{1}{\mu_1}\left(\dfrac{\partial A_z}{\partial n}\right)^- = \dfrac{1}{\mu_2}\left(\dfrac{\partial A_z}{\partial n}\right)^+ \\ L_2: & \dfrac{1}{\mu_1}\left(\dfrac{\partial A_z}{\partial n}\right)^+ - \dfrac{1}{\mu_2}\left(\dfrac{\partial A_z}{\partial n}\right)^- = J_m \end{cases} \tag{A-9}$$

式中，$J=\dfrac{\omega I}{h_s \cdot b_s}$；$\omega$ 为槽内绕组匝数；I 为电流瞬时值；h_s 为槽高；b_s 为槽宽。

该边值问题要解决的问题是在给定的求解域 Ω 和边界条件下求解磁位 A_z 随坐标(x,y)的变化规律。

A.5　有限元方程

A.5.1　变分原理

变分就是对一个函数求微分，它是为求取函数的值而将函数转化为它的泛函求极值来解决问题的。

与式(A-9)等价的条件变分问题推导如下：

其中第一式可改写为

$$\Omega:\quad \frac{\partial}{\partial x}\left(\frac{1}{\mu}\frac{\partial A_z}{\partial x}\right)+\frac{\partial}{\partial y}\left(\frac{1}{\mu}\frac{\partial A_z}{\partial y}\right)=-J$$

在其两端乘上变分 δA_z，并在 Ω 域内对 x,y 二重积分得

$$\iint_\Omega\left[\frac{\partial}{\partial x}\left(\frac{1}{\mu}\frac{\partial A_z}{\partial x}\right)+\frac{\partial}{\partial y}\left(\frac{1}{\mu}\frac{\partial A_z}{\partial y}\right)\right]\delta A_z\mathrm{d}x\mathrm{d}y=-\iint_\Omega J\delta A_z\mathrm{d}x\mathrm{d}y$$

由格林公式

$$\iint_\Omega\left(\frac{\partial P}{\partial x}+\frac{\partial Q}{\partial y}\right)\mathrm{d}x\mathrm{d}y=\oint_s(P\cdot n+Q\cdot n)\mathrm{d}s$$

可知，上式左端可变为

$$\begin{aligned}&\iint_\Omega\left[\frac{\partial}{\partial x}\left(\frac{1}{\mu}\frac{\partial A_z}{\partial x}\delta A_z\right)+\frac{\partial}{\partial y}\left(\frac{1}{\mu}\frac{\partial A_z}{\partial y}\delta A_z\right)\right]\mathrm{d}x\mathrm{d}y\\&-\iint\frac{1}{\mu}\left(\frac{\partial A_z}{\partial x}\frac{\partial\delta A_z}{\partial x}+\frac{\partial A_z}{\partial y}\frac{\partial\delta A_z}{\partial y}\right)\mathrm{d}x\mathrm{d}y\\&=\oint_s\frac{1}{\mu}\frac{\partial A_z}{\partial n}\delta A_z\mathrm{d}s-\iint_\Omega\frac{1}{\mu}\left(\frac{\partial A_z}{\partial x}\frac{\partial\delta A_z}{\partial x}+\frac{\partial A_z}{\partial y}\frac{\partial\delta A_z}{\partial y}\right)\mathrm{d}x\mathrm{d}y\end{aligned}$$

$$\iint_\Omega\frac{1}{\mu}\left(\frac{\partial A_z}{\partial x}\frac{\partial\delta A_z}{\partial x}+\frac{\partial A_z}{\partial y}\frac{\partial\delta A_z}{\partial y}\right)\mathrm{d}x\mathrm{d}y-\oint_s\frac{1}{\mu}\frac{\partial A_z}{\partial n}\delta A_z\mathrm{d}s-\iint_\Omega J\delta A_z\mathrm{d}x\mathrm{d}y=0$$

式中

$$\frac{\partial\delta A_z}{\partial x}=\delta\left(\frac{\partial A_z}{\partial x}\right),\qquad\frac{\partial\delta A_z}{\partial y}=\delta\left(\frac{\partial A_z}{\partial y}\right)$$

故上式可变为

$$\iint_\Omega\frac{1}{\mu}\left[\frac{\partial A_z}{\partial x}\delta\left(\frac{\partial A_z}{\partial x}\right)+\frac{\partial A_z}{\partial y}\delta\left(\frac{\partial A_z}{\partial y}\right)\right]\mathrm{d}x\mathrm{d}y-\oint_s\frac{1}{\mu}\frac{\partial A_z}{\partial n}\delta A_z\mathrm{d}s-\iint_\Omega J\delta A_z\mathrm{d}x\mathrm{d}y=0\tag{A-10}$$

积分路径 s 包括求解区域的边界 S，介质分界线 L_1 的两侧 L_1^+,L_1^- 和介质分界线 L_2 的两侧 L_2^+,L_2^-，其中在 L_1^-,L_2^- 上法向是指向所围区域的内部的，故在 L_1^-,L_2^- 上积分应取负值，于是

$$\begin{aligned}\oint_s\frac{1}{\mu}\frac{\partial A_z}{\partial n}\delta A_z\mathrm{d}s=&\int_S\frac{1}{\mu}\frac{\partial A_z}{\partial n}\delta A_z\mathrm{d}s+\int_{L_1^+}\frac{1}{\mu_1}\left(\frac{\partial A_z}{\partial n}\right)^+\delta A_z\mathrm{d}s\\&+\int_{L_1^-}-\frac{1}{\mu_2}\left(\frac{\partial A_z}{\partial n}\right)^-\delta A_x\mathrm{d}s+\int_{L_2^+}\frac{1}{\mu_1}\left(\frac{\partial A_z}{\partial n}\right)^+\delta A_z\mathrm{d}s\\&+\int_{L_2^-}-\frac{1}{\mu_2}\left(\frac{\partial A_z}{\partial n}\right)^-\delta A_z\mathrm{d}s\end{aligned}$$

$$= \int_S \frac{1}{\mu}\frac{\partial A_z}{\partial n}\delta A_z \mathrm{d}s + \int_{L_1}\left[\frac{1}{\mu_1}\left(\frac{\partial A_z}{\partial n}\right)^+ - \frac{1}{\mu_2}\left(\frac{\partial A_z}{\partial n}\right)^-\right]\delta A_z \mathrm{d}s$$

$$+\int_{L_2}\left[\frac{1}{\mu_1}\left(\frac{\partial A_z}{\partial n}\right)^+ - \frac{1}{\mu_2}\left(\frac{\partial A_z}{\partial n}\right)^-\right]\delta A_z \mathrm{d}s = 0$$

因在求解区域的边界 S 上

$$A_z = 0$$

所以

$$\delta A_z = 0$$

在介质分界线 L_1 上

$$\frac{1}{\mu_1}\left(\frac{\partial A_z}{\partial n}\right)^- = \frac{1}{\mu_2}\left(\frac{\partial A_z}{\partial n}\right)^+$$

在介质分界线 L_2 上有

$$\frac{1}{\mu_1}\left(\frac{\partial A_z}{\partial n}\right)^+ - \frac{1}{\mu_2}\left(\frac{\partial A_z}{\partial n}\right)^- = J_m$$

故

$$\oint_s \frac{1}{\mu}\frac{\partial A_z}{\partial n}\delta A_z \mathrm{d}s = \int_{L_2} J_m \delta A_z \mathrm{d}s$$

式(A-10)可变为

$$\iint_\Omega \frac{1}{\mu}\left[\frac{\partial A_z}{\partial x}\delta\left(\frac{\partial A_z}{\partial x}\right) + \frac{\partial A_z}{\partial y}\delta\left(\frac{\partial A_z}{\partial y}\right)\right]\mathrm{d}x\mathrm{d}y - \oint_s \frac{1}{\mu}\frac{\partial A_z}{\partial n}\delta A_z \mathrm{d}s - \int_{L_2} J_m \delta A_z \mathrm{d}s = 0 \tag{A-11}$$

式(A-11)的左端可看做一个泛函 W 的变分 δW，它的原函数即 W 为

$$W(A_z) = \iint_\Omega \frac{1}{2\mu}\left[\left(\frac{\partial A_z}{\partial x}\right)^2 + \left(\frac{\partial A_z}{\partial y}\right)^2\right]\mathrm{d}x\mathrm{d}y - \iint_\Omega J \cdot A_z \mathrm{d}x\mathrm{d}y - \int_{L_2} J_m A_z \mathrm{d}s$$

式(A-11)相当于对 $W(A_z)$ 求极值，由于二次变分 $\delta^2 W = \iint_\Omega \frac{1}{\mu}\left\{\left[\delta\left(\frac{\partial A_z}{\partial x}\right)\right]^2 + \left[\delta\left(\frac{\partial A_z}{\partial y}\right)\right]^2\right\}\mathrm{d}x\mathrm{d}y$ 恒大于零，因此泛函 W 是求极小值。在式(A-11) 中已考虑了介质交界条件，因此只需将第一类边界条件作为约束条件列出，于是与式(A-11) 等价的条件变分问题是

$$\begin{cases} W(A_z) = \iint_\Omega \left\{\frac{1}{2\mu}\left[\left(\frac{\partial A_z}{\partial x}\right)^2 + \left(\frac{\partial A_z}{\partial y}\right)^2\right] - JA_z\right\}\mathrm{d}x\mathrm{d}y - \int_{L_2} J_m A_z \mathrm{d}s = \min \\ S:\ \ A_z = 0 \end{cases} \tag{A-12}$$

A.5.2　单元剖分

有限元计算要求将所求解的磁场区域剖分为有限多单元，利用在每个单元上的泛函 $W_e(A_z)$ 都取最小值来求解出每个节点的磁位 A_z。单元剖分的方法多种多样，常用的有三节点三角形单元，四节点四边形单元和六节点三角形单元等。

本书以最简单的三节点三角形单元来进行剖分，三角形单元的形状大小都可以不同，通常按照区域的几何形状和边界条件做细密或粗疏的划分，若区域的几何形状简单，磁通分布较均匀，可划分的疏一些，反之则划分的密一些，剖分方法比较灵活。剖分时应掌握的原则如下：

(1) 任一三角形的顶点必须同时是其相邻三角形的顶点，而不是相邻三角形边上的点。

(2) 如果区域内介质有间断，在三角形的边落在介质间的分界线。

(3) 如果边界上有不同的边界条件，则三角形的顶点应落在不同边界的交接点上。

(4) 当边界线或内部的介质分界线为曲线时，用相近的直线段代替，如曲线的曲率很大，则需多分几个直线段。

(5) 三角形三边的边长一般不要相差太悬殊，要尽量避免出现钝角三角形，但在磁场变化较小的方向上，三角形可相对的长一些。

(6) 为保证计算精度，并适当节约计算的工作量，在事先估计磁场较强并且磁场变化较大的地方，三角形要取的小一些，其他地方则可取的大一些，为了使三角形的三边边长不相差过大，三角形由小到大应逐步过渡。

区域剖分后，将所有的单元和节点按一定顺序进行编号，并求出各点坐标。

本书以一台单边型永磁直线同步电动机为例，详细讲述网格自动剖分与单元、节点的自动编号以及节点坐标的自动计算方法。

(1) 网格自动剖分

首先根据给定的电机的结构参数：槽宽 b_s，槽高 h_s，槽数 n，齿宽 b_t，永磁体宽 L_m，永磁体高 h_m，永磁体间距 b_m，气隙高 δ 和上下铁轭高 h_{y1}，h_{y2} 画出电机的求解区域图。

电机的求解区域应在电机模型的基础上向两端各延长一段距离 l_1($l_1 \geqslant \tau$，τ 为极矩)来考虑直线电机由于两端铁心开断而引起的边端效应。

电机的长度为

$$l = b_t \times (n+1) + b_s \times n$$

求解区域的宽度为

$$L = l + 2l_1$$

求解区域的高度为

$$H = h_{y1} + h_s + \delta + h_m + h_{y2}$$

永磁体间隙个数

$$m=\mathrm{Int}\left(\frac{l}{L_m+b_m}\right)$$

永磁体个数为

$$m+1$$

两端剩余部分的长度为

$$l_2=\frac{l-(m+1)\times L_m-m\times b_m}{2}$$

延长各区域的分界线，然后根据连接情况再进行宽度方向和高度方向的细分如下：

气隙部分高度方向上分成两份，分别为

$$\mathrm{Int}\left(\frac{\delta}{2}\right),\quad \delta-\mathrm{Int}\left(\frac{\delta}{2}\right)$$

齿下气隙部分，如果永磁体的延长线穿过其间，则宽度方向上分成两份，分别为

$$l_2,\quad b_t-l_2$$

否则宽度方向上分成两份，分别为

$$\mathrm{Int}\left(\frac{b_t}{2}\right),\quad b_t-\mathrm{Int}\left(\frac{b_t}{2}\right)$$

槽下气隙在宽度方向上分成三份，分别为

$$\mathrm{Int}\left(\frac{b_s}{3}\right),\quad \mathrm{Int}\left(\frac{2b_s}{3}\right)-\mathrm{Int}\left(\frac{b_s}{3}\right),\quad b_s-\mathrm{Int}\left(\frac{2b_s}{3}\right)$$

齿部分在宽度方向上不用再分，槽在宽度方向上分为两份，分别为

$$\mathrm{Int}\left(\frac{2b_s}{3}\right),\quad b_s-\mathrm{Int}\left(\frac{2b_s}{3}\right)$$

它们在高度方向上分为六份，从下到上分别为

$$b_t-l_2$$

$$\mathrm{Int}\left(\frac{h_s-(b_t-l_2)}{5}\right)$$

$$\mathrm{Int}\left(\frac{h_s-(b_t-l_2)}{5}\times 2\right)-\mathrm{Int}\left(\frac{h_s-(b_t-l_2)}{5}\right)$$

$$\mathrm{Int}\left(\frac{h_s-(b_t-l_2)}{5}\times 3\right)-\mathrm{Int}\left(\frac{h_s-(b_t-l_2)}{5}\times 2\right)$$

$$\mathrm{Int}\left(\frac{h_s-(b_t-l_2)}{5}\times 4\right)-\mathrm{Int}\left(\frac{h_s-(b_t-l_2)}{5}\times 3\right)$$

$$h_s-(b_t-l_2)-\mathrm{Int}\left(\frac{h_s-(b_t-l_2)}{5}\times 4\right)$$

永磁体部分在宽度方向上分成五份，分别为

$$b_t-l_2+\mathrm{Int}\left(\frac{b_s}{3}\right)$$

$$b_s-\mathrm{Int}\left(\frac{b_s}{3}\right)$$

$$b_t$$

$$\mathrm{Int}\left(\frac{2b_s}{3}\right)$$

$$L_m-\left(2b_t-l_2+b_s+\mathrm{Int}\left(\frac{2b_s}{3}\right)\right)$$

间隙部分在宽度方向上分为三份，分别为

$$l_2$$

$$l_2+\mathrm{Int}\left(\frac{b_s}{3}\right)$$

$$b_m-2l_2-\mathrm{Int}\left(\frac{b_s}{3}\right)$$

永磁体高度方向上分为两份，分别为

$$\mathrm{Int}\left(\frac{\delta}{2}\right)$$

$$h_m-\mathrm{Int}\left(\frac{\delta}{2}\right)$$

上铁轭部分在宽度方向上每一极下分为三份，每一份都为

$$b_s+b_t$$

上铁轭部分在高度方向上分为三份，分别为

$$\mathrm{Int}\left(\frac{h_s-(b_t-l_2)}{5}\right)$$

$$\mathrm{Int}\left(\frac{h_{y1}-\mathrm{Int}\left(\frac{h_s-(b_t-l_2)}{5}\right)}{2}\right)$$

$$h_{y1}-\mathrm{Int}\left(\frac{h_s-(b_t-l_2)}{5}\right)-\mathrm{Int}\left[\frac{h_{y1}-\mathrm{Int}\left(\frac{h_s-(b_t-l_2)}{5}\right)}{2}\right]$$

下铁轭部分在宽度方向上每一极下分为两份，分别为

$$b_s+2b_t$$

$$2b_s+b_t$$

下铁轭部分在高度方向上分为三份，分别为

$$\mathrm{Int}\left(\frac{h_s-(b_t-l_2)}{5}\right)$$

$$\mathrm{Int}\left[\frac{hy_2-\mathrm{Int}\left(\frac{h_s-(b_t-l_2)}{5}\right)}{2}\right]$$

$$h_{y2}-\mathrm{Int}\left(\frac{h_s-(b_t-l_2)}{5}\right)-\mathrm{Int}\left[\frac{h_{y2}-\mathrm{Int}\left(\frac{h_s-(b_t-l_2)}{5}\right)}{2}\right]$$

求解区域中，在电机模型两端延长部分的剖分为

在宽度方向上分为三份，左边为

$$l_1-b_t-\mathrm{Int}\left(\frac{l_1-b_t}{2}\right)$$

$$\mathrm{Int}\left(\frac{l_1-b_t}{2}\right)$$

$$b_t$$

右边为

$$b_t$$

$$\mathrm{Int}\left(\frac{l_1-b_t}{2}\right)$$

$$l_1-b_t-\mathrm{Int}\left(\frac{l_1-b_t}{2}\right)$$

它们在高度方向上分为七份，从上到下依次为

$$h_{y1}-\mathrm{Int}\left(\frac{h_s-(b_t-l_2)}{5}\right)$$

$$h_s-(b_t-l_2)-\mathrm{Int}\left(\frac{h_s-(b_t-l_2)}{5}\times 4\right)+\mathrm{Int}\left(\frac{h_s-(b_t-l_2)}{5}\right)$$

$$\mathrm{Int}\left(\frac{h_s-(b_t-l_2)}{5}\times 2\right)$$

$$\mathrm{Int}\left(\frac{h_s-(b_t-l_2)}{5}\times 4\right)-\mathrm{Int}\left(\frac{h_s-(b_t-l_2)}{5}\times 2\right)$$

$$b_t-l_2+\delta+\mathrm{Int}\left(\frac{\delta}{2}\right)$$

$$\text{Int}\left(\frac{h_s-(b_t-l_2)}{5}\right)+h_m-\text{Int}\left(\frac{\delta}{2}\right)$$

$$h_{y2}-\text{Int}\left(\frac{h_s-(b_t-l_2)}{5}\right)$$

根据上面细分所得的节点和三角形剖分的注意事项，连接细分所得的矩形单元的对角两节点就得到求解区域的三角形网格剖分图。

(2) 节点自动编号。

网格剖分后，按求解区域的剖分线自上而下，从左到右对所有节点进行编号，编号的基本原理是：电机模型部分选择以气隙的上边界为基准线，电机模型两端延长部分选择以该部分在高度方向上(从上到下)的第四条剖分线为基准线，首先求出基准线上的节点编号，基准线上的节点编号记为 $NP(i)(i=1,2,\cdots,15m+19)$，然后根据基准线上的节点编号就可以求出高于基准线和低于基准线的节点的编号。如第 k 列基准线以上第 3 个节点的节点编号为 $NP(k)-3$，第 k 列基准线以下第 4 个节点的节点编号为 $NP(k)+4$。为了求出基准线上各节点的编号，需要知道各列中高于基准线(包括基准线上的节点)的节点数目和低于基准线的节点数目。为节约内存，把每一列中高于基准线(包括基准线上的节点)的节点数目和低于基准线的节点数目用一个整数来表示，记为 $N[i](i=1,2,\cdots,15m+19)$，用 $N[i]$的个位表示低于基准线的节点数目，用 $N[i]$的十位和百位表示高于基准线(包括基准线上的节点)的节点数目，根据网格剖分的原理，可以得出 $N[i](i=1,2,\cdots,18)$为

$$\begin{cases} N[1]=53, & N[2]=53, & N[3]=96 \\ N[4]=107, & N[5]=14, & N[6]=82 \\ N[7]=15, & N[8]=72, & N[9]=104 \\ N[10]=12, & N[11]=87, & N[12]=12 \\ N[13]=74, & N[14]=102, & N[15]=15 \\ N[16]=82, & N[17]=14, & N[18]=72 \end{cases}$$

$N[i](i=3+15m+1,\cdots,19+15m)$为

$$\begin{cases} N[3+15m+1]=107 \\ N[3+15m+2]=14 \\ N[3+15m+3]=82 \\ N[3+15m+4]=15 \\ N[3+15m+5]=72 \\ N[3+15m+6]=104 \\ N[3+15m+7]=12 \\ N[3+15m+8]=87 \end{cases}$$

$$\begin{cases} N[3+15m+9]=12 \\ N[3+15m+10]=75 \\ N[3+15m+11]=102 \\ N[3+15m+12]=14 \\ N[3+15m+13]=107 \\ N[3+15m+14]=96 \\ N[3+15m+15]=53 \\ N[3+15m+16]=53 \end{cases}$$

由 $N[4]\sim N[18]$的值可知另外 $m-1$ 个极的 $N[i]$($i=19,\cdots,3+15m$)为

$$N[j+15k]=N[j] \quad (j=4,5,\cdots,18;k=1,2,m-1)$$

根据 $N[i]$($i=1,2,\cdots,15m+19$)的值就可以求出 $NP[i]$的值

$$NP[i]=NP[i-1]+\left(N[i-1]-10\times \mathrm{Int}\left(\frac{N[i-1]}{10}\right)\right)+\mathrm{Int}\left(\frac{N[i]}{10}\right)$$
$$(i=12,\cdots,15m+19;NP[0]=0,N[0]=0)$$

由 $NP[i]$的值可以求出所有节点的编号。

(3) 单元自动编号。

单元自动编号是指对空气、铁轭、绕组和永磁体部分分别进行编号，空气部分包括电机模型向两端延长的部分和电机模型本身的气隙与永磁体之间的间隙，铁轭、绕组和永磁体部分都是指电机模型本身的部分。电机模型本身的部分按照每一极下的单元编号具有相同规律的特点进行编号。电机模型向左端延长部分的单元记为 $AE_k(I,J,M)$($k=1,\cdots,65$)，k 为单元数，(I,J,M)为单元按逆时针编号的三个节点，由网格的自动剖分情况可以得出

$$\begin{cases} AE_1(NP[1]-3,NP[2]-4,NP[1]-4) \\ AE_2(NP[1]-3,NP[2]-3,NP[2]-4) \\ AE_3(NP[3]-7,NP[3]-8,NP[2]-4) \\ AE_4(NP[2]-3,NP[3]-7,NP[2]-4) \\ AE_5(NP[2]-3,NP[3]-6,NP[3]-7) \\ AE_6(NP[3]-7,NP[4]-9,NP[3]-8) \\ AE_7(NP[3]-7,NP[4]-8,NP[4]-9) \end{cases}$$

$$\begin{cases} AE_8(NP[3]-6,NP[4]-8,NP[3]-7) \\ AE_9(NP[3]-6,NP[4]-7,NP[4]-8) \end{cases}$$

$$\begin{cases} AE_{37}(NP[1]+1,NP[2],NP[1]) \\ AE_{38}(NP[1]+1,NP[2]+1,NP[2]) \\ AE_{39}(NP[2],NP[3]+1,NP[3]) \\ AE_{40}(NP[2]+1,NP[3]+1,NP[2]) \\ AE_{41}(NP[2]+1,NP[3]+2,NP[3]+1) \end{cases}$$

$$\begin{cases} AE_{42}(NP[4],NP[4]-1,NP[3]) \\ AE_{43}(NP[3]+1,NP[4],NP[3]) \\ AE_{44}(NP[3]+1,NP[4]+1,NP[4]) \\ AE_{45}(NP[4]+2,NP[4]+1,NP[3]+1) \\ AE_{46}(NP[3]+2,NP[4]+2,NP[3]+1) \\ AE_{47}(NP[3]+2,NP[4]+3,NP[4]+2) \end{cases}$$

$$\begin{cases} AE_{9i+1}(NP[1]-3+i,NP[2]-4+i,NP[1]-4+i) \\ AE_{9i+2}(NP[1]-3+i,NP[2]-3+i,NP[2]-4+i) \\ AE_{9i+3}(NP[3]-7+2i,NP[3]-8+2i,NP[2]-4+i) \\ AE_{9i+4}(NP[2]-3+i,NP[3]-7+2i,NP[2]-4+i) \\ AE_{9i+5}(NP[2]-3+i,NP[3]-6+2i,NP[3]-7+2i) \end{cases}$$

$$\begin{cases} AE_{9i+1}(NP[1]-3+i,NP[2]-4+i,NP[1]-4+i) \\ AE_{9i+2}(NP[1]-3+i,NP[2]-3+i,NP[2]-4+i) \\ AE_{9i+3}(NP[3]-7+2i,NP[3]-8+2i,NP[2]-4+i) \\ AE_{9i+4}(NP[2]-3+i,NP[3]-7+2i,NP[2]-4+i) \\ AE_{9i+5}(NP[2]-3+i,NP[3]-6+2i,NP[3]-7+2i) \quad (i=1,2,3) \\ AE_{9i+6}(NP[3]-7+2i,NP[4]-9+2i,NP[3]-8+2i) \\ AE_{9i+7}(NP[3]-7+2i,NP[4]-8+2i,NP[4]-9+2i) \\ AE_{9i+8}(NP[3]-6+2i,NP[4]-8+2i,NP[3]-7+2i) \\ AE_{9i+9}(NP[3]-6+2i,NP[4]-7+2i,NP[4]-8+2i) \end{cases}$$

$$\begin{cases} AE_{47+9i+1}(NP[1]-3+5+i,NP[2]-4+5+i,NP[1]-4+5+i) \\ AE_{47+9i+2}(NP[1]-3+5+i,NP[2]-3+5+i,NP[2]-4+5+i) \\ AE_{47+9i+3}(NP[3]-7+10+2i,NP[3]-8+10+2i,NP[2]-4+5+i) \\ AE_{47+9i+4}(NP[2]-3+5+i,NP[3]-7+10+2i,NP[2]-4+5+i) \\ AE_{47+9i+5}(NP[2]-3+5+i,NP[3]-6+10+2i,NP[3]-7+10+2i) \end{cases}$$

$$\begin{cases} AE_{47+9i+1}(NP[1]-3+5+i,NP[2]-4+5+i,NP[1]-4+5+i) \\ AE_{47+9i+2}(NP[1]-3+5+i,NP[2]-3+5+i,NP[2]-4+5+i) \\ AE_{47+9i+3}(NP[3]-7+10+2i,NP[3]-8+10+2i,NP[2]-4+5+i) \\ AE_{47+9i+4}(NP[2]-3+5+i,NP[3]-7+10+2i,NP[2]-4+5+i) \\ AE_{47+9i+5}(NP[2]-3+5+i,NP[3]-6+10+2i,NP[3]-7+10+2i) \quad (i=0,1) \\ AE_{47+9i+6}(NP[3]-7+10+2i,NP[4]-9+12+2i,NP[3]-8+10+2i) \\ AE_{47+9i+7}(NP[3]-7+10+2i,NP[4]-8+12+2i,NP[4]-9+12+2i) \\ AE_{47+9i+8}(NP[3]-6+10+2i,NP[4]-8+12+2i,NP[3]-7+10+2i) \\ AE_{47+9i+9}(NP[3]-6+10+2i,NP[4]-7+12+2i,NP[4]-8+12+2i) \end{cases}$$

然后对电机模型本身部分的空气部分(即气隙和永磁体之间的间隙)进行单元编号,由于每一极的单元的编号都具有相同的规律,因此可以得出这部分的单元编号为

$$\begin{cases} AE_{65+74k+4i+2j+1}(NP[4+15k+i]+j+1,NP[5+15k+i]+j,NP[4+15k+i]+j) \\ AE_{65+74k+4i+2j+2}(NP[4+15k+i]+j+1,NP[5+15k+i]+j+1,NP[5+15k+i]+j) \end{cases}$$

$$(i=0,1,\cdots,14;j=0,1;k=0,1,\cdots,m-1)$$

$$\begin{cases} AE_{65+74k+60+2i+1}(NP[4+15k]+3+i,NP[5+15k]+2+i,NP[4+15k]+2+i) \\ AE_{65+74k+60+2i+2}(NP[4+15k]+3+i,NP[5+15k]+3+i,NP[5+15k]+2+i) \end{cases}$$

$$(i=0,1;k=0,1,\cdots,m-1)$$

$$\begin{cases} AE_{65+74k+60+4+5i+1}(NP[15+15k+2i]+3, \\ \qquad NP[16+15k+2i]+2,NP[15+15k+2i]+2) \\ AE_{65+74k+60+4+5i+2}(NP[15+15k+2i]+3, \\ \qquad NP[17+15k+2i]+3,NP[16+15k+2i]+2) \end{cases}$$

$$(i=0,1;k=0,1,\cdots,m-1)$$

$$\begin{cases} AE_{65+74k+60+4+5i+3}(NP[17+15k+2i]+3, \\ \qquad NP[17+15k+2i]+2,NP[16+15k+2i]+2) \\ AE_{65+74k+60+4+5i+4}(NP[15+15k+2i]+4, \\ \qquad NP[17+15k+2i]+3,NP[15+15k+2i]+3) \\ AE_{65+74k+60+4+5i+5}(NP[15+15k+2i]+4, \\ \qquad NP[17+15k+2i]+4,NP[17+15k+2i]+3) \end{cases}$$

$$(i=0,1;k=0,1,\cdots,m-1)$$

$$\begin{cases} AE_{65+74m+4i+2j+1}(NP[4+15m+i]+j+1, \\ \quad NP[5+15m+i]+j, NP[4+15m+i]+j) \\ AE_{65+74m+4i+2j+2}(NP[4+15m+i]+j+1, \\ \quad NP[5+15m+i]+j+1, NP[5+15m+i]+j) \end{cases}$$

$(i=0,1,\cdots,11;j=0,1)$

$$\begin{cases} AE_{65+74m+48+2i+1}(NP[4+15m]+3+i, \\ \quad NP[5+15m]+2+i, NP[4+15m]+2+i) \\ AE_{65+74m+48+2i+2}(NP[4+15m]+3+i, \\ \quad NP[5+15m]+3+i, NP[5+15m]+2+i) \end{cases}$$

$(i=0,1)$

$$\begin{cases} AE_{65+74m+48+4+2i+1}(NP[15+15m]+3+i, \\ \quad NP[16+15m]+2+i, NP[15+15m]+2+i) \end{cases}$$

$(i=0,1)$

$$\begin{cases} AE_{65+74m+48+4+2i+2}(NP[15+15m]+3+i, \\ \quad NP[16+15m]+3+i, NP[16+15m]+2+i) \end{cases}$$

$(i=0,1)$

电机模型向右端延长部分的单元编号情况为

$$\begin{cases} AE_{65+74m+56+9i+1}(NP[16+15m]-8+2i, \\ \quad NP[17+15m]-8+2i, NP[16+15m]-9+2i) \\ AE_{65+74m+56+9i+2}(NP[16+15m]-8+2i, \\ \quad NP[17+15m]-7+2i, NP[17+15m]-8+2i) \\ AE_{65+74m+56+9i+3}(NP[16+15m]-7+2i, \\ \quad NP[17+15m]-7+2i, NP[16+15m]-8+2i) \\ AE_{65+74m+56+9i+4}(NP[16+15m]-7+2i, \\ \quad NP[17+15m]-6+2i, NP[17+15m]-7+2i) \\ AE_{65+74m+56+9i+5}(NP[17+15m]-7+2i, \\ \quad NP[18+15m]-4+i, NP[17+15m]-8+2i) \end{cases}$$

$(i=0,1,2,3)$

$$\begin{cases} AE_{65+74m+56+9i+6}(NP[17+15m]-7+2i, \\ \quad NP[18+15m]-3+i, NP[18+15m]-4+i) \\ AE_{65+74m+56+9i+7}(NP[17+15m]-6+2i, \\ \quad NP[18+15m]-3+i, NP[17+15m]-7+2i) \end{cases}$$

$$\begin{cases} AE_{65+74m+56+9i+8}(NP[18+15m]-3+i, \\ \quad NP[19+15m]-4+i, NP[18+15m]-4+i) \\ AE_{65+74m+56+9i+9}(NP[18+15m]-3+i, \\ \quad NP[19+15m]-3+i, NP[19+15m]-4+i) \end{cases}$$

$(i=0,1,2,3)$

$$\begin{cases} AE_{65+74m+56+36+3i+1}(NP[16+15m]+2i, NP[17+15m]+i, NP[16+15m]-1+2i) \\ AE_{65+74m+56+36+3i+2}(NP[16+15m]+2i, NP[17+15m]+1+i, NP[17+15m]+i) \\ AE_{65+74m+56+36+3i+3}(NP[16+15m]+1+2i, NP[17+15m]+1+i, NP[16+15m]+2i) \end{cases}$$

$(i=0,1)$

$$\begin{cases} AE_{65+74m+56+43}(NP[17+15m]+1, NP[18+15m], NP[17+15m]) \\ AE_{65+74m+56+44}(NP[17+15m]+1, NP[18+15m]+1, NP[18+15m]) \\ AE_{65+74m+56+45}(NP[17+15m]+2, NP[18+15m]+1, NP[17+15m]+1) \\ AE_{65+74m+56+46}(NP[18+15m]+1, NP[19+15m], NP[18+15m]) \\ AE_{65+74m+56+47}(NP[18+15m]+1, NP[19+15m]+1, NP[19+15m]) \end{cases}$$

$$\begin{cases} AE_{65+74m+56+47+9i+1}(NP[16+15m]+4+2i, \\ \quad NP[17+15m]+2+2i, NP[16+15m]+3+2i) \\ AE_{65+74m+56+47+9i+2}(NP[16+15m]+4+2i, \\ \quad NP[17+15m]+3+2i, NP[17+15m]+2+2i) \\ AE_{65+74m+56+47+9i+3}(NP[16+15m]+5+2i, \\ \quad NP[17+15m]+3+2i, NP[16+15m]+4+2i) \\ AE_{65+74m+56+47+9i+4}(NP[16+15m]+5+2i, \\ \quad NP[17+15m]+4+2i, NP[17+15m]+3+2i) \end{cases}$$

$(i=0,1)$

$$\begin{cases} AE_{65+74m+56+47+9i+5}(NP[17+15m]+3+2i, \\ \quad NP[18+15m]+1+i, NP[17+15m]+2+2i) \\ AE_{65+74m+56+47+9i+6}(NP[17+15m]+3+2i, \\ \quad NP[18+15m]+2+i, NP[18+15m]+1+i), \\ AE_{65+74m+56+47+9i+7}(NP[17+15m]+4+2i, \\ \quad NP[18+15m]+2+i, NP[17+15m]+3+2i), \\ AE_{65+74m+56+47+9i+8}(NP[18+15m]+2+i, \\ \quad NP[19+15m]+1+i, NP[18+15m]+1+i), \end{cases}$$

$$\begin{cases} AE_{65+74m+56+47+9i+9}(NP[18+15m]+2+i, \\ \quad NP[19+15m]+2+i, NP[19+15m]+1+i) \end{cases}$$

$(i=0,1)$

铁部分(包括上铁轭部分、齿部分和下铁轭部分)的单元编号按电机模型本身每一极的铁部分的编号具有相同规律的特点进行编号，铁部分的单元编号记为$IE_k(I,J,M)$，由网格剖分情况得

$$\begin{cases} IE_{91k+10i+1}(NP[4+15k+5i]-8, \\ \quad NP[9+15k+5i]-9, NP[4+15k+5i]-9) \\ IE_{91k+10i+2}(NP[4+15k+5i]-8, \\ \quad NP[9+15k+5i]-8, NP[9+15k+5i]-9) \\ IE_{91k+10i+3}(NP[4+15k+5i]-7, \\ \quad NP[6+15k+5i]-7, NP[4+15k+5i]-8) \\ IE_{91k+10i+4}(NP[4+15k+5i]-8, \\ \quad NP[6+15k+5i]-7, NP[9+15k+5i]-8) \\ IE_{91k+10i+5}(NP[6+15k+5i]-7, \\ \quad NP[9+15k+5i]-7, NP[9+15k+5i]-8) \\ IE_{91k+10i+6}(NP[4+15k+5i]-6, \\ \quad NP[6+15k+5i]-7, NP[4+15k+5i]-7) \\ IE_{91k+10i+7}(NP[4+15k+5i]-6, \\ \quad NP[6+15k+5i]-6, NP[6+15k+5i]-7) \\ IE_{91k+10i+8}(NP[6+15k+5i]-6, \\ \quad NP[8+15k+5i]-6, NP[6+15k+5i]-7) \\ IE_{91k+10i+9}(NP[8+15k+5i]-6, \\ \quad NP[9+15k+5i]-7, NP[6+15k+5i]-7) \end{cases}$$

$(i=0,1,2;k=0,1,\cdots,m-1)$

$$\begin{cases} IE_{91k+10i+10}(NP[8+15k+5i]-6, \\ \quad NP[9+15k+5i]-6, NP[9+15k+5i]-7) \end{cases}$$

$(i=0,1,2;k=0,1,\cdots,m-1)$

$$\begin{cases} IE_{30+91k+13j+2i+1}(NP[4+15k+5j]-5+i, \\ \quad NP[6+15k+5j]-6+i, NP[4+15k+5j]-6+i), \\ IE_{30+91k+13j+2i+2}(NP[4+15k+5j]-5+i, \\ \quad NP[6+15k+5j]-5+i,\ NP[6+15k+5j]-6+i) \end{cases}$$

$(i=0,1,2,3,4;j=0,1,2;k=0,1,\cdots,m-1)$

$$\begin{cases} IE_{30+91k+13j+11}(NP[4+15k+5j], \\ \quad NP[5+15k+5j], NP[4+15k+5j]-1) \\ IE_{30+91k+13j+12}(NP[5+15k+5j], \\ \quad NP[6+15k+5j]-1, NP[4+15k+5j]-1) \end{cases}$$

$(j=0,1,2;k=0,1,\cdots,m-1)$

$$\begin{cases} IE_{30+91k+13j+13}(NP[5+15k+5j], \\ \quad NP[6+15k+5j], NP[6+15k+5j]-1) \end{cases}$$

$(j=0,1,2;k=0,1,\cdots,m-1)$

$$\begin{cases} IE_{30+39+91k+11i+1}(NP[4+15k+7i]+5, \\ \quad NP[5+15k+8i]+4, NP[4+15k+7i]+4) \\ IE_{30+39+91k+11i+2}(NP[4+15k+7i]+5, \\ \quad NP[7+15k+8i]+5, NP[5+15k+8i]+4) \\ IE_{30+39+91k+11i+3}(NP[7+15k+8i]+5, \\ \quad NP[7+15k+8i]+4, NP[5+15k+8i]+4) \\ IE_{30+39+91k+11i+4}(NP[7+15k+8i]+5, \\ \quad NP[9+15k+8i]+4, NP[7+15k+8i]+4) \\ IE_{30+39+91k+11i+5}(NP[7+15k+8i]+5, \\ \quad NP[11+15k+8i]+5, NP[9+15k+8i]+4) \\ IE_{30+39+91k+11i+6}(NP[11+15k+8i]+5, \\ \quad NP[11+15k+8i]+4, NP[9+15k+8i]+4) \\ IE_{30+39+91k+11i+7}(NP[4+15k+7i]+6, \\ \quad NP[7+15k+8i]+5, NP[4+15k+7i]+5) \\ IE_{30+39+91k+11i+8}(NP[4+15k+7i]+6, \\ \quad NP[11+15k+8i]+6, NP[7+15k+8i]+5) \\ IE_{30+39+91k+11i+9}(NP[11+15k+8i]+6, \\ \quad NP[11+15k+8i]+5, NP[7+15k+8i]+5) \end{cases}$$

$(i=0,1;k=0,1,\cdots,m-1)$

$$\begin{cases} IE_{30+39+91k+11i+10}(NP[4+15k+7i]+7, \\ \quad NP[11+15k+8i]+6, NP[4+15k+7i]+6) \\ IE_{30+39+91k+11i+11}(NP[4+15k+7i]+7, \\ \quad NP[11+15k+8i]+7, NP[11+15k+8i]+6) \end{cases}$$

$(i=0,1;k=0,1,\cdots,m-1)$

$$\begin{cases} IE_{91m+10i+1}(NP[4+15m+5i]-8, \\ \quad NP[9+15m+5i]-9, NP[4+15m+5i]-9) \\ IE_{91m+10i+2}(NP[4+15m+5i]-8, \\ \quad NP[9+15m+5i]-8, NP[9+15m+5i]-9) \\ IE_{91m+10i+3}(NP[4+15m+5i]-7, \\ \quad NP[6+15m+5i]-7, NP[4+15m+5i]-8) \\ IE_{91m+10i+4}(NP[4+15m+5i]-8, \\ \quad NP[6+15m+5i]-7, NP[9+15m+5i]-8) \\ IE_{91m+10i+5}(NP[6+15m+5i]-7, \\ \quad NP[9+15m+5i]-7, NP[9+15m+5i]-8) \\ IE_{91m+10i+6}(NP[4+15m+5i]-6, \\ \quad NP[6+15m+5i]-7, NP[4+15m+5i]-7) \end{cases}$$

$(i=0,1)$

$$\begin{cases} IE_{91m+10i+7}(NP[4+15m+5i]-6, \\ \quad NP[6+15m+5i]-6, NP[6+15m+5i]-7) \\ IE_{91m+10i+8}(NP[6+15m+5i]-6, \\ \quad NP[8+15m+5i]-6, NP[6+15m+5i]-7) \\ IE_{91m+10i+9}(NP[8+15m+5i]-6, \\ \quad NP[9+15m+5i]-7, NP[6+15m+5i]-7) \\ IE_{91m+10i+10}(NP[8+15m+5i]-6, \\ \quad NP[9+15m+5i]-6, NP[9+15m+5i]-7) \end{cases}$$

$(i=0,1)$

$$\begin{cases} IE_{91m+20+2i+1}(NP[14+15m]-8+i, \\ \quad NP[16+15m]-9+i, NP[14+15m]-9+i) \\ IE_{91m+20+2i+2}(NP[14+15m]-8+i, \\ \quad NP[16+15m]-8+i, NP[16+15m]-9+i) \end{cases}$$

$(i=0,1,2)$

$$\begin{cases} IE_{91m+26+13j+2i+1}(NP[4+15m+5j]-5+i, NP[6+15m+5j]-6+i, \\ \quad NP[4+15m+5j]-6+i) \end{cases}$$

$(i=0,1,2,3,4; j=0,1,2)$

$$\begin{cases} IE_{91m+26+13j+2i+2}(NP[4+15m+5j]-5+i, NP[6+15m+5j]-5+i, \\ \quad NP[6+15m+5j]-6+i) \end{cases}$$

$(i=0,1,2,3,4; j=0,1,2)$

$$\begin{cases} IE_{91m+26+13j+11}(NP[4+15m+5j], NP[5+15m+5j], NP[4+15m+5j]-1) \\ IE_{91m+26+13j+12}(NP[5+15m+5j], NP[6+15m+5j]-1, NP[4+15m+5j]-1) \\ IE_{91m+26+13j+13}(NP[5+15m+5j], NP[6+15m+5j], NP[6+15m+5j]-1) \end{cases}$$

$(j=0,1,2)$

$$\begin{cases} IE_{91m+65+3i+1}(NP[4+15m+3i]+5, NP[5+15m+4i]+4, NP[4+15m+3i]+4) \\ IE_{91m+65+3i+2}(NP[4+15m+3i]+5, NP[7+15m+4i]+5, NP[5+15m+4i]+4) \end{cases}$$

$(i=0,1)$

$$\{IE_{91m+65+3i+3}(NP[7+15m+4i]+5, NP[7+15m+4i]+4, NP[5+15m+4i]+4)$$

$(i=0,1)$

$$\begin{cases} IE_{91m+65+7}(NP[11+15m]+5, NP[13+15m]+4, NP[11+15m]+4) \\ IE_{91m+65+8}(NP[11+15m]+5, NP[13+15m]+5, NP[13+15m]+4) \\ IE_{91m+65+9}(NP[13+15m]+5, NP[15+15m]+4, NP[13+15m]+4) \\ IE_{91m+65+10}(NP[13+15m]+5, NP[16+15m]+5, NP[15+15m]+4) \\ IE_{91m+65+11}(NP[16+15m]+5, NP[16+15m]+4, NP[15+15m]+4) \end{cases}$$

$$\begin{cases} IE_{91m+65+11+5i+1}(NP[4++7i+15m]+6, \\ \quad NP[7+6i+15m]+5, NP[4+7i+15m]+5) \\ IE_{91m+65+11+5i+2}(NP[4+7i+15m]+6, \\ \quad NP[11+5i+15m]+6, NP[7+6i+15m]+5) \end{cases}$$

$(i=0,1)$

$$\begin{cases} IE_{91m+65+11+5i+3}(NP[11+5i+15m]+6, \\ \quad NP[11+5i+15m]+5, NP[7+6i+15m]+5) \\ IE_{91m+65+11+5i+4}(NP[4+7i+15m]+7, \\ \quad NP[11+5i+15m]+6, NP[4+7i+15m]+6) \\ IE_{91m+65+11+5i+5}(NP[4+7i+15m]+7, \\ \quad NP[11+5i+15m]+7, NP[11+5i+15m]+6) \end{cases}$$

$(i=0,1)$

绕组部分的单元编号按电机模型本身每一极每一槽的绕组的编号具有相同规律的特点进行编号，绕组部分的单元编号记为 $WE_k(I,J,M)$，由网格剖分情况得

$$\begin{cases} WE_{75k+25s+4j+2i+1}(NP[6+15k+5s+2i]-5+j, NP[8+15k+5s+i]-6+j, \\ \quad NP[6+15k+5s+2i]-6+j) \\ WE_{75k+25s+4j+2i+2}(NP[6+15k+5s+2i]-5+j, NP[8+15k+5s+i]-5+j, \\ \quad NP[8+15k+5s+i]-6+j) \end{cases}$$

$$(i=0,1; j=0,1,2,3,4; s=0,1,2; k=0,1,\cdots,m-1)$$

$$\begin{cases} WE_{75k+25s+21}(NP[6+15k+5s], NP[7+15k+5s], NP[6+15k+5s]-1) \\ WE_{75k+25s+22}(NP[7+15k+5s], NP[8+15k+5s]-1, NP[6+15k+5s]-1) \\ WE_{75k+25s+23}(NP[7+15k+5s], NP[8+15k+5s], NP[8+15k+5s]-1) \\ WE_{75k+25s+24}(NP[8+15k+5s], NP[9+15k+5s]-1, NP[8+15k+5s]-1) \\ WE_{75k+25s+25}(NP[8+15k+5s], NP[9+15k+5s], NP[9+15k+5s]-1) \end{cases}$$

$$(s=0,1,2; k=0,1,\cdots,m-1)$$

$$\begin{cases} WE_{75m+25s+4j+2i+1}(NP[6+15m+5s+2i]-5+j, NP[8+15m+5s+i]-6+j, \\ \quad NP[6+15m+5s+2i]-6+j) \\ WE_{75m+25s+4j+2i+2}(NP[6+15m+5s+2i]-5+j, NP[8+15m+5s+i]-5+j, \\ \quad NP[8+15m+5s+i]-6+j) \end{cases}$$

$$(i=0,1; j=0,1,2,3,4; s=0,1)$$

$$\begin{cases} WE_{75m+25s+21}(NP[6+15m+5s], NP[7+15m+5s], NP[6+15m+5s]-1) \\ WE_{75m+25s+22}(NP[7+15m+5s], NP[8+15m+5s]-1, NP[6+15m+5s]-1) \\ WE_{75m+25s+23}(NP[7+15m+5s], NP[8+15m+5s], NP[8+15m+5s]-1) \\ WE_{75m+25s+24}(NP[8+15m+5s], NP[9+15m+5s]-1, NP[8+15m+5s]-1) \\ WE_{75m+25s+25}(NP[8+15m+5s], NP[9+15m+5s], NP[9+15m+5s]-1) \end{cases}$$

$$(s=0,1)$$

永磁体部分的单元编号按电机模型本身每个永磁体的编号具有相同规律的特点进行编号，永磁体部分的单元编号记为 $PE_k(I,J,M)$，由网格剖分情况得

$$\{PE_{25k+5i+1}(NP[5+15k+2i]+3, NP[6+15k+2i]+2, NP[5+15k+2i]+2)$$

$$(i=0,1,2,3,4; k=0,1,\cdots,m)$$

$$\begin{cases} PE_{25k+5i+2}(NP[5+15k+2i]+3, NP[7+15k+2i]+3, NP[6+15k+2i]+2) \\ PE_{25k+5i+3}(NP[7+15k+2i]+3, NP[7+15k+2i]+2, NP[6+15k+2i]+2) \\ PE_{25k+5i+4}(NP[5+15k+2i]+4, NP[7+15k+2i]+3, NP[5+15k+2i]+3) \\ PE_{25k+5i+5}(NP[5+15k+2i]+4, NP[7+15k+2i]+4, NP[7+15k+2i]+3) \end{cases}$$

$$(i=0,1,2,3,4; k=0,1,\cdots,m)$$

(4) 节点坐标的自动计算

以求解区域的左下角为坐标原点，从左向右为 x 轴的正方向，从下到上为 y 轴的正方向。首先根据网格剖分的情况和节点编号的原理得出基准线上各点的 x

坐标，记为

$$X[i]\ (i=1,2,\cdots,15m+19)$$

$$\begin{cases} X[1]=0 \\ X[2]=\mathrm{Int}\left(\dfrac{l_1-b_t}{2}\right) \\ X[3]=l_1-b_t \end{cases}$$

$$\begin{cases} X[4]=l_1, \\ X[5]=l_1+l_2 \\ X[6]=l_1+b_t \\ X[7]=l_1+b_t+\mathrm{Int}\left(\dfrac{b_s}{3}\right) \\ X[8]=l_1+b_t+\mathrm{Int}\left(\dfrac{2b_s}{3}\right) \\ X[9]=l_1+b_t+b_s \\ X[10]=l_1+b_t+b_s+\mathrm{Int}\left(\dfrac{b_t}{2}\right) \\ X[11]=l_1+2b_t+b_s \\ X[12]=l_1+2b_t+b_s+\mathrm{Int}\left(\dfrac{b_s}{3}\right) \\ X[13]=l_1+2b_t+b_s+\mathrm{Int}\left(\dfrac{2b_s}{3}\right) \\ X[14]=l_1+2b_t+2b_s \\ X[15]=l_1+{}_l2+Lm \\ X[16]=l_1+3b_t+2b_s \\ X[17]=l_1+3b_t+2b_s+\mathrm{Int}\left(\dfrac{b_s}{3}\right) \\ X[18]=l_1+3b_t+2b_s+\mathrm{Int}\left(\dfrac{2b_s}{3}\right) \end{cases}$$

$$X[3+15k+i]=X[3+i]+3k\times(b_s+b_t)$$

$$(i=1,2,\cdots,15;k=1,2,\cdots,m-1)$$

$$\begin{cases} X[3+15m+1]=l_1+3m\times(b_t+b_s) \\ X[3+15m+2]=l_1+3m\times(b_t+b_s)+l_2 \\ X[3+15m+3]=l_1+3m\times(b_t+b_s)+b_t \\ X[3+15m+4]=l_1+3m\times(b_t+b_s)+b_t+\mathrm{Int}\left(\dfrac{b_s}{3}\right) \\ X[3+15m+5]=l_1+3m\times(b_t+b_s)+b_t+\mathrm{Int}\left(\dfrac{2b_s}{3}\right) \\ X[3+15m+6]=l_1+3m\times(b_t+b_s)+b_t+b_s \\ X[3+15m+7]=l_1+3m\times(b_t+b_s)+b_t+b_s+\mathrm{Int}\left(\dfrac{b_t}{2}\right) \end{cases}$$

$$\begin{cases} X[3+15m+8]=l_1+3m\times(b_t+b_s)+2b_t+b_s \\ X[3+15m+9]=l_1+3m\times(b_t+b_s)+2b_t+b_s+\mathrm{Int}\left(\dfrac{b_s}{3}\right) \\ X[3+15m+10]=l_1+3m\times(b_t+b_s)+2b_t+b_s+\mathrm{Int}\left(\dfrac{2b_s}{3}\right) \end{cases}$$

$$\begin{cases} X[3+15m+11]=l_1+3m\times(b_t+b_s)+2b_t+2b_s \\ X[3+15m+12]=l_1+3m\times(b_t+b_s)+l_2+L_m \\ X[3+15m+13]=l_1+l \\ X[3+15m+14]=l_1+l+b_t \\ X[3+15m+15]=l_1+l+b_t+\mathrm{Int}\left(\dfrac{l_1-b_t}{2}\right) \\ X[3+15m+16]=l+2l_1 \end{cases}$$

根据网格剖分情况和基准线的选择情况，所有节点的 y 坐标的计算需要知道三条竖直剖分线（电机模型向左端延长部分的第一条、第二条竖直剖分线和电机模型本身左端的竖直边界线）上在基准线以上的节点（包括基准线上的节点）和基准线以下的的节点的 y 坐标。设这些节点的 y 坐标分别记为

$$\begin{cases} Y_{1u}[i](i=1,2,\cdots,5), \quad Y_{1d}[i](i=1,2,3) \\ Y_{2u}[i](i=1,2,\cdots,9), \quad Y_{2d}[i](i=1,2,\cdots,6) \\ Y_{3u}[i](i=1,2,\cdots,10), \quad Y_{3d}[i](i=1,2,\cdots,7) \end{cases}$$

由网格剖分情况得

$$\begin{cases} Y_{1u}[1]=h_{y2}+h_m+\delta+b_t-l_2 \\ Y_{1u}[2]=Y_{1u}[1]+\mathrm{Int}\left(\dfrac{h_s-(b_t-l_2)}{5}\times 2\right) \\ Y_{1u}[3]=Y_{1u}[1]+\mathrm{Int}\left(\dfrac{h_s-(b_t-l_2)}{5}\times 4\right) \\ Y_{1u}[4]=h_{y2}+h_m+\delta+h_s+\mathrm{Int}\left(\dfrac{h_s-(b_t-l_2)}{5}\right) \\ Y_{1u}[5]=H \end{cases}$$

$$\begin{cases} Y_{1d}[1]=h_{y2}+h_m-\mathrm{Int}\left(\dfrac{\delta}{2}\right) \\ Y_{1d}[2]=h_{y2}-\mathrm{Int}\left(\dfrac{h_s-(b_t-l_2)}{5}\right) \\ Y_{1d}[3]=0 \end{cases}$$

$$\begin{cases} Y_{2u}[1]=Y_{1u}[1] \\ Y_{2u}[2]=Y_{2u}[1]+\mathrm{Int}\left(\dfrac{h_s-(b_t-l_2)}{5}\right) \\ Y_{2u}[3]=Y_{2u}[1]+\mathrm{Int}\left(\dfrac{h_s-(b_t-l_2)}{5}\times 2\right) \\ Y_{2u}[4]=Y_{2u}[1]+\mathrm{Int}\left(\dfrac{h_s-(b_t-l_2)}{5}\times 3\right) \\ Y_{2u}[5]=Y_{2u}[1]+\mathrm{Int}\left(\dfrac{h_s-(b_t-l_2)}{5}\times 4\right) \\ Y_{2u}[6]=h_{y2}+h_m+\delta+h_s \\ Y_{2u}[7]=h_{y2}+h_m+\delta+h_s+\mathrm{Int}\left(\dfrac{hs-(bt-l_2)}{5}\right) \\ Y_{2u}[8]=h_{y2}+h_m+\delta+h_s+\mathrm{Int}\left[\dfrac{h_{y1}-\mathrm{Int}\left(\dfrac{h_s-(b_t-l_2)}{5}\right)}{2}\right] \\ Y_{2u}[9]=H \end{cases}$$

$$\begin{cases}Y_{2d}[1]=h_{y2}+h_m+\delta-\mathrm{Int}\left(\dfrac{\delta}{2}\right)\\ Y_{2d}[2]=h_{y2}+h_m-\mathrm{Int}\left(\dfrac{\delta}{2}\right)\\ Y_{2d}[3]=h_{y2}\\ Y_{2d}[4]=h_{y2}-\mathrm{Int}\left(\dfrac{h_s-(b_t-l_2)}{5}\right)\\ Y_{2d}[5]=\mathrm{Int}\left[\dfrac{h_{y2}-\mathrm{Int}\left(\dfrac{h_s-(b_t-l_2)}{5}\right)}{2}\right]\\ Y_{2d}[6]=0\end{cases}$$

$$\begin{cases}Y_{3u}[1]=h_{y2}+h_m+\delta\\ Y_{3u}[i]=Y_{2u}[i-1]\end{cases}\quad(i=2,3,\cdots,10)$$

$$\begin{cases}Y_{3d}[1]=Y_{2d}[1]\\ Y_{3d}[2]=h_{y2}+h_m\\ Y_{3d}[i]=Y_{2d}[i-1]\end{cases}\quad(i=3,4,\cdots,7)$$

根据节点编号的原理，任一编号为 $NP[i]+k$，或 $NP[i]-h$，参照网格剖分情况可得，当某一节点为 $NP[i]-k$，并且该节点为电机模型向左右延长部分的边界线或它们的第一条竖直剖分线上的节点时，即

$$i=1,2,15m+18,15m+19$$

其坐标(x,y)为

$$\begin{cases}x=X[i]\\ y=Y_{1u}[k]\end{cases}$$

当某一节点为 $NP[i]+h$，并且该节点为电机模型向左右延长部分的边界线或它们的第一条竖直剖分线上的节点时，即

$$i=1,2,15m+18,15m+19$$

其坐标(x,y)为

$$\begin{cases}x=X[i]\\ y=Y_{1d}[h]\end{cases}$$

当某一节点为 $NP[i]-k$，并且该节点为电机模型向左右延长部分的第二条竖直剖分线上的节点时，即

$$i=3,15m+17$$

其坐标(x,y)为

$$\begin{cases}x=X[i]\\ y=Y_{2u}[k]\end{cases}$$

当某一节点为 $NP[i]+h$，并且该节点为电机模型向左右延长部分的第二条竖直剖分线上的节点时，即

$$i=3,15m+17$$

其坐标(x,y)为

$$\begin{cases}x=X[i]\\y=Y_{2d}[h]\end{cases}$$

当某一节点为 $NP[i]-k$，并且该节点为电机模型本身的节点时，即

$$4\leqslant i\leqslant 15m+16$$

其坐标(x,y)为

$$\begin{cases}x=X[i]\\y=Y_{3u}[k]\end{cases}$$

当某一节点为 $NP[i]+h$，并且该节点为电机模型本身的节点时，即

$$4\leqslant i\leqslant 15m+16$$

其坐标(x,y)为

$$\begin{cases}x=X[i]\\y=Y_{3d}[h]\end{cases}$$

A.5.3 有限元方程组的形成

通过变分，电磁场计算转化为等价的变分问题，即能量泛函求极值问题。求解区域离散化后，就可以把条件变分问题离散化处理，将能量泛函求极值转化为能量函数求极值，建立线性代数方程组并按强加边界条件进行修改。这一过程包括三个步骤：单元分析、总体合成和强加边界条件处理。

1. 单元分析

所谓单元分析就是将每一个单元的能量泛函用能量函数代替，并计算它对三个节点磁位的一阶偏导数，以及将每一条落在介质分界上的单元边的能量泛函用能量函数代替，并计算它对两个边界节点磁位的一阶偏导数。

将求解区域 Ω 离散化为 E 个三角形单元，设任一单元 e 的三个节点按逆时针方向为 i,j,m，其坐标为(x_i,y_i)，(x_j,y_j)，(x_m,y_m)，若 i,j,m 处的磁位为 A_{Zi}，A_{Zj}，A_{Zm}，则三角形单元 e 中的磁位函数 $A_Z(x,y)$ 可以用节点磁位的插值函数去逼近，即

$$A_Z(x,y)=a_1+a_2x+a_3y$$

式中，a_1，a_2，a_3 为待定常数。

由

$$\begin{cases} A_{Zi}=a_1+a_2x_i+a_3y_i \\ A_{Zj}=a_1+a_2x_j+a_3y_j \\ A_{Zm}=a_1+a_2x_m+a_3y_m \end{cases}$$

可求出

$$\begin{cases} a_1=\dfrac{1}{2\Delta}(a_iA_{Zi}+a_jA_{Zj}+a_mA_{Zm}) \\ a_2=\dfrac{1}{2\Delta}(b_iA_{Zi}+b_jA_{Zj}+b_mA_{Zm}) \\ a_3=\dfrac{1}{2\Delta}(c_iA_{Zi}+c_jA_{Zj}+c_mA_{Zm}) \end{cases}$$

式中

$$\begin{cases} a_i=x_jy_m-x_my_j, b_i=y_j-y_m, c_i=x_m-x_j \\ a_j=x_my_i-x_iy_m, b_j=y_m-y_i, c_j=x_i-x_m \\ a_m=x_iy_j-x_jy_i, b_m=y_i-y_j, c_m=x_j-x_i \\ \Delta=\dfrac{1}{2}(b_ic_j-b_jc_i) \end{cases}$$

故

$$A_Z(x,y)=\frac{1}{2\Delta}\sum_{h=i,j,m}(a_h+b_hx+c_hy)A_{Zh}=N_iA_{Zi}+N_jA_{Zj}+N_mA_{Zm} \tag{A-13}$$

N_i, N_j, N_m 称为形状函数

$$\begin{cases} N_i=\dfrac{1}{2\Delta}(a_i+b_ix+c_iy) \\ N_j=\dfrac{1}{2\Delta}(a_j+b_jx+c_jy) \\ N_m=\dfrac{1}{2\Delta}(a_m+b_mx+c_my) \end{cases} \tag{A-14}$$

不难看出，N_i, N_j, N_m 仅是坐标(x,y)的函数，它只与三角形单元的形状、节点的分布有关，而与节点的磁位无关，这样，整个求解区域内的磁位就可以用每个三角形单元的顶点磁位值所构成的线性插值函数表达出来。显然，在任意两个相邻的三角形单元的公共边和公共顶点上，由于插值函数取相同的磁位值，故保持了磁位的线性插值函数在 Ω 内的整体连续性。在三角形单元 e 中，

$$\begin{cases}\dfrac{\partial A_Z}{\partial x}=\dfrac{1}{2\Delta}(b_iA_{Zi}+b_jA_{Zj}+b_mA_{Zm})=\sum\limits_{h=i,j,m}\dfrac{\partial N_h}{\partial x}A_{Zh}\\ \dfrac{\partial A_Z}{\partial y}=\dfrac{1}{2\Delta}(c_iA_{Zi}+c_jA_{Zj}+c_mA_{Zm})=\sum\limits_{h=i,j,m}\dfrac{\partial N_h}{\partial y}A_{Zh}\end{cases}\tag{A-15}$$

设单元 e 的能量泛函为

$$W_e(A_Z)=\iint_\Delta\left\{\frac{1}{2\mu}\left[\left(\frac{\partial A_Z}{\partial x}\right)^2+\left(\frac{\partial A_Z}{\partial y}\right)^2\right]-JA_Z\right\}\mathrm{d}x\mathrm{d}y-\int_{L_2}J_mA_Z\mathrm{d}s\tag{A-16}$$

当三角形单元 e 的所有边界都不是永磁材料与气隙的交界线时，式(A-16)应不包括第二项，反之，当三角形单元 e 的某一边为永磁材料与气隙的交界线时，式(A-16)应包括第二项。

将式(A-13)和式(A-15)代入式(A-16)(先不考虑第二项)得

$$W_e=\iint_\Delta\left\{\frac{1}{2\mu}\left[\left(\sum_{h=i,j,m}\frac{\partial N_h}{\partial x}A_{Zh}\right)^2+\left(\sum_{h=i,j,m}\frac{\partial N_h}{\partial y}A_{Zh}\right)^2\right]-J\sum_{h=i,j,m}N_h\right\}A_Z\Bigg\}\mathrm{d}x\mathrm{d}y$$

$$\frac{\partial W_e}{\partial A_{Zl}}=\iint_\Delta\left\{\frac{1}{\mu}\left[\left(\sum_{h=i,j,m}\frac{\partial N_h}{\partial x}A_{Zh}\right)\frac{\partial N_l}{\partial x}+\left(\sum_{h=i,j,m}\frac{\partial N_h}{\partial y}A_{Zh}\right)\frac{\partial N_l}{\partial y}\right]-JN_l\right\}\mathrm{d}x\mathrm{d}y$$

$$(l=i,j,m)$$

简记为

$$\frac{\partial W_e}{\partial A_{Zl}}=\sum_{h=i,j,m}k_{lh}A_{Zh}-p_l\quad(l=i,j,m)\tag{A-17}$$

其中

$$\begin{aligned}k_{lh}&=\iint_\Delta\frac{1}{\mu}\left(\frac{\partial N_l}{\partial x}\frac{\partial N_h}{\partial x}+\frac{\partial N_l}{\partial y}\frac{\partial N_h}{\partial y}\right)\mathrm{d}x\mathrm{d}y=\iint_\Delta\frac{1}{\mu}\left(\frac{b_l}{2\Delta}\cdot\frac{b_h}{2\Delta}+\frac{c_l}{2\Delta}\cdot\frac{c_h}{2\Delta}\right)\mathrm{d}x\mathrm{d}y\\&=\frac{b_lb_h+c_lc_h}{4\Delta^2\mu}\iint_\Delta\mathrm{d}x\mathrm{d}y=\frac{b_lb_h+c_lc_h}{4\Delta^2\mu}\cdot\Delta\\&=\frac{b_lb_h+c_lc_h}{4\Delta\mu}\quad(l=i,j,m)\end{aligned}\tag{A-18}$$

$$p_l=\iint_\Delta JN_l\mathrm{d}x\mathrm{d}y=\iint_\Delta J\frac{1}{2\Delta}(a_l+b_lx+c_ly)\mathrm{d}x\mathrm{d}y=\frac{1}{3}J\Delta\quad(l=i,j,m)\tag{A-19}$$

如果三角形单元 e 的某一条边(设为 jm 边)落在永磁体的有效表面与空气的交界面上时，其能量泛函需要考虑式(A-16)的第二项，设为

$$W_{jm}(A_Z)=\int_{jm}(-J_m)A_Z\mathrm{d}s$$

设单元边 jm 的磁位线性插值函数为

$$A_Z=\sum_{h=j,m}N_hA_{Zh}=N_jA_{Zj}+N_mA_{Zm}$$

把 A_Z 代入 $W_{jm}(A_Z)$ 得

$$W_{jm}(A_{Zj},A_{Zm})=\int_{jm}(-J_m)\sum_{h=j,m}N_hA_{Zh}\mathrm{d}s$$

它是两个节点的磁位 A_{Zj},A_{Zm} 的线性函数，将能量函数对每一节点的磁位 $A_{Zl}(l=j,m)$ 求一阶偏导数，即

$$\frac{\partial W_{jm}}{\partial A_{Zl}}=\int_{jm}(-J_m)N_l\mathrm{d}s\quad(l=j,m)$$

它是与节点磁位无关的常数，线积分沿直线从 j 点积分到 m 点，因此积分路径 s 可以选择为以 j 点为原点，从 j 点指向 m 点的直线坐标，于是线积分化为定积分，在 jm 上的线性插值函数应为

$$A_Z=N_jA_{Zj}+N_mA_{Zm}=\left(1-\frac{s}{s_i}\right)A_{Zj}+\frac{s}{s_i}A_{Zm}$$

式中，s_i 为 jm 边的边长

$$s_i=\sqrt{(x_j-x_m)^2+(y_j-y_m)^2}$$

s 为积分路径上的变量

$$s=\sqrt{(x_j-x)^2+(y_j-y)^2}$$

所以

$$\frac{\partial W_{jm}}{\partial A_{Zj}}=\int_{jm}(-J_m)N_j\mathrm{d}s=\int_0^{s_i}(-J_m)\left(1-\frac{s}{s_i}\right)\mathrm{d}s=-\frac{1}{2}J_ms_i$$

$$\frac{\partial W_{jm}}{\partial A_{Zm}}=\int_{jm}(-J_m)N_m\mathrm{d}s=\int_0^{s_i}(-J_m)\frac{s}{s_i}\mathrm{d}s=-\frac{1}{2}J_ms_i$$

综合以上分析计算可得：

任一三角形单元 e(设它的三个节点按逆时针方向为(i,j,m))，该单元的能量函数对三节点的一阶偏导数为

$$\frac{\partial W_e}{\partial A_{Zl}}=\sum_{h=i,j,m}k_{lh}A_{Zh}-p_l\quad(l=i,j,m)$$

式中

$$k_{lh}=\frac{b_lb_h+c_lc_h}{4\Delta\mu}\quad(l=i,j,m)$$

当三角形单元 e 的三条边都不是永磁体的有效面与空气的交界线时，$p_l=\frac{1}{3}J\Delta(l=i,j,m)$，当三角形单元 e 的某一条边(设为 jm 边)位于永磁体的有效面与空气的交界线上时

$$\begin{cases} p_i = \dfrac{1}{3}J\Delta \\ p_j = \dfrac{1}{3}J\Delta + \dfrac{1}{2}J_m s_i \\ p_m = \dfrac{1}{3}J\Delta + \dfrac{1}{2}J_m s_i \end{cases}$$

2. 总体合成

所谓总体合成就是将各单元的能量函数对同一节点的磁位的一阶偏导数加在一起(实际上只是将某一节点有关的单元对该节点的磁位的一阶偏导数相加),并按极值原理,令其和为零。

设区域内总单元数为 E,总节点数为 n,则对某一节点 l,有

$$\frac{\partial W}{\partial A_{Zl}} = \sum_{e=1}^{E} \frac{\partial We}{\partial A_{Zl}} = 0 \quad (l = 1,2,\cdots,n)$$

即

$$\frac{\partial W}{\partial A_{Zl}} = \sum_{h=1}^{n} k_{lh} A_{Zh} - p_l = 0 \quad (l = 1,2,\cdots,n)$$

式中,k_{lh},p_l 为与节点 l 有关的单元的 k_{lh},p_l 相加所得。

写成矩阵形式为

$$\begin{bmatrix} k_{11} & \cdots & k_{1n} \\ \vdots & & \vdots \\ k_{n1} & \cdots & k_{nn} \end{bmatrix} \begin{bmatrix} A_{Z1} \\ \vdots \\ A_{Zn} \end{bmatrix} = \begin{bmatrix} p_1 \\ \vdots \\ p_n \end{bmatrix}$$

或

$$[K]\{A_Z\} = \{P\}$$

3. 强加边界条件的处理

强加边界条件指的是第一类边界条件,在总体合成形成的方程组中应扣除 l 为第一类边界节点的那些方程,因为此时 A_{Zl} 为已知值,此外,在剩余的方程中,应将 h 为第一类边界节点的那些项 $k_{lh}A_{Zh}$ 从方程的未知项中分离出来与已知项 p_l 合并在一起,这就是强加边界条件的处理。

对方程组的系数矩阵[K]和右端向量{P}应做如下修改

若 l' 为第一类边界节点,即 $A_{Zl'}$ 为已知值(设 $A_{Zl'} = A_{Zl'0}$),则把 $l = l'$ 这一行和 $h = l'$ 这一列中主对角线上的元素改为 1,其余改为 0,右端项 $p_{l'}$ 改为 $A_{Zl'0}$,在 $l \neq l'$ 的那些行的右端项 p_l 改为 $p_l - k_{ll'}A_{Zl'0}$。

经过强加条件的处理,就可以通过对处理过的方程组求解而得出所有节点的磁位值。

A. 6　用波阵法求解有限元方程组

通过上面的分析建立了有限元代数方程组，方程组的阶数等于求解场域的总节点数，求解所需的内存容量很大，使用一般的变带宽存储法求解有限元大型稀疏代数方程组时，对节点编号要给予重视，即所谓的“优化带宽”问题，但实际上由于各种因素的影响往往不能做得很好。波阵法是以存储量最小为准则的高斯消去法，它不是按未知数的自然顺序来进行消元，而是按某种顺序使每一步消元时所修改的方程系数的个数和右端项的个数达到可能的最小数目。由于有限元法中的系数矩阵及右端项是由每个单元系数阵及右端项不断叠加而成，而消元过程是减法运算，所以，消去某些节点变量（即某些未知数）的运算并不需要等总的系数矩阵及右端项叠加完毕后进行，当与某节点有关的那些单元的系数矩阵及右端项叠加完毕时，就可以进行该节点变量的消元运算，即一边叠加一边消元，随着叠加过程完毕，消元过程也随之结束，这样不仅大大节省了内存容量，而且避免了从一个叠加完毕的总系数矩阵中去寻找系数的寻址运算，经过与消元过程相反的回代过程，就完成了整个求解过程。所以波阵法可以不受有限元网格节点编号次序的影响而十分经济的使用内存单元，它在利用矩阵的稀疏性及自动减少零元素的存储和运算方面有着独特的优点。

波阵法的具体求解过程如下：

用数组 $k[n][n]$存放方程的系数，n 为最大波宽（波宽为用波阵法求解代数方程组时，每一次消元运算方程组中未知数的个数），数组 $p[n]$表示方程组的右端项，设 NE 表示单元总数，NP 表示节点总数，数组 $PW[NP]$存放节点单元信息，$PW[i]$（$i=1,2,\cdots,NP$）表示所有包含节点 i 的三角形单元中未叠加单元的数目，数组 $PK[n]$存放波前（波前为用波阵法求解代数方程组时，每一次消元运算方程组中的未知数）节点信息，记录波前的节点序号，即 $PK[i]$（$i=1,2,\cdots,n$）表示 $k[n][n]$的第 i 列对应于节点 $PK[i]$。数组 PK 在单元叠加时逐步形成，即按照单元节点进入波前的次序依次记录节点号，若节点 $PK[j]$的未知数被消去退出波前，则

$$PK[i]\Leftarrow PK[i+1]\ (i=j,j+1,\cdots,W)$$

W 为消元前的波宽，消元后叠加新元素时在继续形成 PK。用数组 $v[NP]$、$W[NP]$、$\mu[NP]$表示消元运算中的波阵信息，即如第 j 次消元运算所消去的节点为 $PK[i]$，则用 $v[j]$表示消元点号 $PK[i]$，$W[j]$表示当前波宽，$\mu[j]$表示 $v[j]$在波前中的位置 i。

(1) 对单元 e（$e=1,2,\cdots,NE$）执行：

将单元 e 中不属于 PK 的节点号加入到 PK 中，修改 PK 和当前波宽 W；有 PK 指引，将单元 e 的系数矩阵和右端项叠加到 $k[n][n]$和 $p[n]$ 中去；$PW[i]=$

$PW[i]-1$（i 为单元 e 的节点）。

(2) 对波前节点 $i(i=1,2,\cdots,W)$判断 $PW[PK[i]]$是否为零，若 $PW[PK[i]]=0$，则对节点 $PK[i]$进行消元运算，即执行：

设用变量 j 表示消元次数，$j=j+1$；将消元点号存入 $v[j]$，当前波宽存入 $W[j]$，$v[j]$在波前中的位置存入 $\mu[j]$；处理第一类边界条件，即强加边界条件处理；执行消元：

(2.1)将系数 $k[\mu[j]][1],k[\mu[j]][2],\cdots,k[\mu[j]][W[j]]$和右端项 $p[\mu[j]]$存入磁盘；

(2.2)用高斯消元法对 $r,s=1,2,\cdots,\mu[j]-1$ 执行：

$$k[r][s]=k[r][s]-\frac{k[r][\mu[j]]\cdot k[s][\mu[j]]}{k[\mu[j]][\mu[j]]}$$

$$p[r]=p[r]-\frac{k[r][\mu[j]]\cdot p[\mu[j]]}{k[\mu[j]][\mu[j]]}$$

(2.3)用高斯消元法对 $r=1,2,\cdots,\mu[j]-1,s=\mu[j]+1,\mu[j]+2,\cdots,W[j]$执行：

$$k[r][s-1]=k[r][s]-\frac{k[r][\mu[j]]\cdot k[s][\mu[j]]}{k[\mu[j]][\mu[j]]}$$

(2.4)用高斯消元法 $r,s=\mu[j]+1,\mu[j]+2,\cdots,W[j]$执行：

$$k[r-1][s-1]=k[r][s]-\frac{k[r][\mu[j]]\cdot k[s][\mu[j]]}{k[\mu[j]][\mu[j]]}$$

$$p[r-1]=p[r]-\frac{k[r][\mu[j]]\cdot p[\mu[j]]}{k[\mu[j]][\mu[j]]}$$

$$PK[r-1]=PK[r]$$

如果对所有节点 $PW[PK[i]]$都不为零，则返回(1)。

(3) $W[j]=W[j]-1$，若 $W[j]=0$ 则消元完成，可进行回代，否则返回(2)。

(4) 回代求解方程组，即逐步取出每次消元时所存储的数据信息，利用这些信息和已求出的磁位值就可以求出所有的磁位。

$$A_Z[v[i]]=\frac{p[\mu[i]]-\sum\limits_{\substack{S=1\\S\neq\mu[i]}}^{W[i]}k[\mu[i]][s]\cdot A_Z[PK[s]]}{k[\mu[i]][\mu[i]]}$$

$$(i=NP,NP-1,\cdots,1)$$

在求解的过程中，根据第 i 步运算中的 PK 可以推出第 $i-1$ 步的 PK，即设 $a=PK[\mu[i-1]]$，对于 $j=1,2,\cdots,\mu[i-1]$执行：

$$PK[j]=PK[j];\quad PK[\mu[i-1]]=v[i-1]$$

对 $j=\mu[i-1]+2,\mu[i-1]+3,\cdots,W[i-1]$执行：

$$PK[j]=PK[j-1];\quad PK[\mu[i-1]+1]=a$$

用有限元法求解永磁直线同步电动机电磁场过程中所形成的代数方程组的波阵法求解程序流程图如图 A.2 所示。

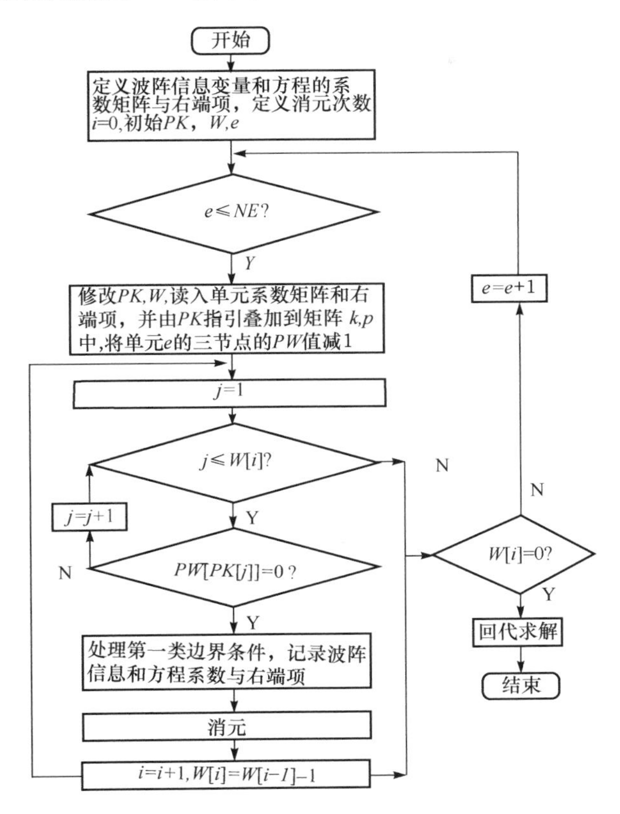

图 A.2　用波阵法求解代数方程组的程序流程图

A.7　磁场计算结果及应用

用有限元法求解电机的电磁场所得的结果是所有节点的磁位值，根据这个结果可以显示电机内的磁场分布情况，即画出电机的磁力线分布图，求取电机产生的拉力和压力，计算电机的气隙磁密等电路参数。

A.7.1　画磁力线

在二维磁场中，磁力线就是等 A 线，因为在二维平面场中，磁力线方程为

$$\boldsymbol{B}\times \mathrm{d}\boldsymbol{l}=0$$

因为

$$\boldsymbol{B}=B_x\boldsymbol{i}+B_y\boldsymbol{j}=\frac{\partial A_Z}{\partial y}\boldsymbol{i}-\frac{\partial A_Z}{\partial x}\boldsymbol{j}$$

$$\mathrm{d}\boldsymbol{l}=d_x\boldsymbol{i}+d_y\boldsymbol{j}$$

所以

$$\boldsymbol{B}\times\mathrm{d}\boldsymbol{l}=\left(\frac{\partial A_Z}{\partial y}\boldsymbol{i}-\frac{\partial A_Z}{\partial x}\boldsymbol{j}\right)\times(\mathrm{d}x\boldsymbol{i}+\mathrm{d}y\boldsymbol{j})=\left(\frac{\partial A_Z}{\partial y}\mathrm{d}y+\frac{\partial A_Z}{\partial x}\mathrm{d}x\right)\cdot k=0$$

而等 A 线就是 $A=$ 常数的轨迹，即

$$\mathrm{d}A_Z=\frac{\partial A_Z}{\partial x}\mathrm{d}x+\frac{\partial A_Z}{\partial y}\mathrm{d}y=0$$

它与磁力线的方程完全一样，画出磁场求解区域的等 A 线就等于画出了它的磁力线。

利用有限元计算的结果画等 A 线时，首先要找出所有节点中的最大磁位值 $A_{Z\max}$ 和最小磁位值 $A_{Z\min}$，假设要求画出 N 条等 A 线，则各条等 A 线的磁位为

$$A_{Zh}=A_{Z\min}+\frac{A_{Z\max}-A_{Z\min}}{N}\times h\quad(h=0,1,\cdots,N)$$

在画每一条等 A 线时，需在每一单元中找到磁位为 A_{Zh} 的点，若对某一三角形单元，其三节点磁位分别为

$$A_{Zi},A_{Zj},A_{Zm}$$

坐标分别为

$$(x_i,y_i),(x_j,y_j),(x_m,y_m)$$

将 A_{Zh} 与 A_{Zi}，A_{Zj}，A_{Zm} 相比较，若

$$(A_{Zh}-A_{Zi})\times(A_{Zh}-A_{Zj})\leqslant 0$$

则 A_{Zh} 为 A_{Zi} 与 A_{Zj} 之间（包括 A_{Zi} 与 A_{Zj}）的某个值，其坐标 (x,y) 为

$$\begin{cases}x=(1-T)x_i+Tx_j\\y=(1-T)y_i+Ty_j\end{cases}\quad\left(T=\frac{A_{Zi}-A_{Zh}}{A_{Zi}-A_{Zj}}\right)$$

若 $(A_{Zh}-A_{Zi})\times(A_{Zh}-A_{Zm})\leqslant 0$，则 A_{Zh} 为 A_{Zi} 与 A_{Zm} 之间（包括 A_{Zi} 与 A_{Zm}）的某个值，其坐标 (x,y) 为

$$\begin{cases}x=(1-T)x_i+Tx_m\\y=(1-T)y_i+Ty_m\end{cases}\quad\left(T=\frac{A_{Zi}-A_{Zh}}{A_{Zi}-A_{Zm}}\right)$$

若 $(A_{Zh}-A_{Zm})\times(A_{Zh}-A_{Zj})\leqslant 0$，则 A_{Zh} 为 A_{Zm} 与 A_{Zj} 之间（包括 A_{Zm} 与 A_{Zj}）的某个值，其坐标 (x,y) 为

$$\begin{cases}x=(1-T)x_m+Tx_j\\y=(1-T)y_m+Ty_j\end{cases}\quad\left(T=\frac{A_{Zm}-A_{Zh}}{A_{Zm}-A_{Zj}}\right)$$

A.7.2　求电机产生的拉力和压力

对永磁直线同步电动机来说，在它的气隙与动子的交界面上会产生磁场作用

力，该磁场作用力实质上为两种介质在磁场中接触时的相互作用力。该作用力一般用麦克斯韦张量法求解，即磁场中某一部分介质所受的磁场作用力 F_m 可用作用于包围该部分介质的闭合面上的表面应力 T_n 来计算

$$F_m=\oiint_s T_n\mathrm{d}s \quad \left(\boldsymbol{T}_n=\frac{1}{\mu}\left[(\boldsymbol{B}\cdot\boldsymbol{n})\boldsymbol{B}-\frac{1}{2}B^2\boldsymbol{n}\right]\right) \tag{A-20}$$

积分曲面选择为包围动子的一个外表面，如图 A. 3 所示的 S_1,S_2,S_3,S_4 四个表面。式中：

S_1 为永磁直线同步电动机磁场求解区域的上表面；

S_2,S_3 分别为永磁直线同步电动机电机模型本身向两端延长部分的端面；

S_4 为永磁直线同步电动机的动子与气隙的交界面。

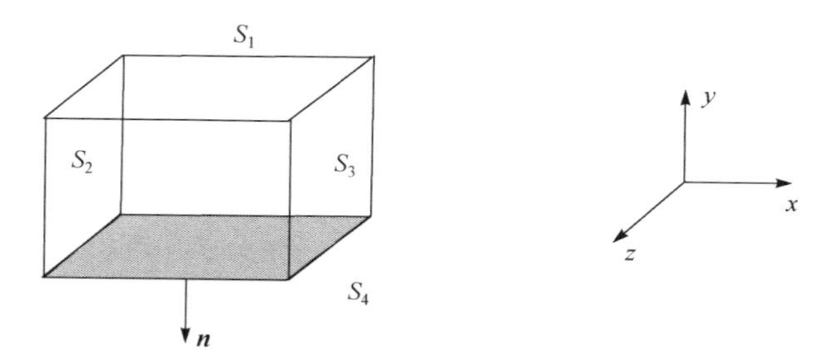

图 A. 3 永磁直线同步电动机的动子与受力表面

根据前面的假定，在 S_1,S_2,S_3 三个表面上，磁位为零，从而磁场强度也为零，由式(A-20)知在它们上的表面应力为零，因此在它们上的面积分为零。S_4 为一个长为 L，宽为电机宽 $L1$ 的矩形面，在图示的坐标系下，在该表面上的磁场强度和表面的单位法向量为

$$\begin{cases}\boldsymbol{B}=B_x\boldsymbol{i}+B_y\boldsymbol{j}\\ \boldsymbol{n}=-\boldsymbol{j}\\ B^2=B_x^2+B_y^2\end{cases}$$

$$\begin{aligned}F_m&=\oiint_s T_m\mathrm{d}s=\iint_{S_1}T_{m1}\mathrm{d}s+\iint_{S_2}T_{m2}\mathrm{d}s+\iint_{S_3}T_{m3}\mathrm{d}s+\iint_{S_4}T_{m4}\mathrm{d}s\\
&=\iint_{S_1}0\mathrm{d}s+\iint_{S_2}0\mathrm{d}s+\iint_{S_3}0\mathrm{d}s+\iint_{S_4}T_{m4}\mathrm{d}s\\
&=0+0+0+\int_0^{L_1}\mathrm{d}z\int_0^L\frac{1}{\mu}\left[(\boldsymbol{B}\cdot\boldsymbol{n})B-\frac{1}{2}B^2\boldsymbol{n}\right]\mathrm{d}x\\
&=\frac{L_1}{\mu}\int_0^L\left\{[(B_x\boldsymbol{i}+B_y\boldsymbol{j})\cdot(-\boldsymbol{j})](B_x\boldsymbol{i}+B_y\boldsymbol{j})-\frac{1}{2}(B_x^2+B_y^2)\cdot(-\boldsymbol{j})\right\}\mathrm{d}x\\
&=\frac{L_1}{\mu}\int_0^L\left[-B_y(B_x\boldsymbol{i}+B_y\boldsymbol{j})+\frac{1}{2}(B_x^2+B_y^2)\boldsymbol{j}\right]\mathrm{d}x\end{aligned}$$

$$= \frac{L_1}{\mu}\int_0^L \left[-B_x B_y \boldsymbol{i} + \frac{1}{2}(B_x^2 - B_y^2)\boldsymbol{j} \right] \mathrm{d}x$$

由于磁密在长为 L 的交界线上的每一个三角形单元的值一般都不一样，设某一单元的磁密为 $\boldsymbol{B}_e = B_{ex}\boldsymbol{i} + B_{ey}\boldsymbol{j}$，其中

$$\begin{cases} B_{ex} = \dfrac{\partial A_Z}{\partial y} = \dfrac{1}{2\Delta}(c_i A_{Zi} + c_j A_{Zj} + c_m A_{Zm}) \\ B_{ey} = -\dfrac{\partial A_Z}{\partial x} = -\dfrac{1}{2\Delta}(b_i A_{Zi} + b_j A_{Zj} + b_m A_{Zm}) \end{cases}$$

因此上面的积分应变为对每一个单元在该单元与交界线相交界的边（设长为 l_x）上进行积分，然后对所有的单元（设单元数为 N）求和。即

$$F_m = \frac{L_1}{\mu}\sum_{e=1}^{N}\int_0^{l_x} \left[-B_{ex} B_{ey} \boldsymbol{i} + \frac{1}{2}(B_{ex}^2 - B_{ey}^2)\boldsymbol{j} \right] \mathrm{d}x$$

它可以分为沿 x 方向的力，即拉力

$$F_{mx} = \frac{L_1}{\mu}\sum_{e=1}^{N}\int_0^{l_x} -B_{ex} B_{ey}\,\mathrm{d}x \tag{A-21}$$

沿 y 方向的力，即压力

$$F_{my} = \frac{L_1}{\mu}\sum_{e=1}^{N}\int_0^{l_x} \frac{1}{2}(B_{ex}^2 - B_{ey}^2)\,\mathrm{d}x \tag{A-22}$$

A.7.3 求气隙磁密

对永磁直线同步电动机来说，气隙部分是电机的主要磁场区域，因此对这部分磁场的分析计算具有重要的意义，而气隙磁密的计算是很重要的。设动子铁心与气隙的交界面共有 N 个节点，其中第 $k(k=1,2,\cdots,N-1)$ 个节点与第 $k+1$ 个节点间的距离为 b_k，则这一段上的气隙磁密为

$$B_{rk} = \frac{A_{Zk} - A_{Zk+1}}{b_k}$$

而节点 k 处的磁密为

$$B_k = \frac{b_{k-1}B_{rk-1} + b_k B_{rk}}{b_{k-1} + b_k}$$

节点 $k+1$ 处的磁密为

$$B_{k+1} = \frac{b_k B_{rk} + b_{k+1}B_{rk+1}}{b_k + b_{k+1}}$$

据此可以求出气隙表面每一点的磁密值，求出所有点的磁密后，就可以画出气隙部分的磁密分布和变化的曲线图。